中国传统家具木工CAD图谱⑥

——组合和杂项类

北京大国匠造文化有限公司 编
袁进东 李岩 主编

中国林业出版社

图书在版编目（CIP）数据

中国传统家具木工CAD图谱. ⑥, 组合和杂项类 / 北京大国匠造文化有限公司编. -- 北京 : 中国林业出版社, 2017.7

ISBN 978-7-5038-9098-7

Ⅰ. ①中… Ⅱ. ①北… Ⅲ. ①木家具 - 计算机辅助设计 - AutoCAD软件 - 中国 - 图谱 Ⅳ. ①TS664.101-64

中国版本图书馆CIP数据核字(2017)第151688号

本书编委会成员名单

策划、责任编辑：纪　亮　樊　菲

出 版：中国林业出版社（100009 北京西城区德内大街刘海胡同 7 号）
网 址：http://lycb.forestry.gov.cn/
电话：010-8314 3518
发 行：中国林业出版社
印 刷：北京利丰雅高长城印刷有限公司
版 次：2017年7月第1版
印 次：2017年7月第1次
开 本：210mm×285mm　1/16
印 张：10
字 数：200千字
定 价：128.00 元（全套6册定价：768.00元）

前 言

中国传统家具源远流长，无论是笨拙神秘的商周家具、浪漫神奇的矮型家具，或是古雅精美的高型家具，还是简洁隽秀的明式家具、雍容华贵的清式家具……都以其富有美感的永恒魅力吸引着世人的钟爱和追求。尤其是明清家具，将我国古代家具推上了鼎盛时期，其品种之多、工艺之精令国内外人士叹为观止。

《中国传统家具木工 CAD 图谱》系列图书分为椅凳类、台案类、柜格类、沙发类、床榻类、组合和杂项类等 6 个主要的家具类型。本册主要讲解组合和杂项类家具，其中组合类包括中堂、椅类组合、床榻组合等等。杂项类包括书箱、印匣、提盒、屏风、盆架、镜台、笔筒、雕件等，在此全部归纳为“杂项类”。置物类：书箱、衣箱、官皮箱、百宝箱、文具箱、印匣、其他箱匣、都承盘、提盒等；屏风类：地屏、床屏、梳头屏、灯屏、挂屏、曲屏风等；架具类：衣架、面盆架、镜台、烛台、承足（脚踏）等；摆件类：笔筒、墨盒、棋罐、瓶座、碟架、烟具、雕件等。

本书中开篇第一件家具为解详细分图，分别标注了家具每个部件的详细尺寸，以后家具图纸为整体分解图纸，仅标注整体家具的详细尺寸，细分部件则不作详细标注。较为复杂的家具图纸为对开双页，简单的为单页。

书中家具款式主要来源于市场，本书纯属介绍学习之用，绝无任何侵害之意。本书主要用于家具爱好者学习参考之用，可作为古典家具学习者，爱好者研究学习之辅助教材。

本书编委会

目　录

清式清宫椅

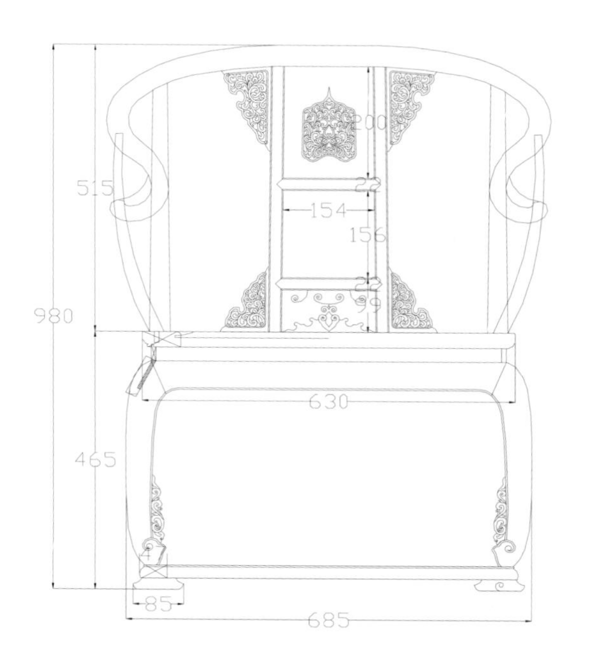

主视图

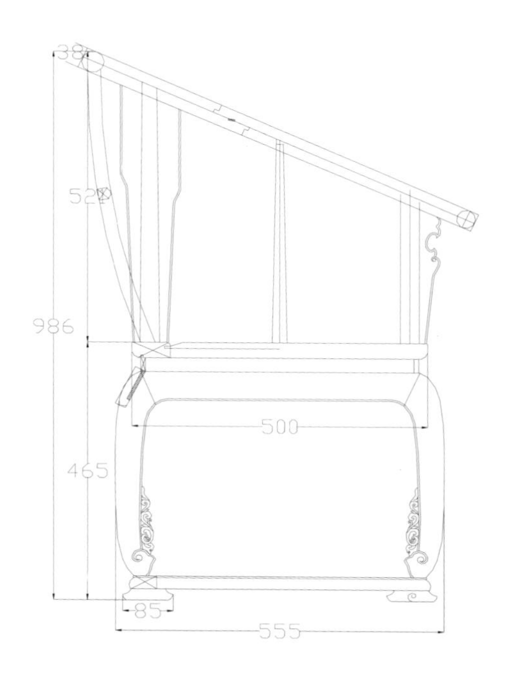

左视图

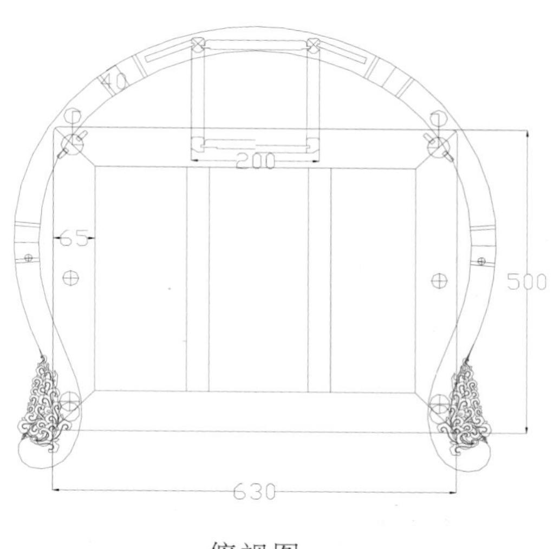

俯视图

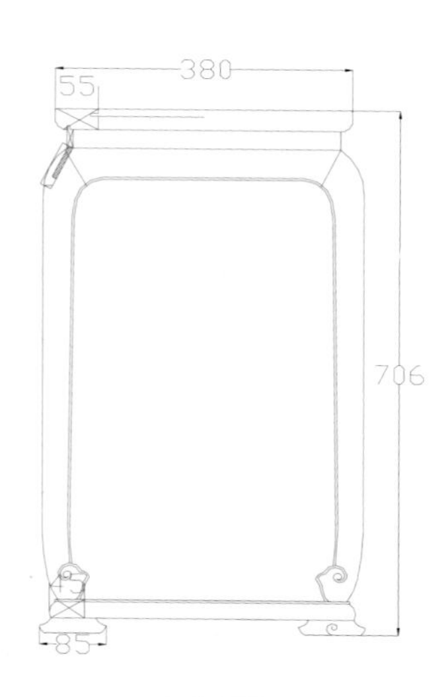

主视图

左视图

新中式竹节圈椅三件套

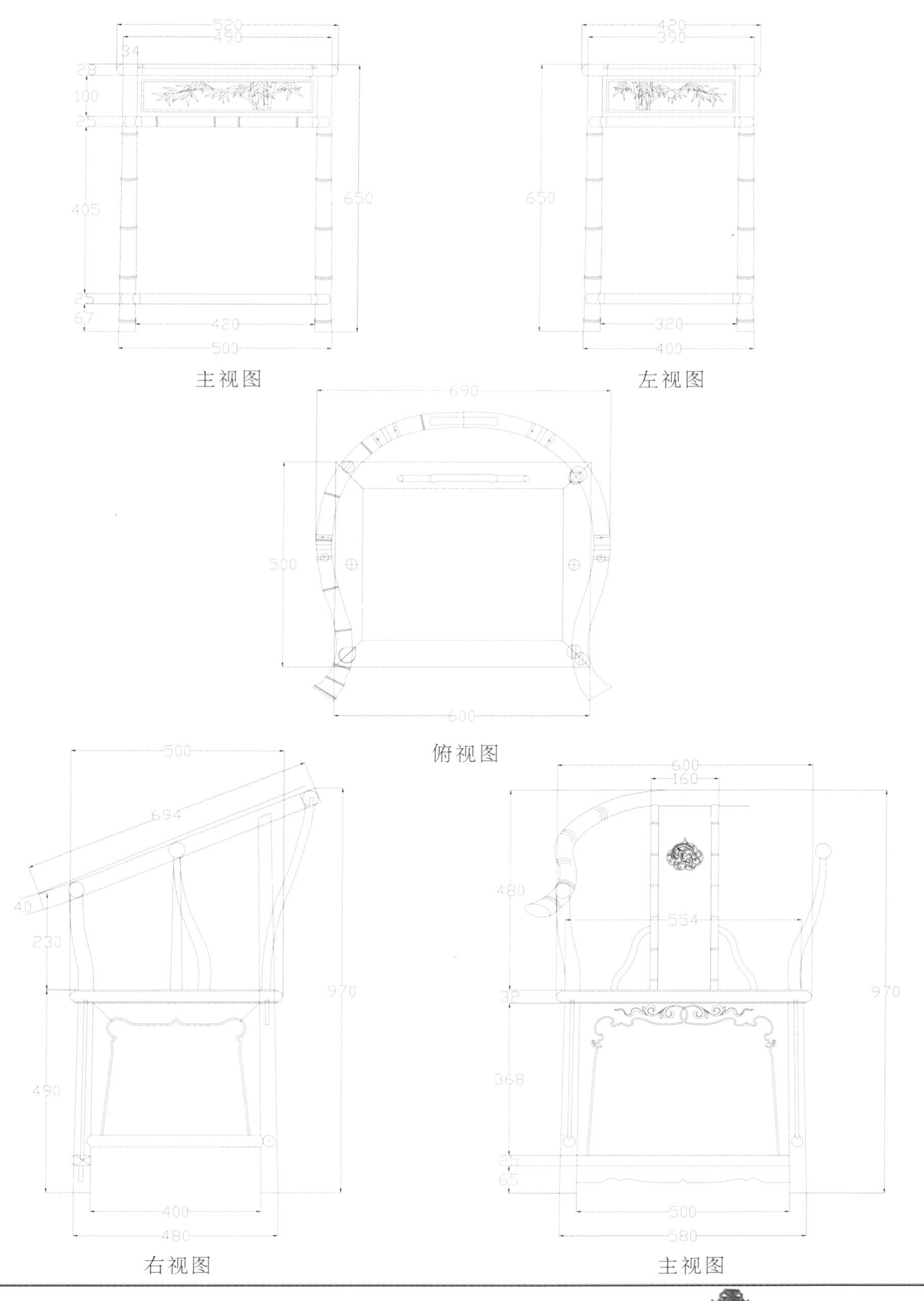

520
490
34
28
100
25
405
650
25
67
420
500
主视图
420
390
650
320
400
左视图
690
500
600
俯视图
500
694
40
230
970
490
400
480
右视图
600
160
480
554
32
970
368
25
65
500
580
主视图

新中式竹节圈椅

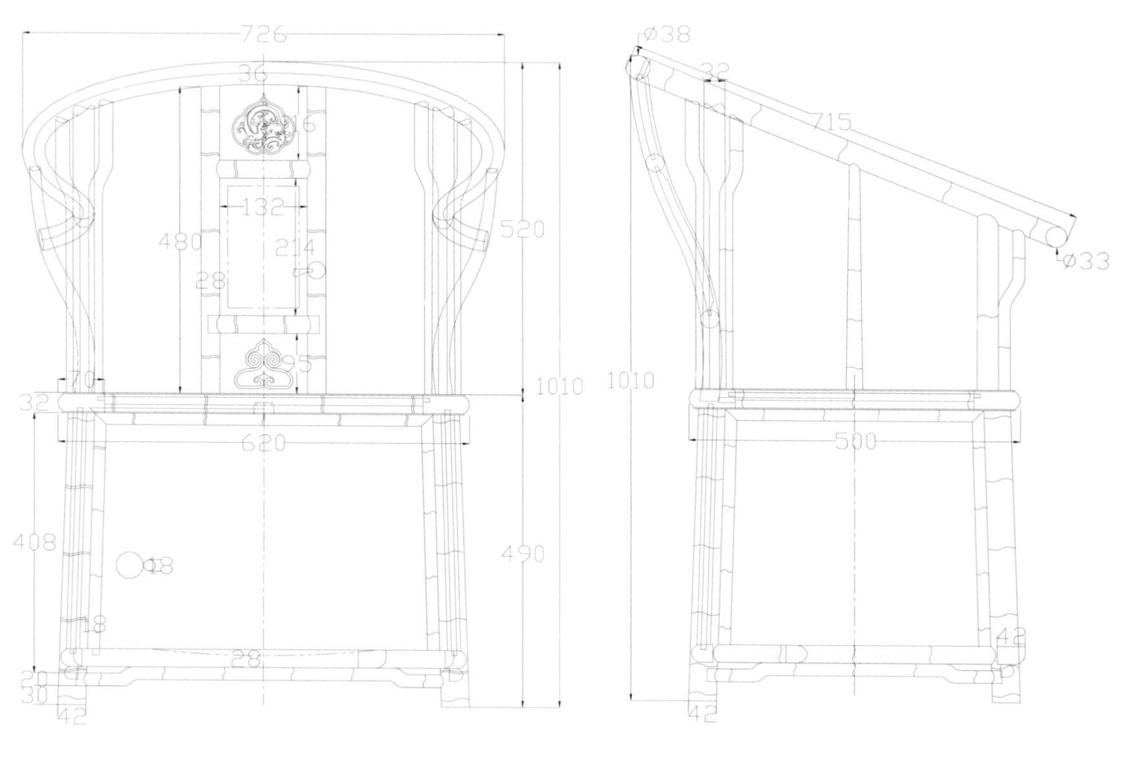

主视图　　　　左视图

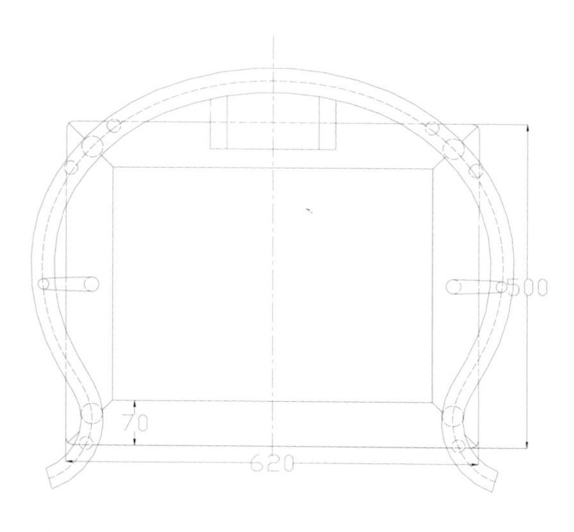

俯视图

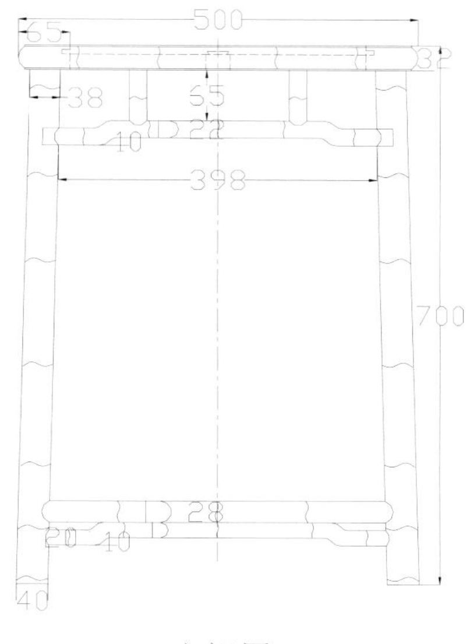

主视图

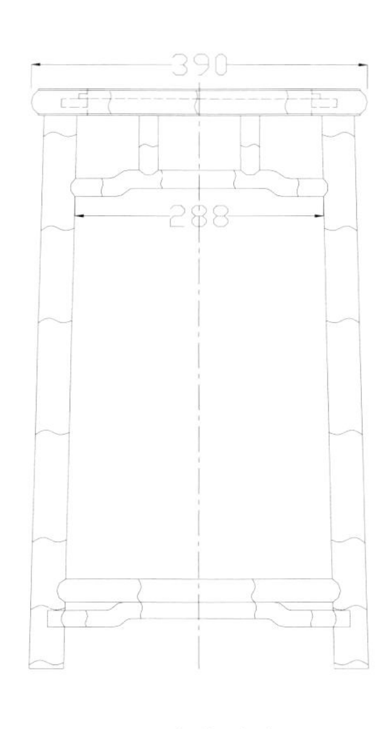

左视图

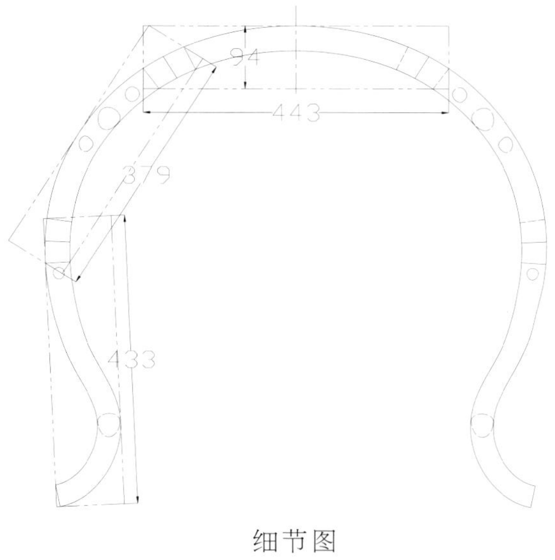

细节图

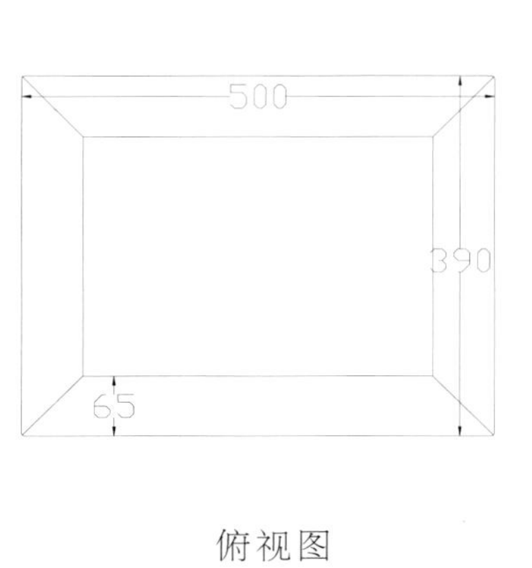

俯视图

清式卷书圈椅三件套

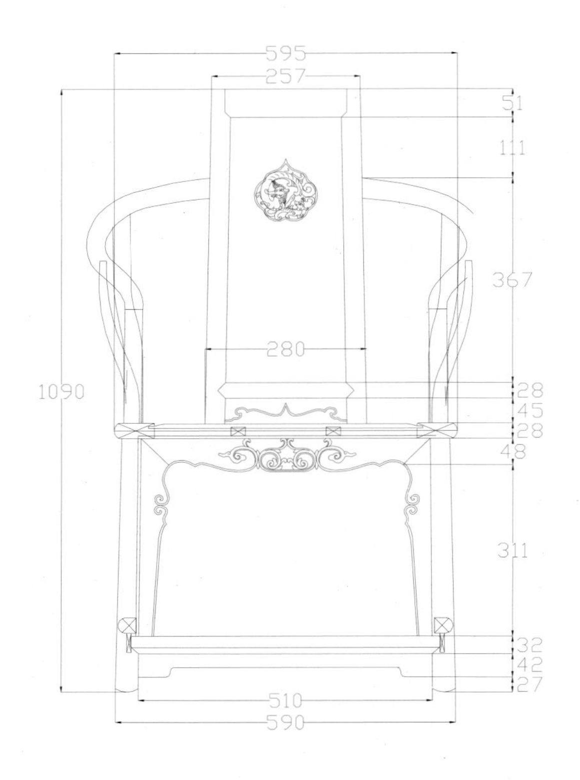

主视图

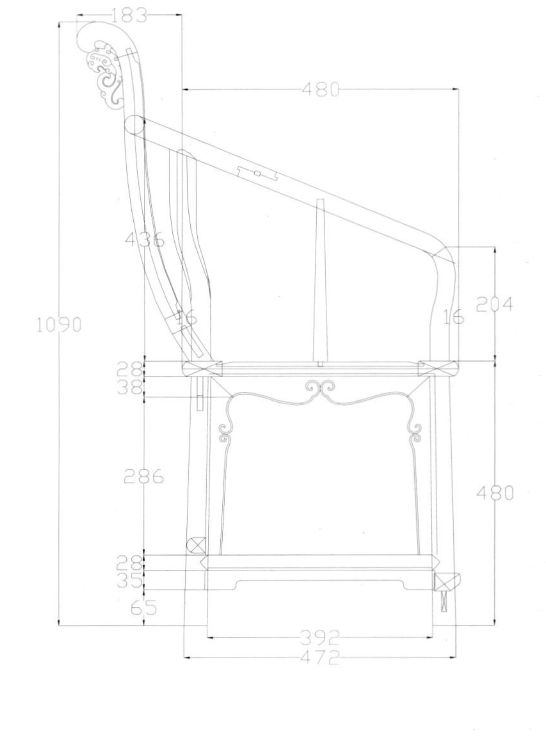

左视图

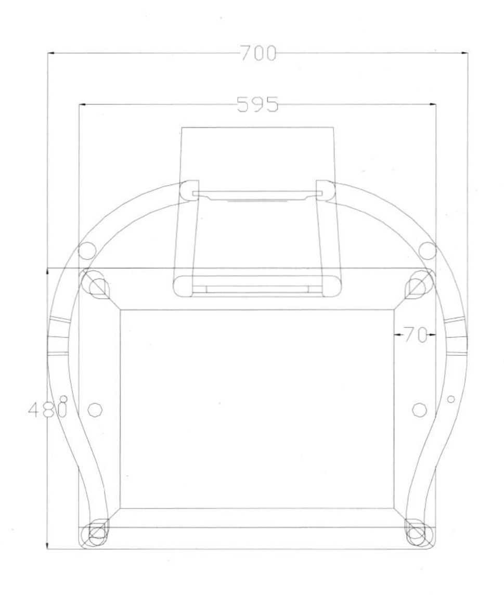

俯视图

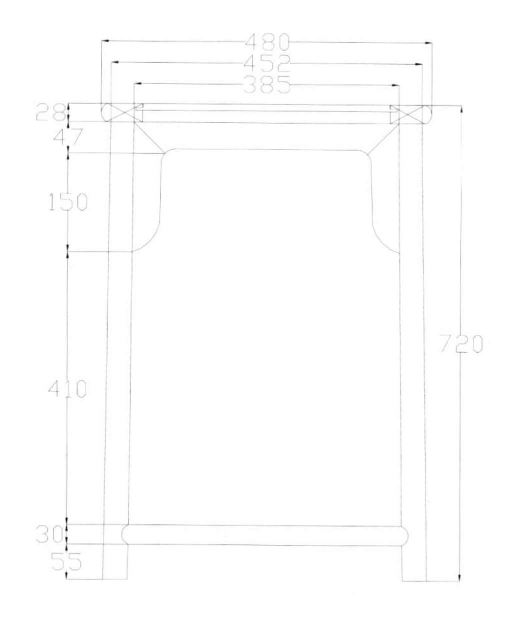
480
452
385
28
47
150
410
30
55
720

主视图

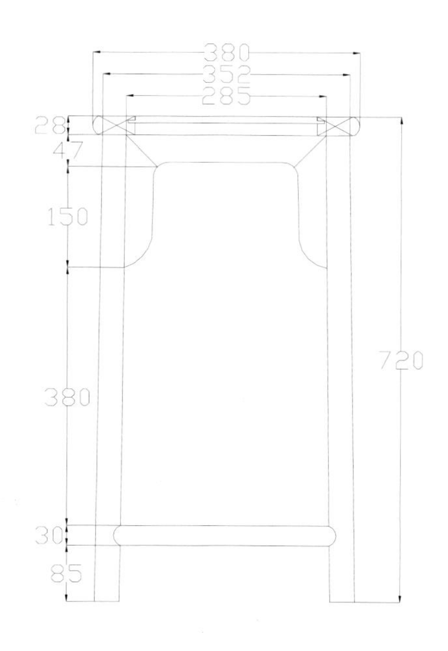
380
352
285
28
47
150
380
30
85
720

左视图

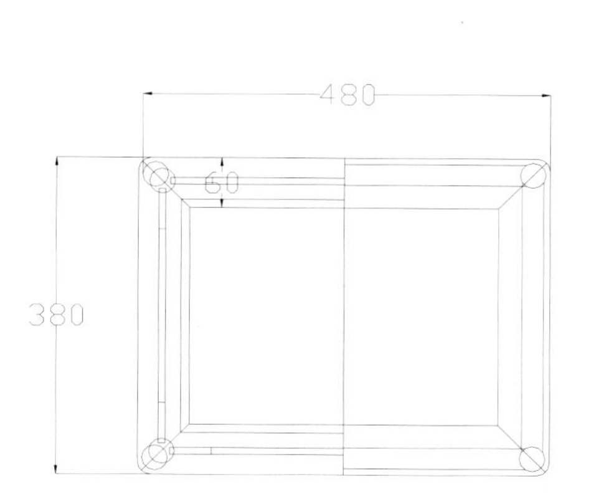
480
60
380

俯视图

传奇豪华休闲椅

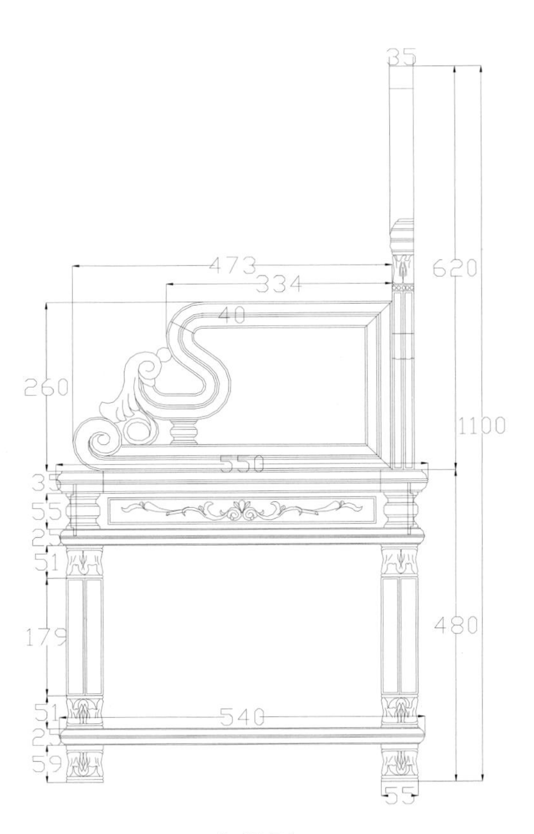

右视图

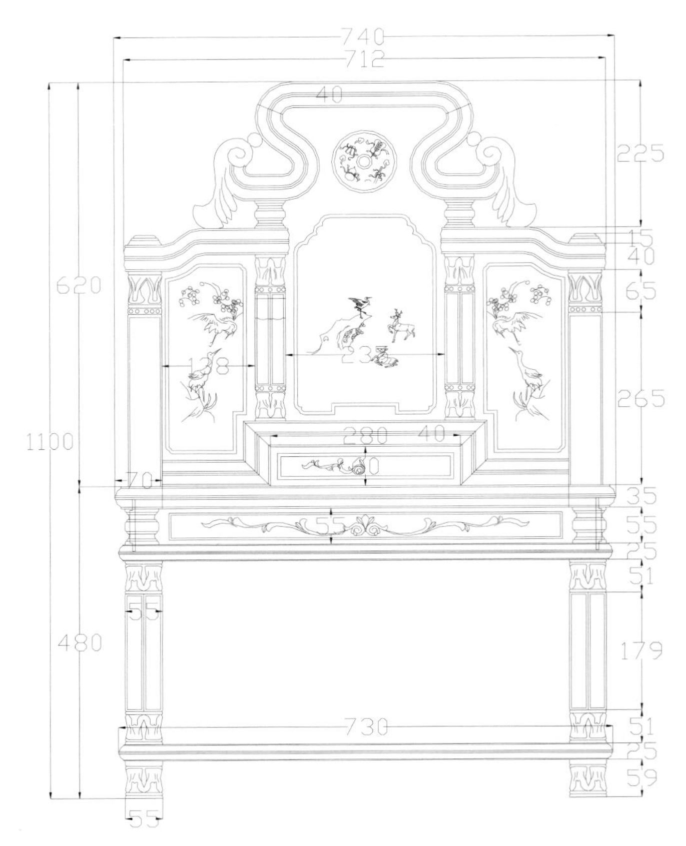

主视图

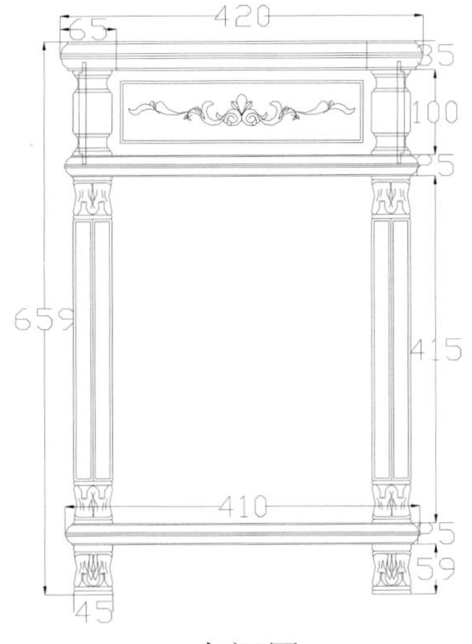

右视图

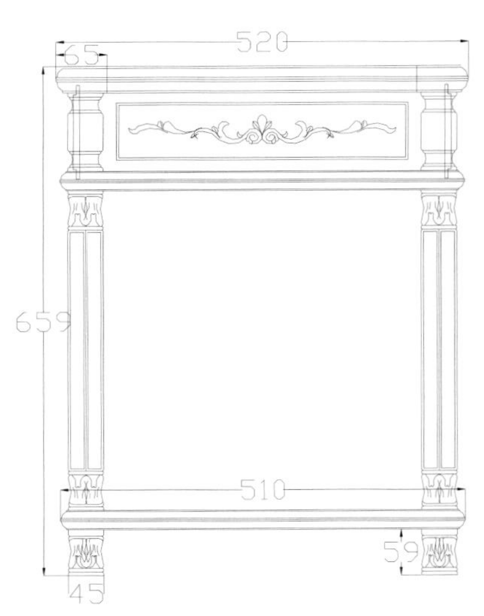

主视图

西洋花纹扶手椅

639
642
334
160
635
332
35
45
1115
194
61
70
28
35
480
372
27
18
68
620
主视图
160
138
112
635
480
28
336
280
142
240
146
28
517
35
480
372
27
18
68
498
左视图
640
15
518
80
俯视图
400
70
76
728
380
主视图

梳条式竹节扶手椅

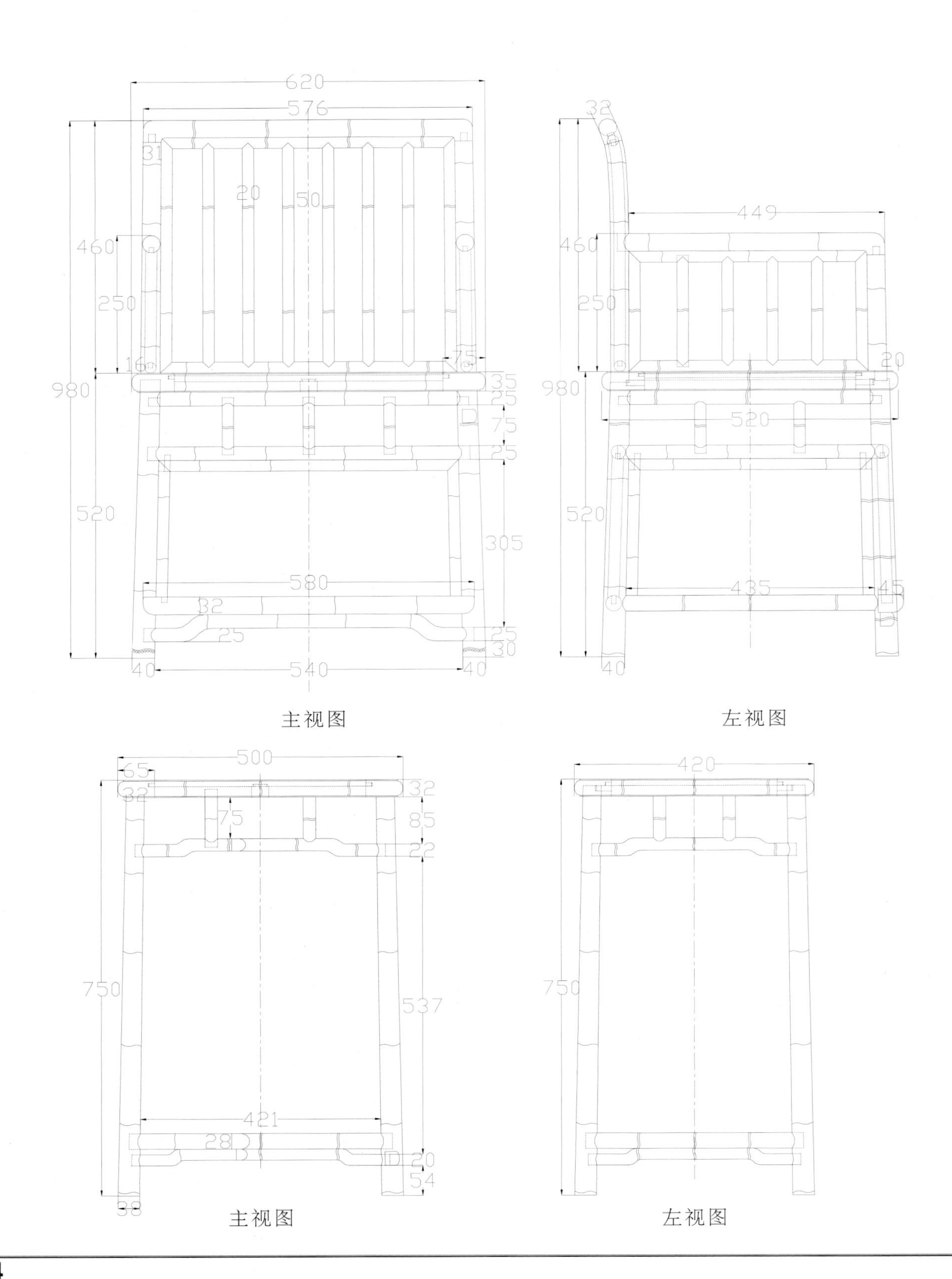

主视图　左视图

主视图　左视图

蝠璃纹扶手椅

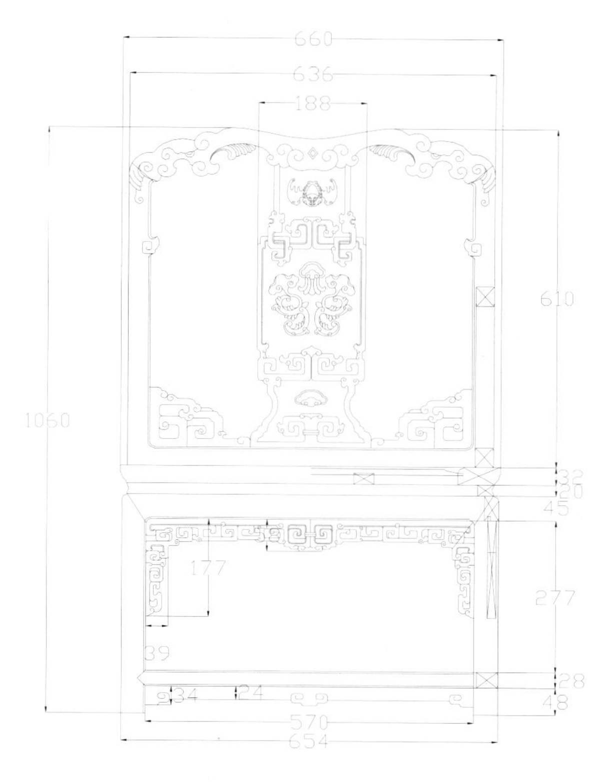

主视图

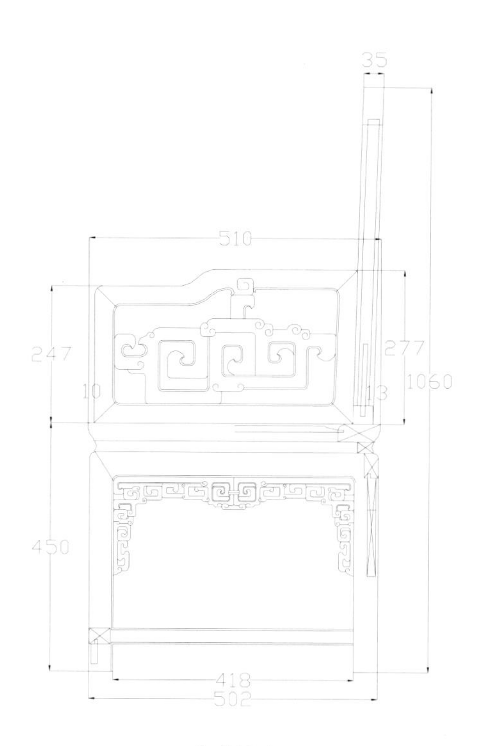

左视图

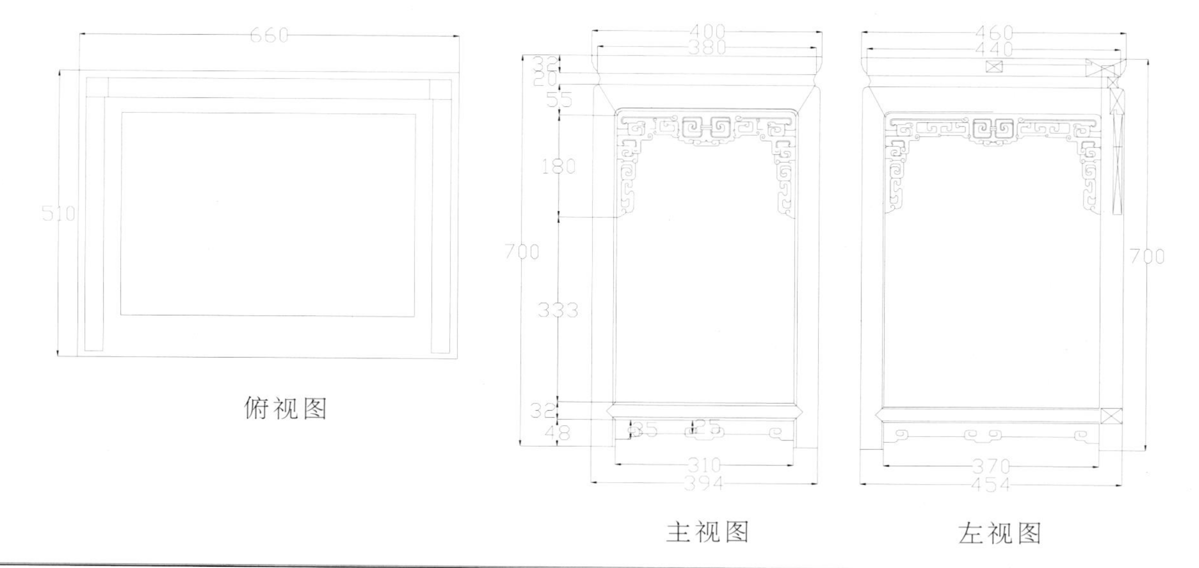

俯视图

主视图

左视图

夔凤纹扶手椅

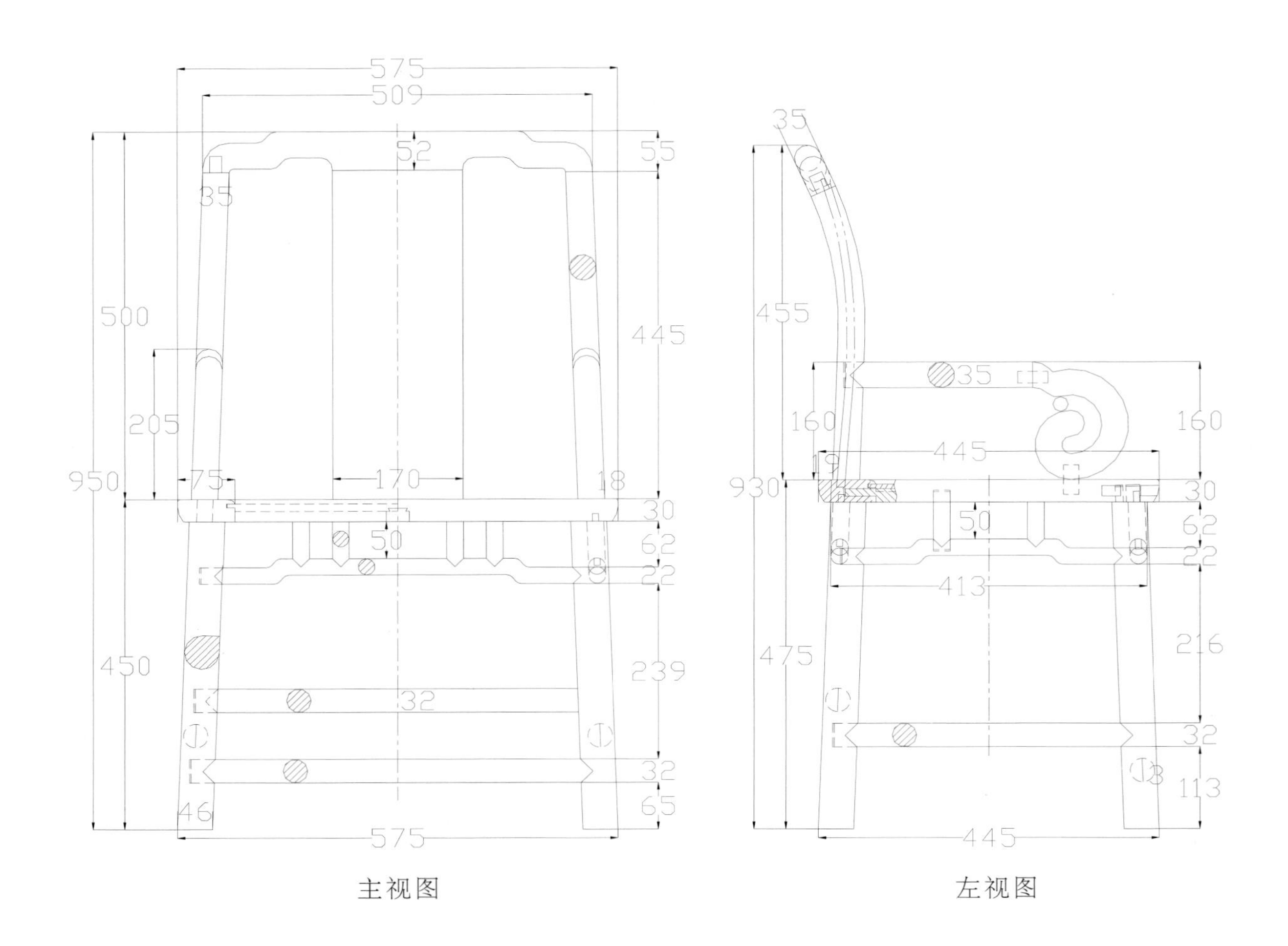

主视图　　左视图

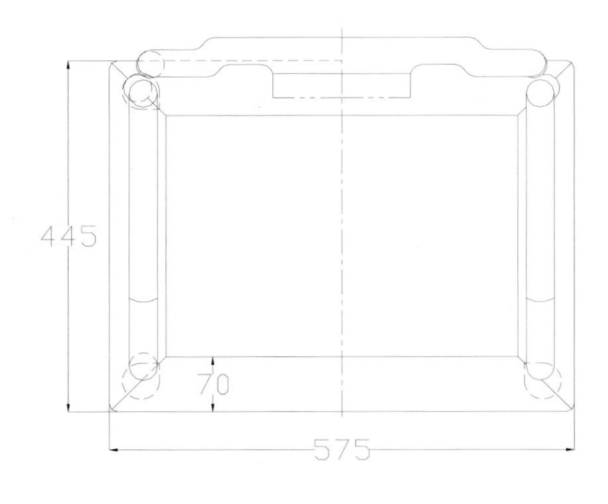

俯视图

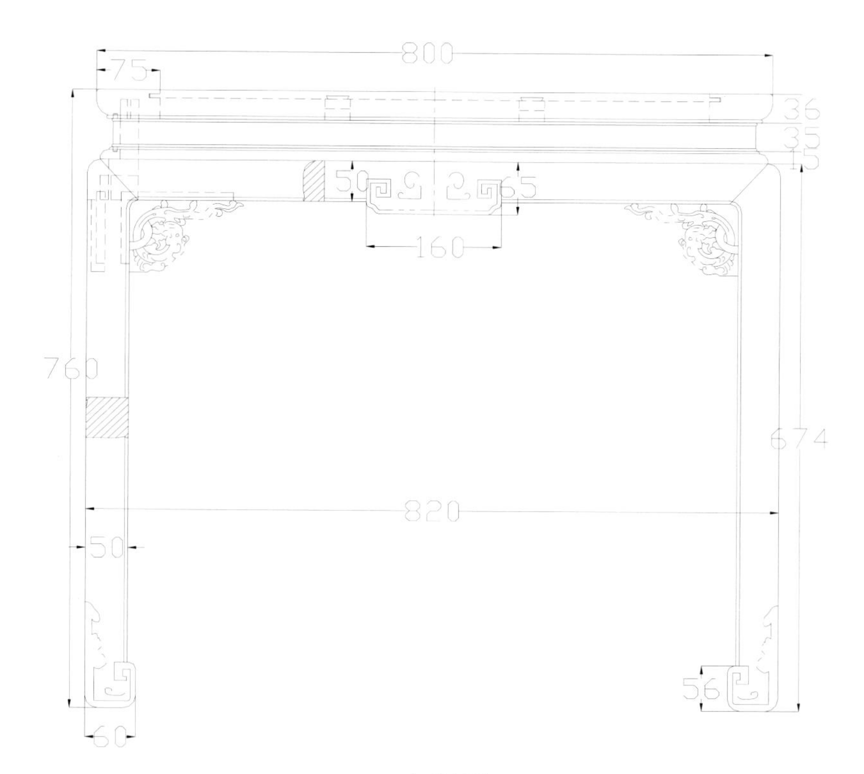

主视图

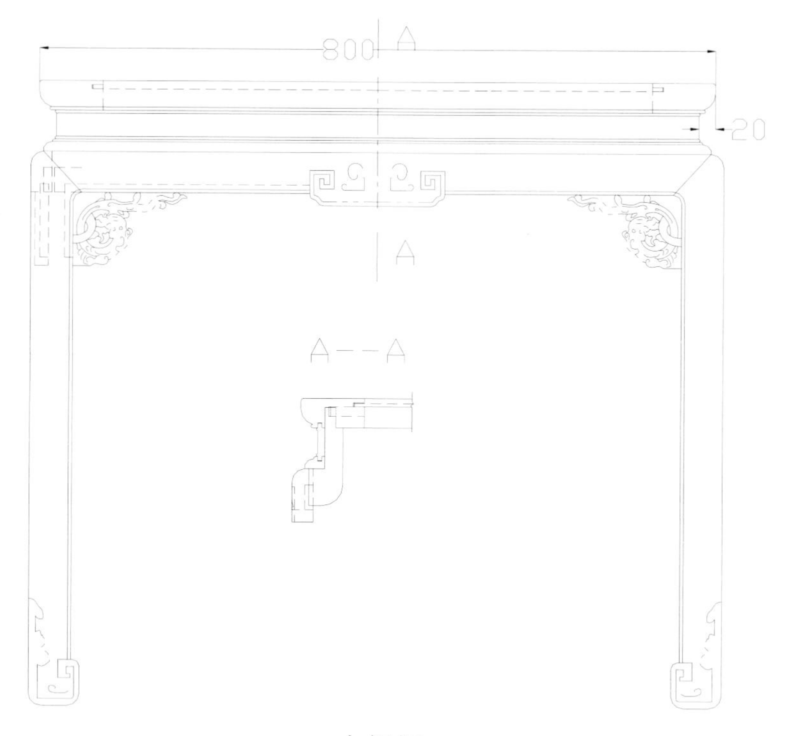

左视图

福寿纹扶手椅套件

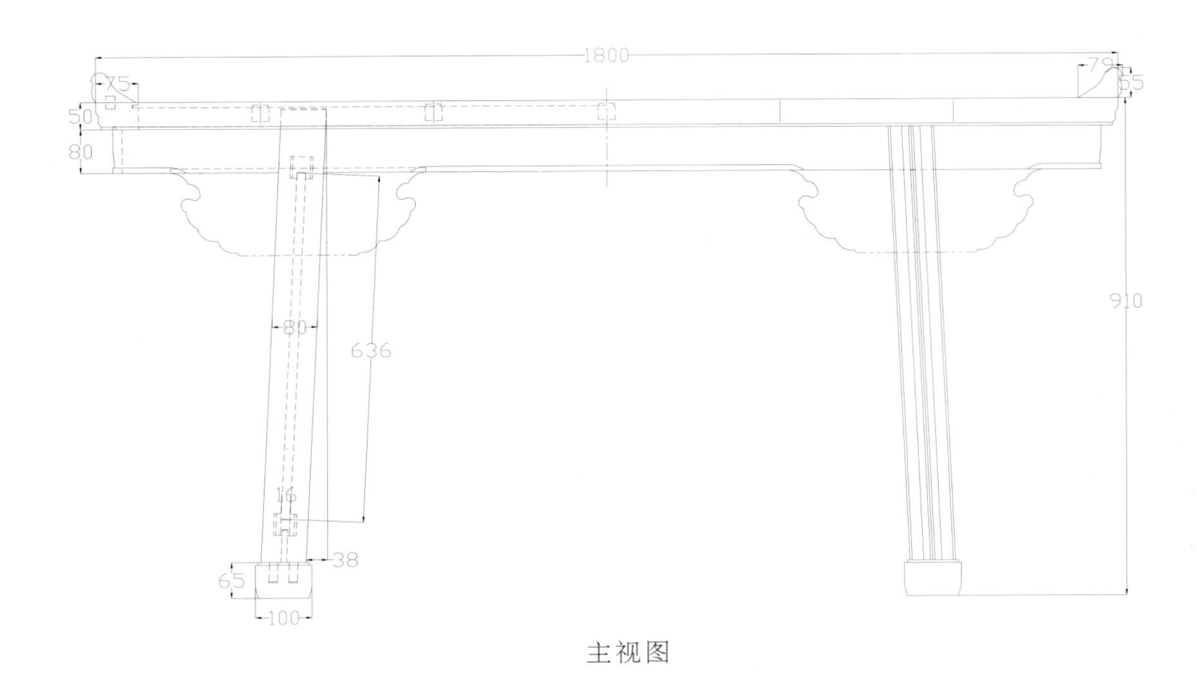

主视图

主视图

左视图

主视图

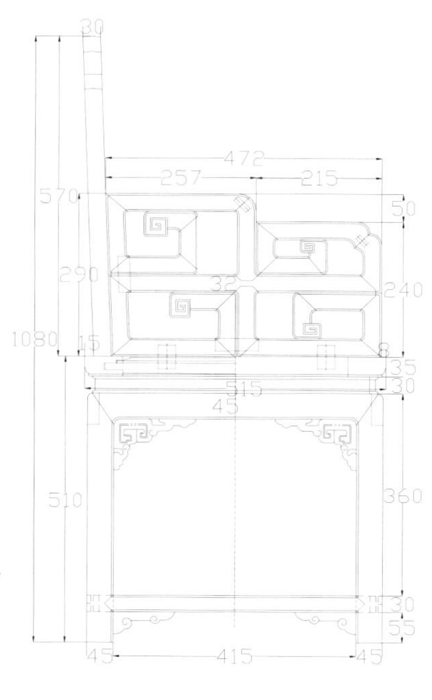

左视图

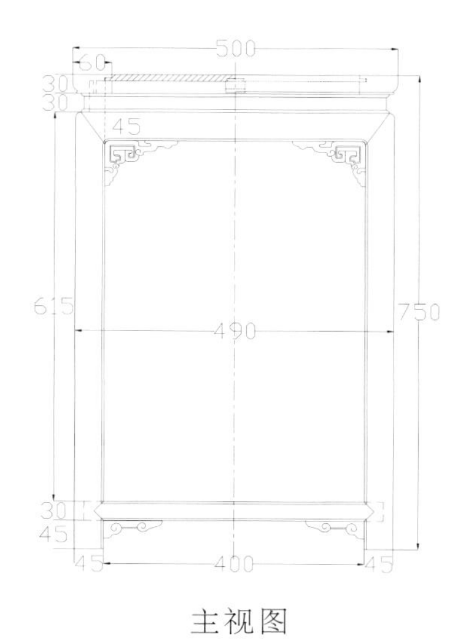

主视图

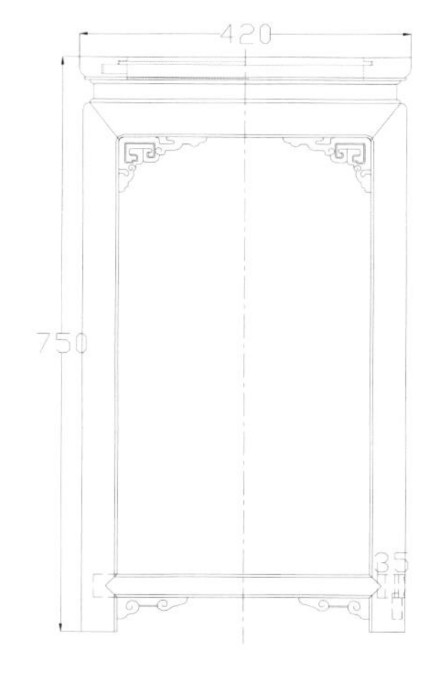

左视图

五福回纹扶手椅

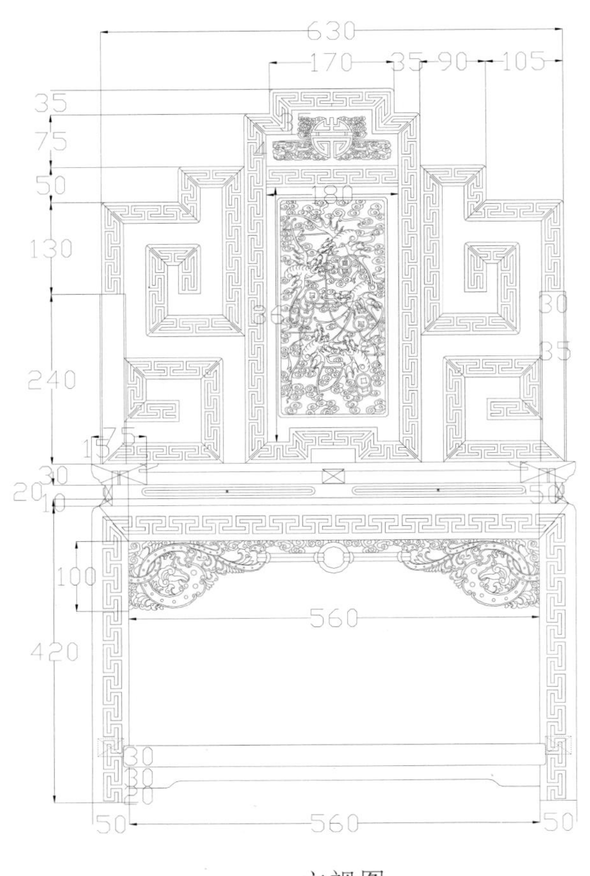

主视图

左视图

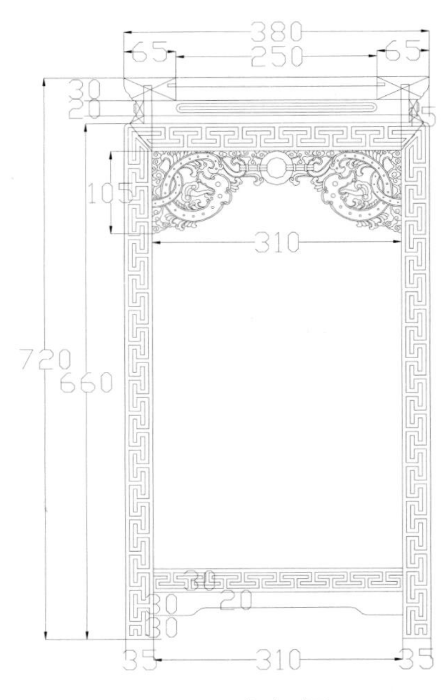

主视图

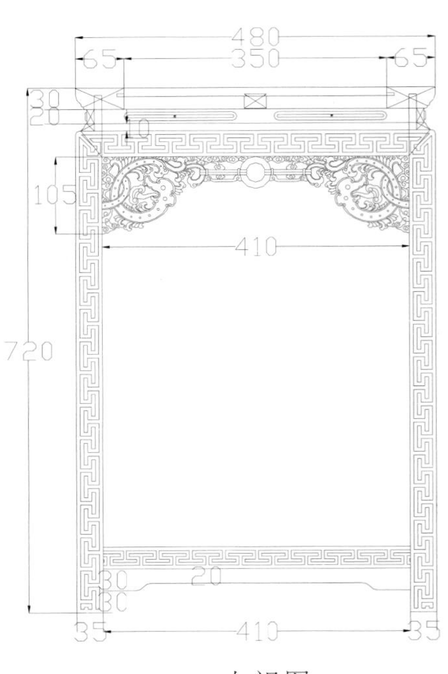

左视图

祥瑞扶手椅三件套

682
640
610
42
1120
342
28
25
40
610
299
40
28
57
33
45
630
主视图
510
443
266
20
342
15
1120
480
480
480
500
右视图
480
450
28
25
40
390
470
284
28
770
332
45
33
主视图
380
350
290
370
770
左视图

玫瑰椅三件套

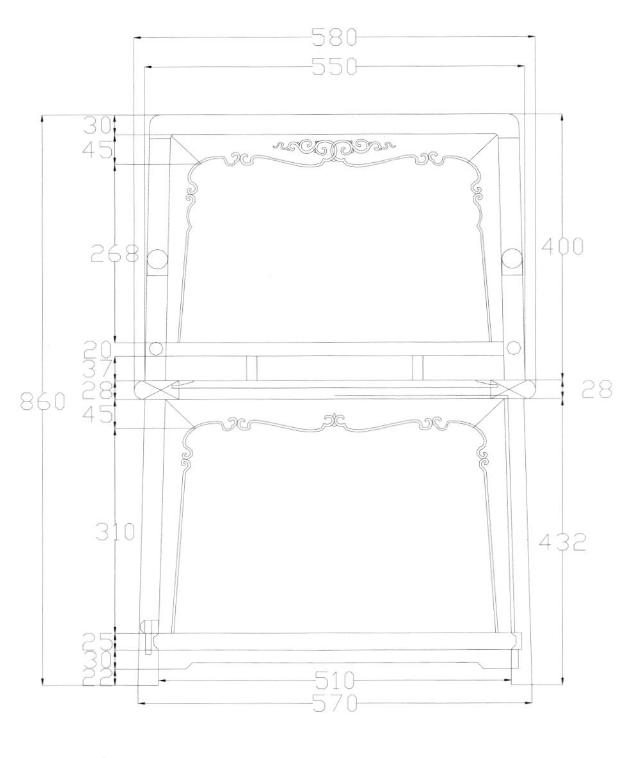

主视图

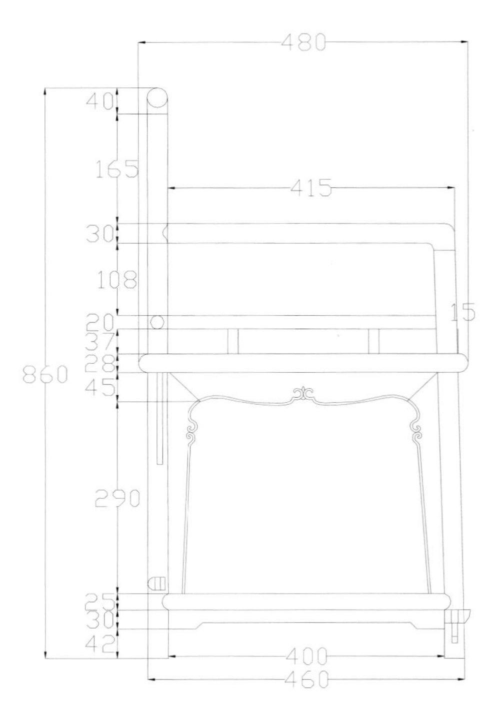

左视图

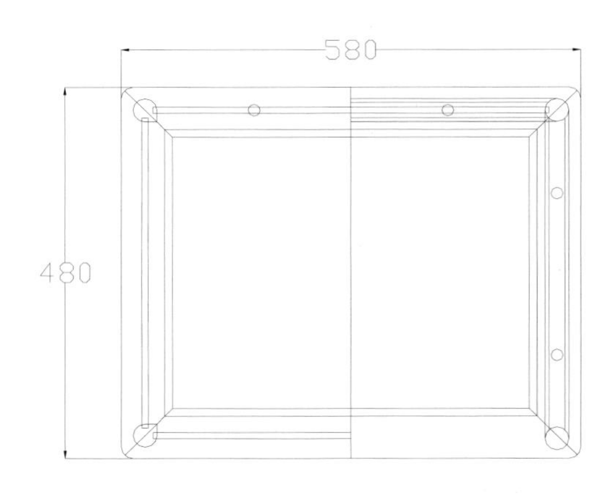

俯视图

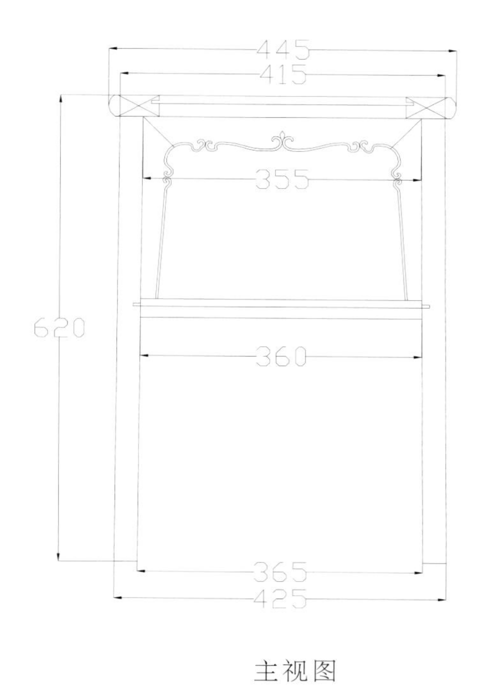
445
415
355
620
360
365
425

主视图

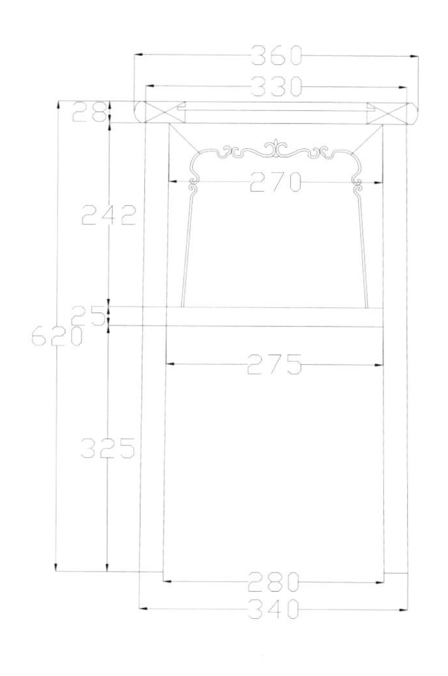
360
330
28
270
242
25
620
275
325
280
340

左视图

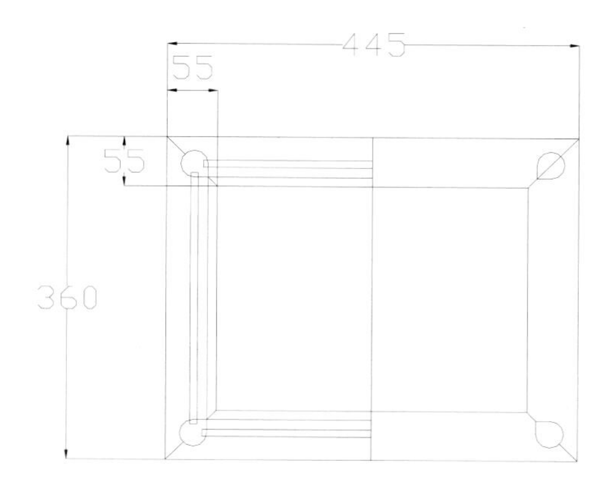
445
55
55
360

俯视图

明式休闲椅三件套

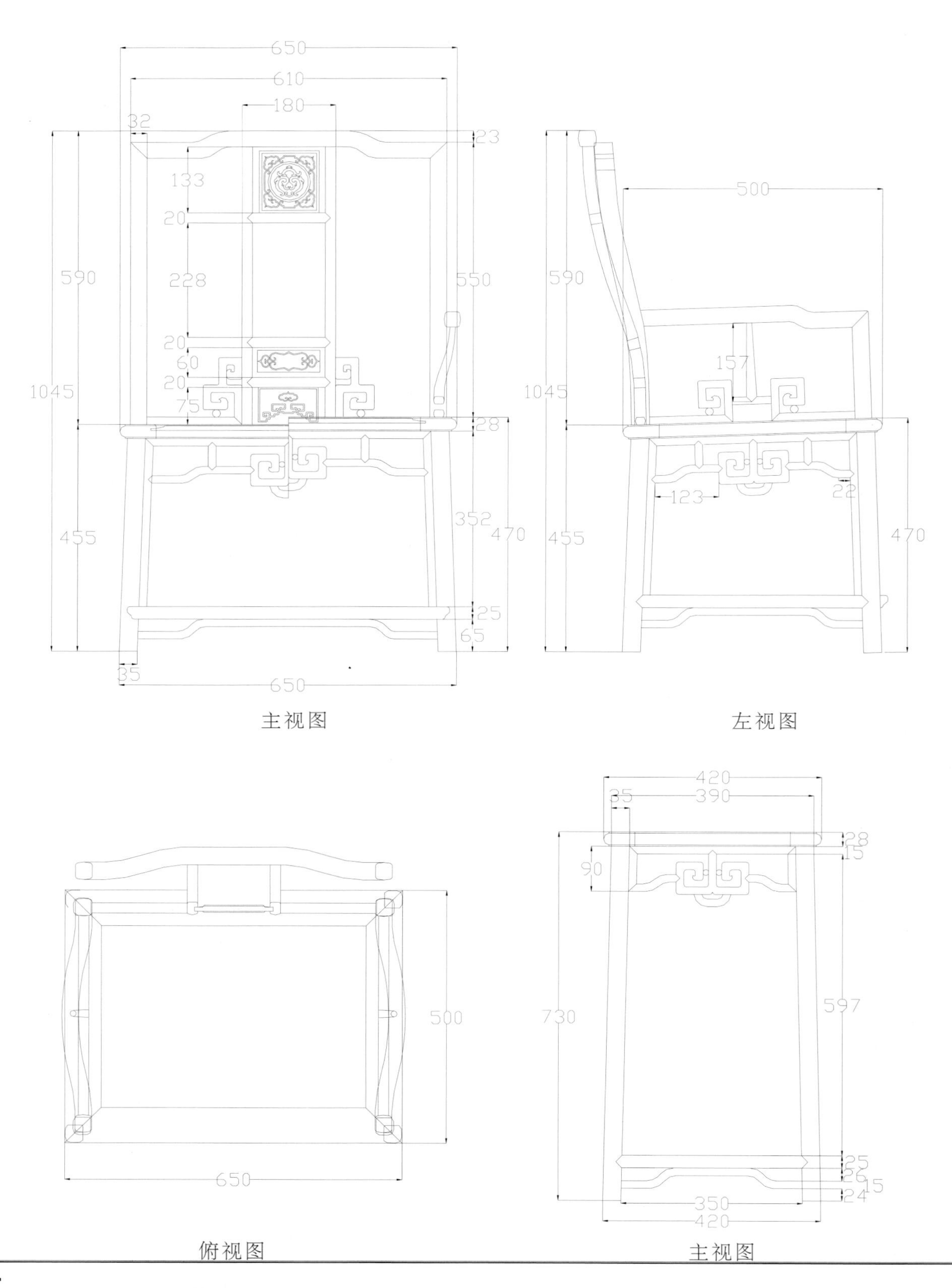

主视图

左视图

俯视图

主视图

西番莲扶手椅三件套

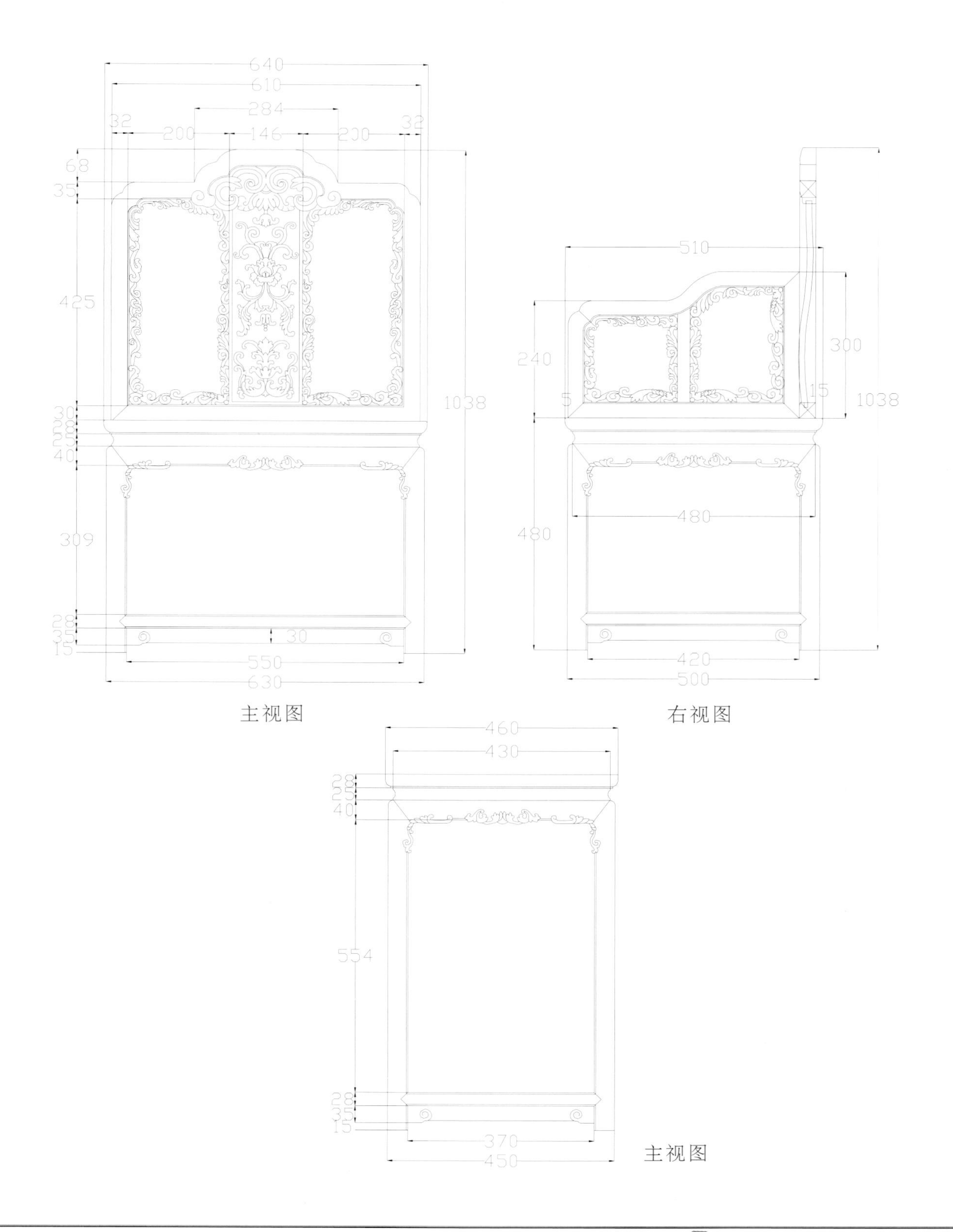

主视图

右视图

主视图

福禄寿喜休闲椅

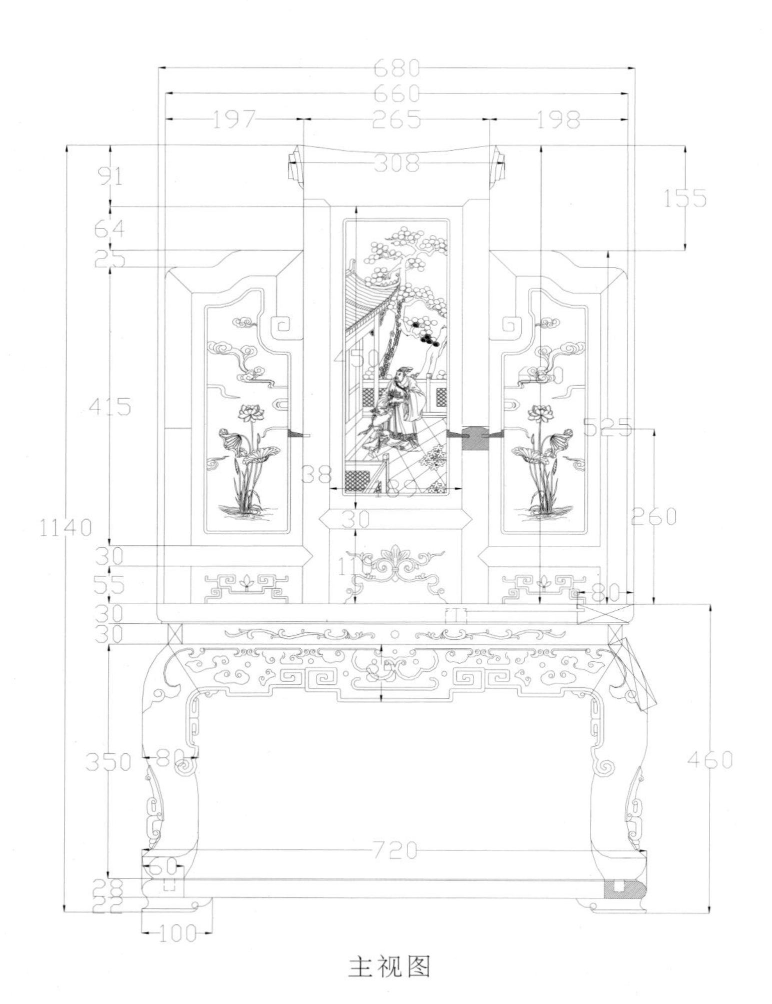

主视图

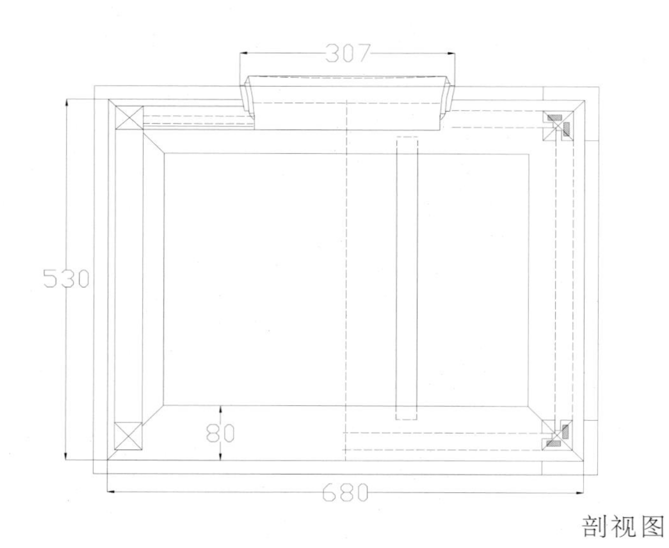

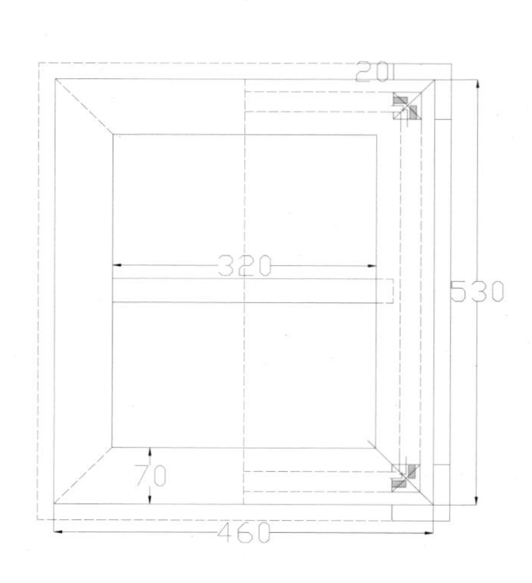

剖视图

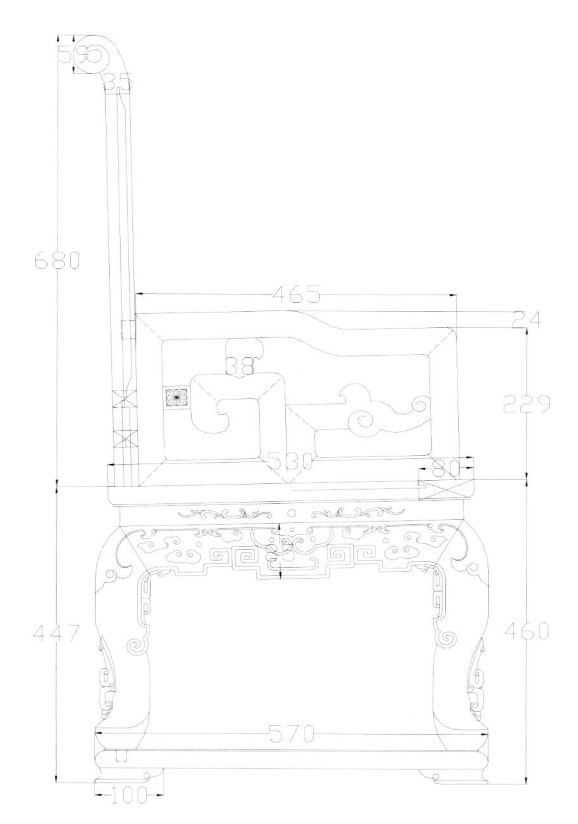
59
35
680
465
24
38
229
530
80
447
460
570
100

左视图

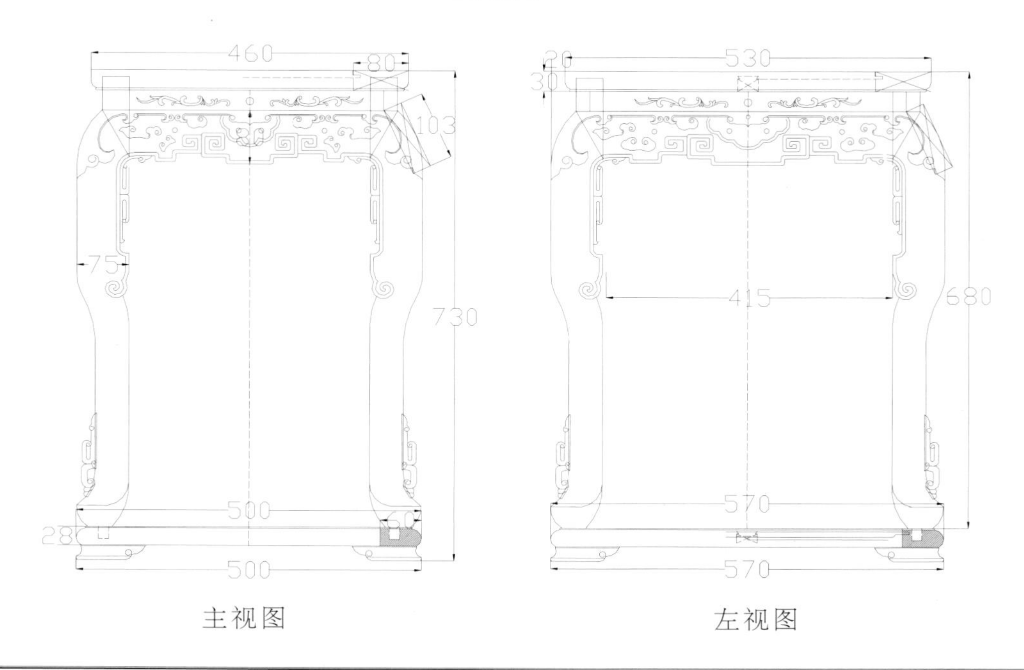
460
80
103
80
75
730
500
28
50
500
20
530
30
415
680
570
570

主视图　　左视图

明式玫瑰椅

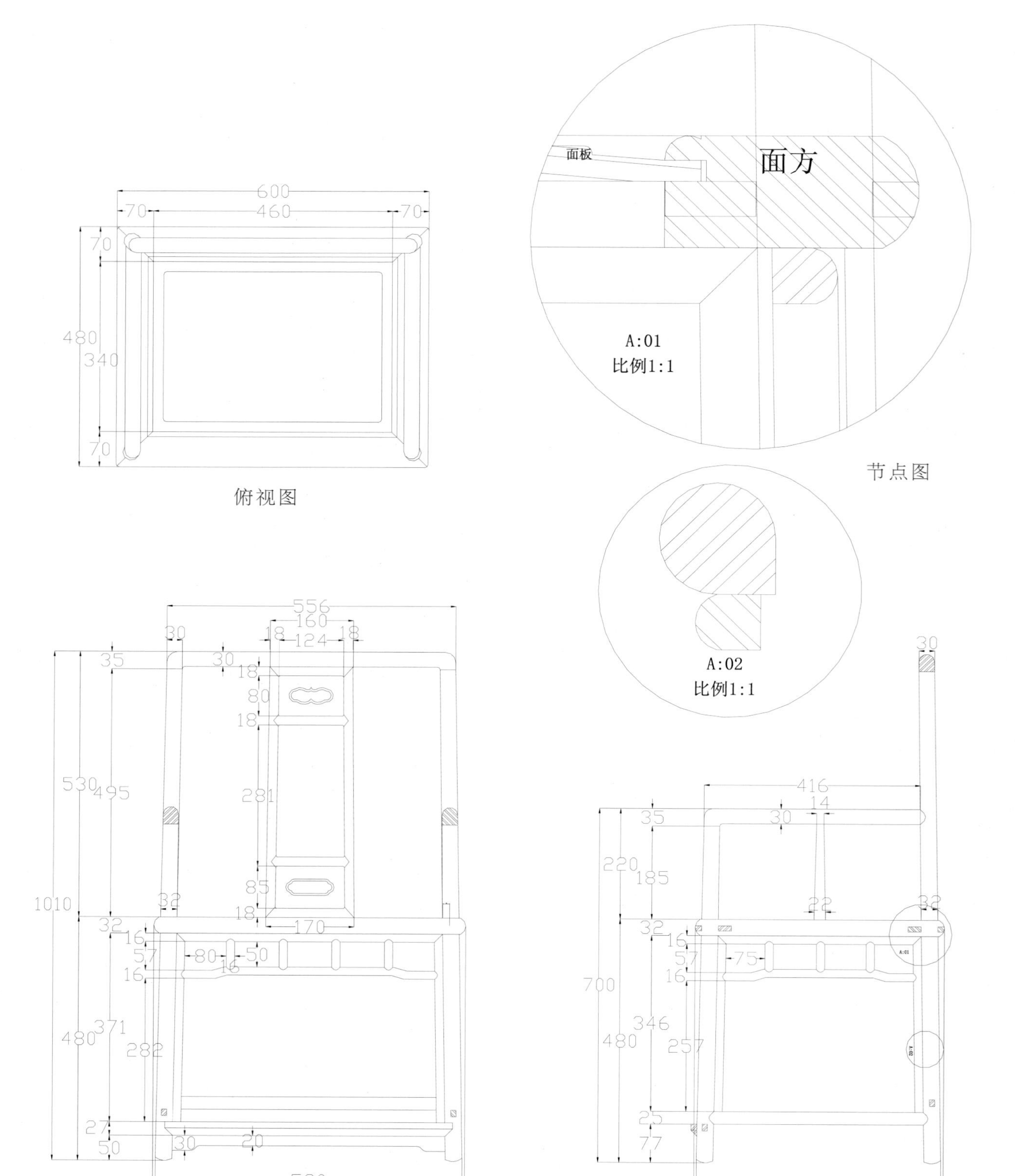
600
70
460
70
70
480
340
70
俯视图
面板
面方
A:01
比例1:1
节点图
A:02
比例1:1
556
30
160
18
18
124
35
30
18
80
18
530
495
281
1010
32
85
18
170
32
16
57
80
16
50
16
480
371
282
27
50
30
20
590
600
主视图
30
416
14
35
30
220
185
22
32
32
16
57
75
16
700
346
480
257
25
77
470
480
左视图

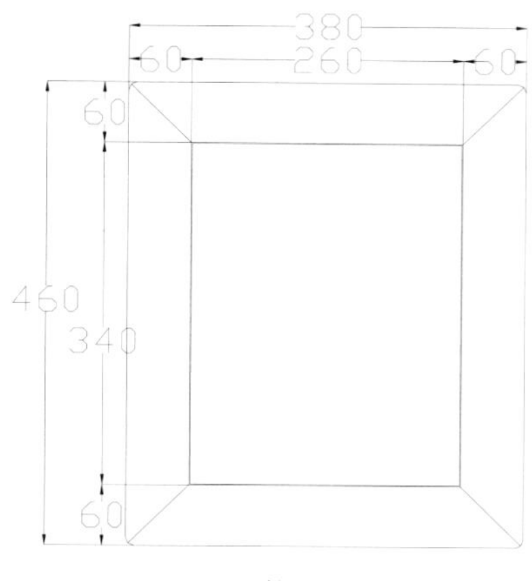

俯视图

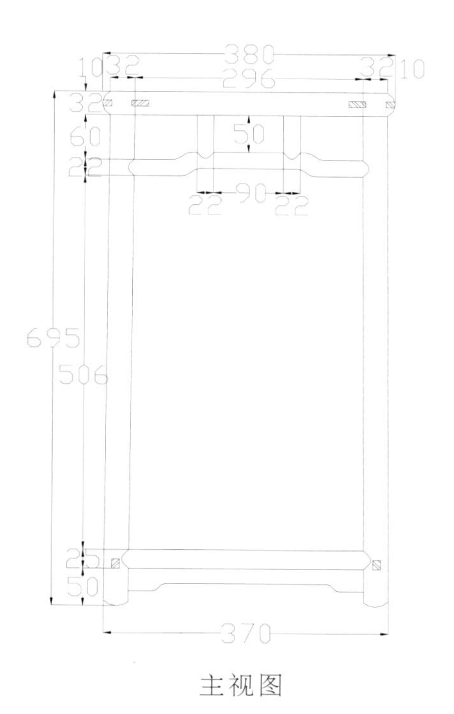

主视图

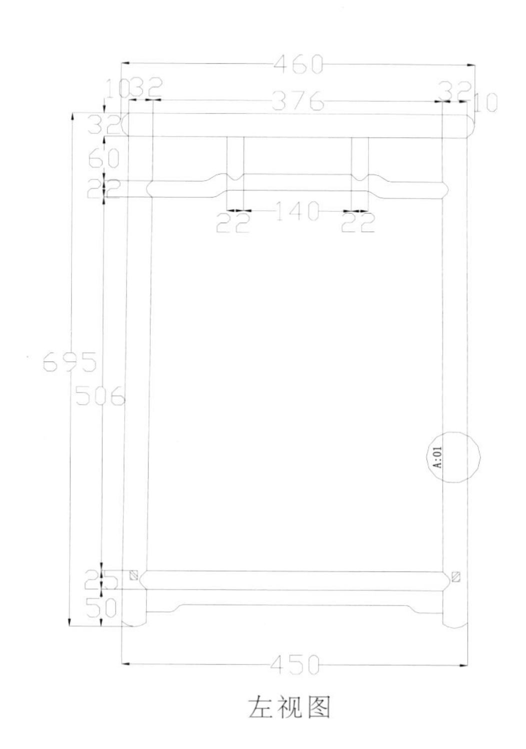

左视图

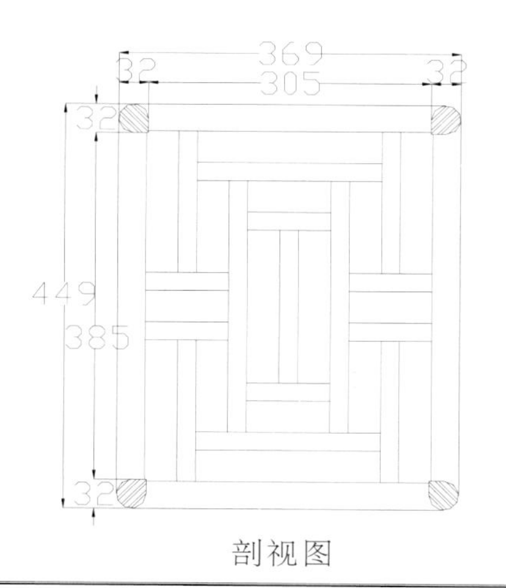

剖视图

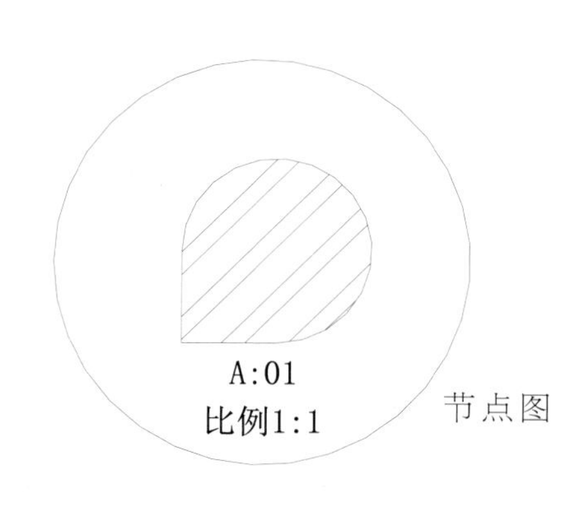

节点图

新中式电脑桌

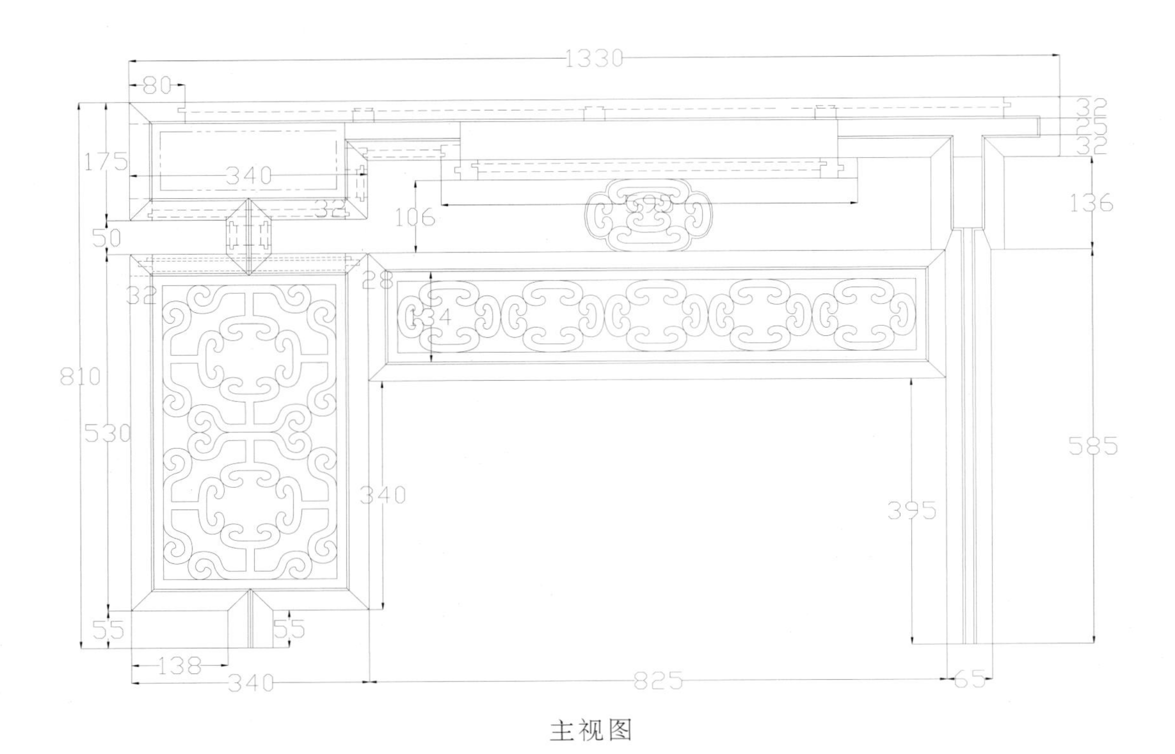

主视图

620
810
30
88
530
88
70

左视图

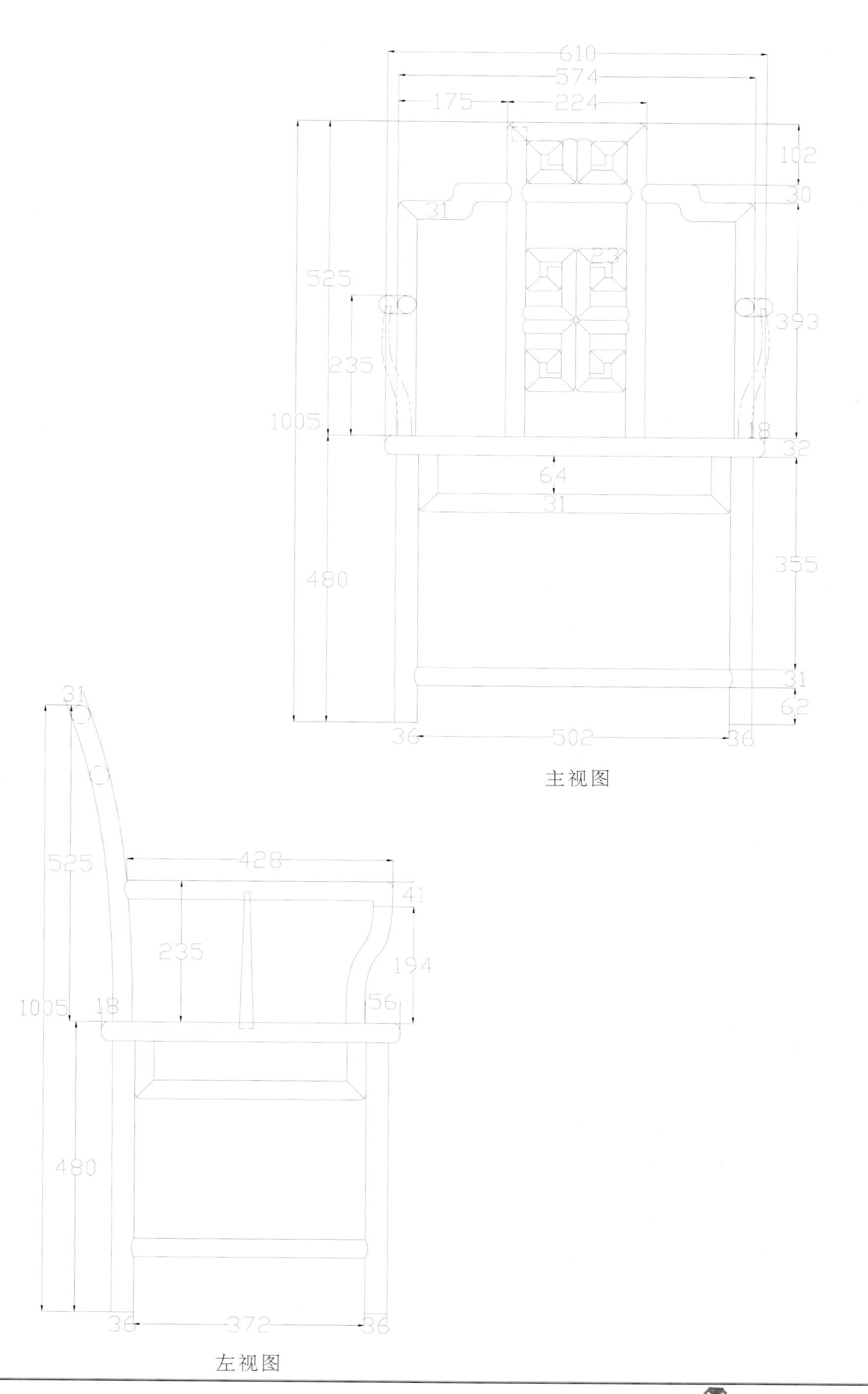
610
574
175
224
102
30
31
23
525
393
235
1005
18
32
64
31
355
480
31
62
36
502
36
31
525
428
41
235
194
1005
18
56
480
36
372
36
主视图

左视图

明式四出头官帽椅三件套

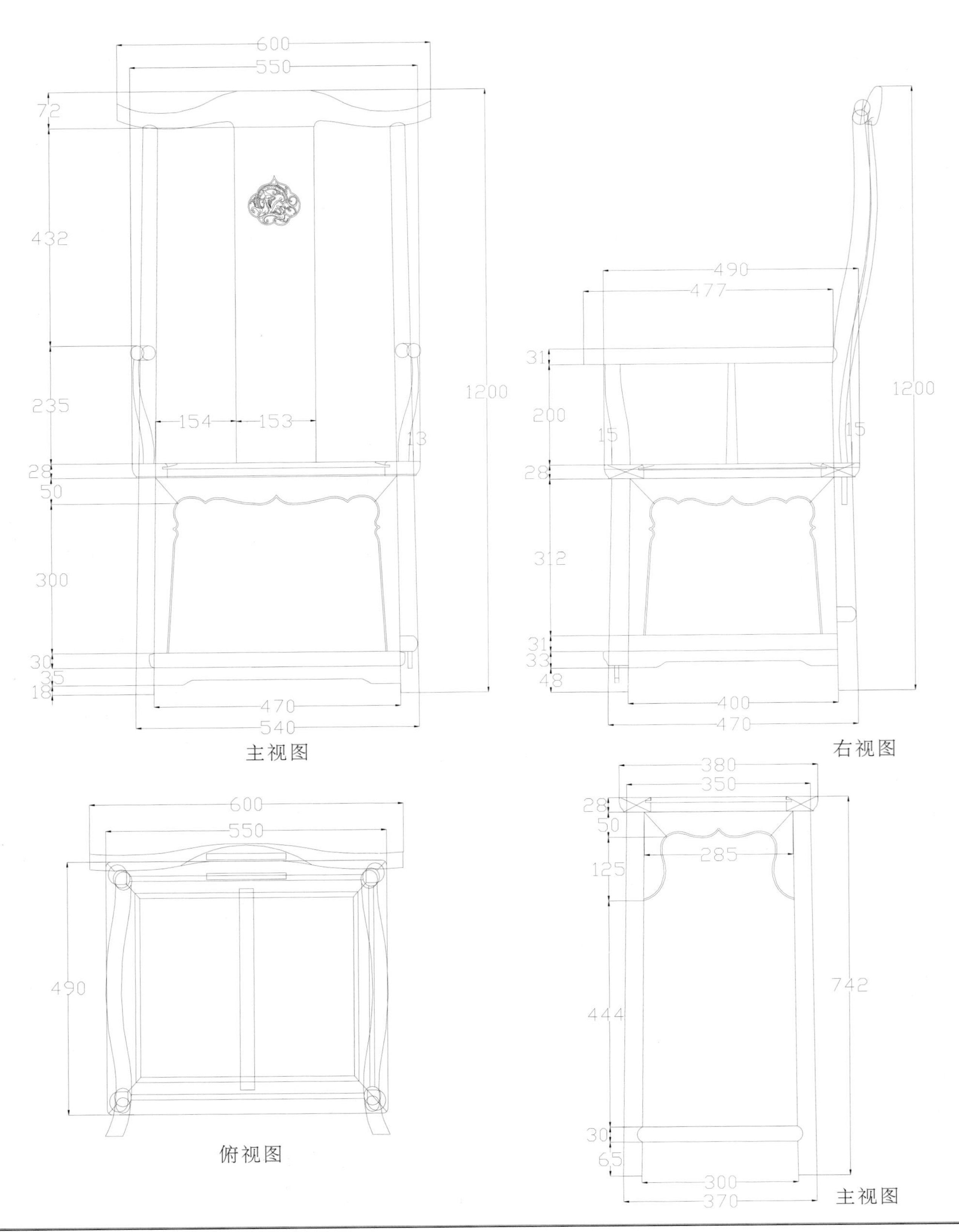

清式太师椅

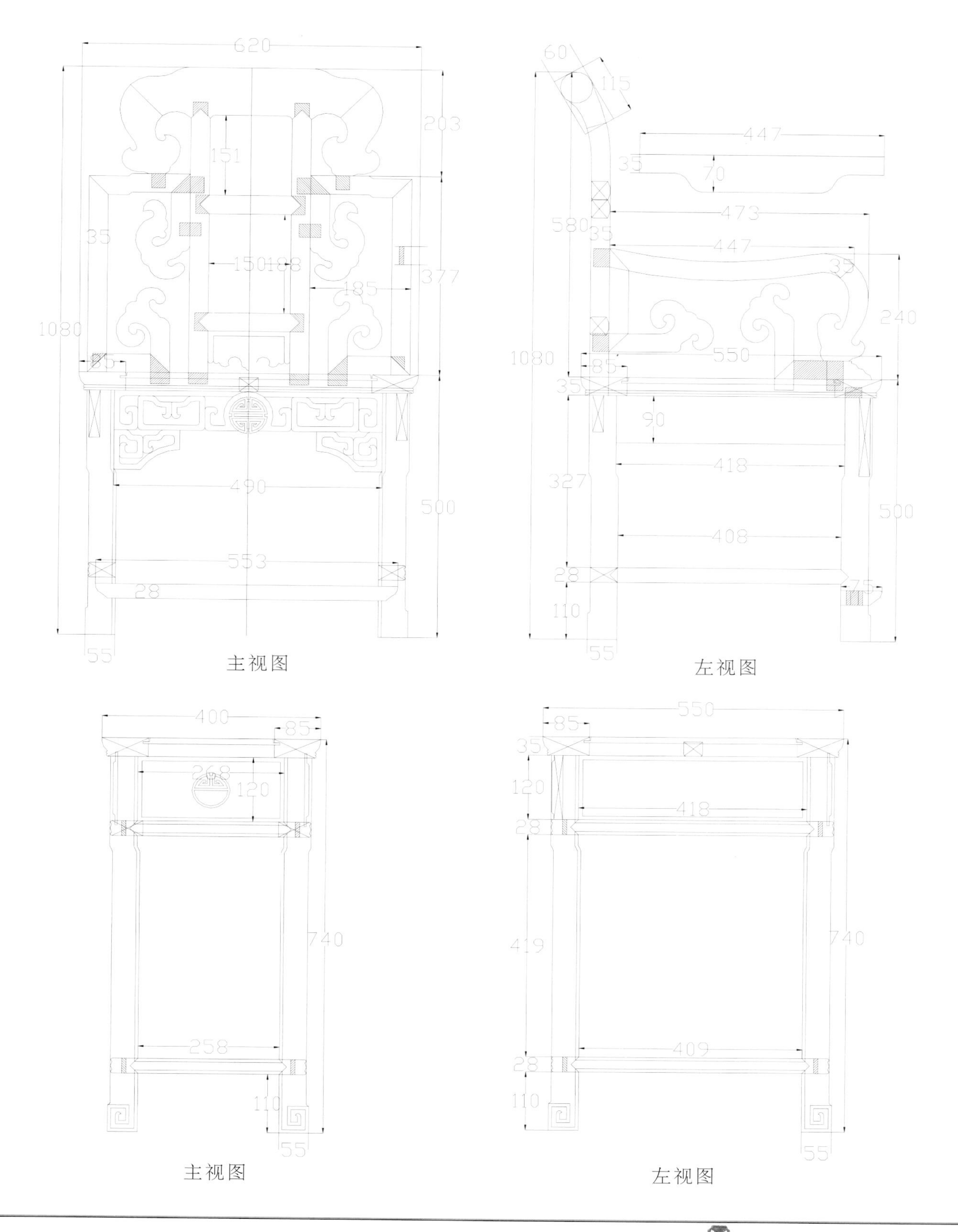
620
203
151
35
150
188
185
377
1080
85
490
500
553
28
55
主视图
60
115
447
35
70
580
473
447
35
240
550
85
90
418
327
408
28
75
110
左视图
400
85
268
120
740
258
110
55
主视图
550
85
35
120
418
28
419
740
409
110
55
左视图

宋式禅椅三件套

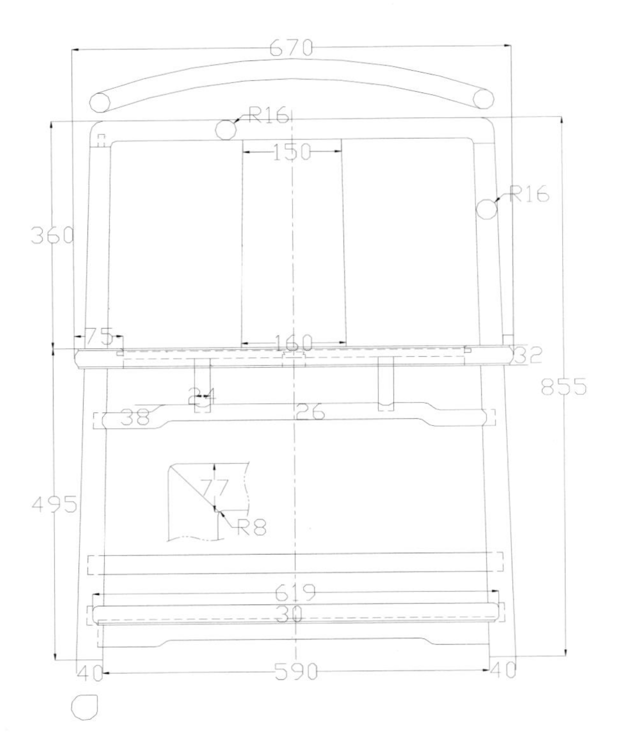

主视图

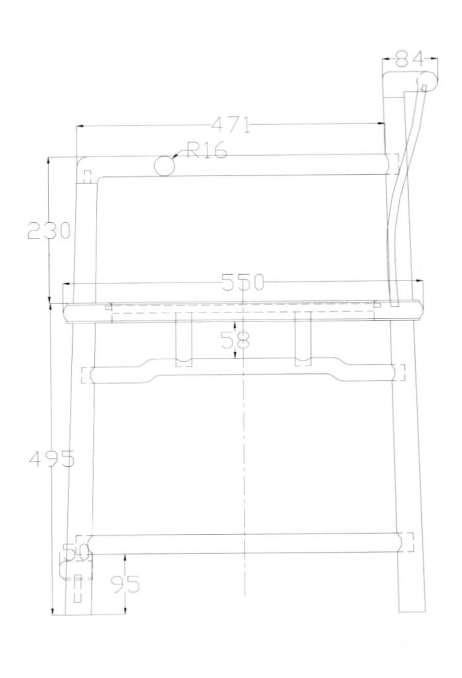

右视图

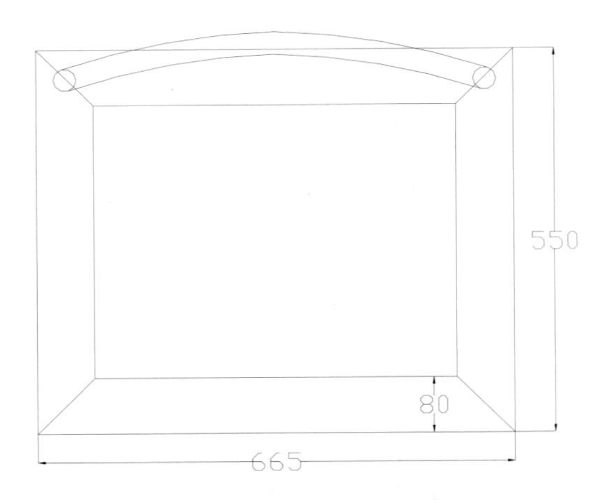

俯视图

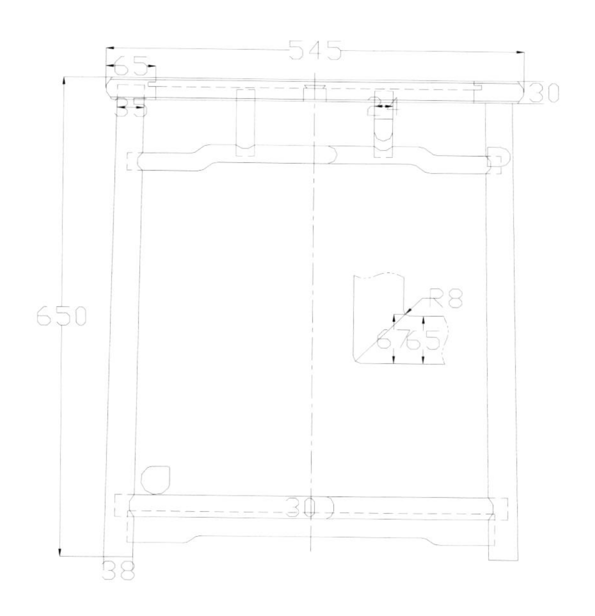

主视图

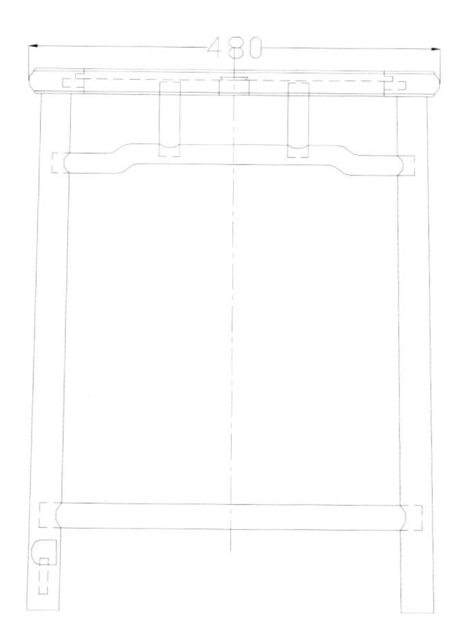

右视图

天官椅三件套

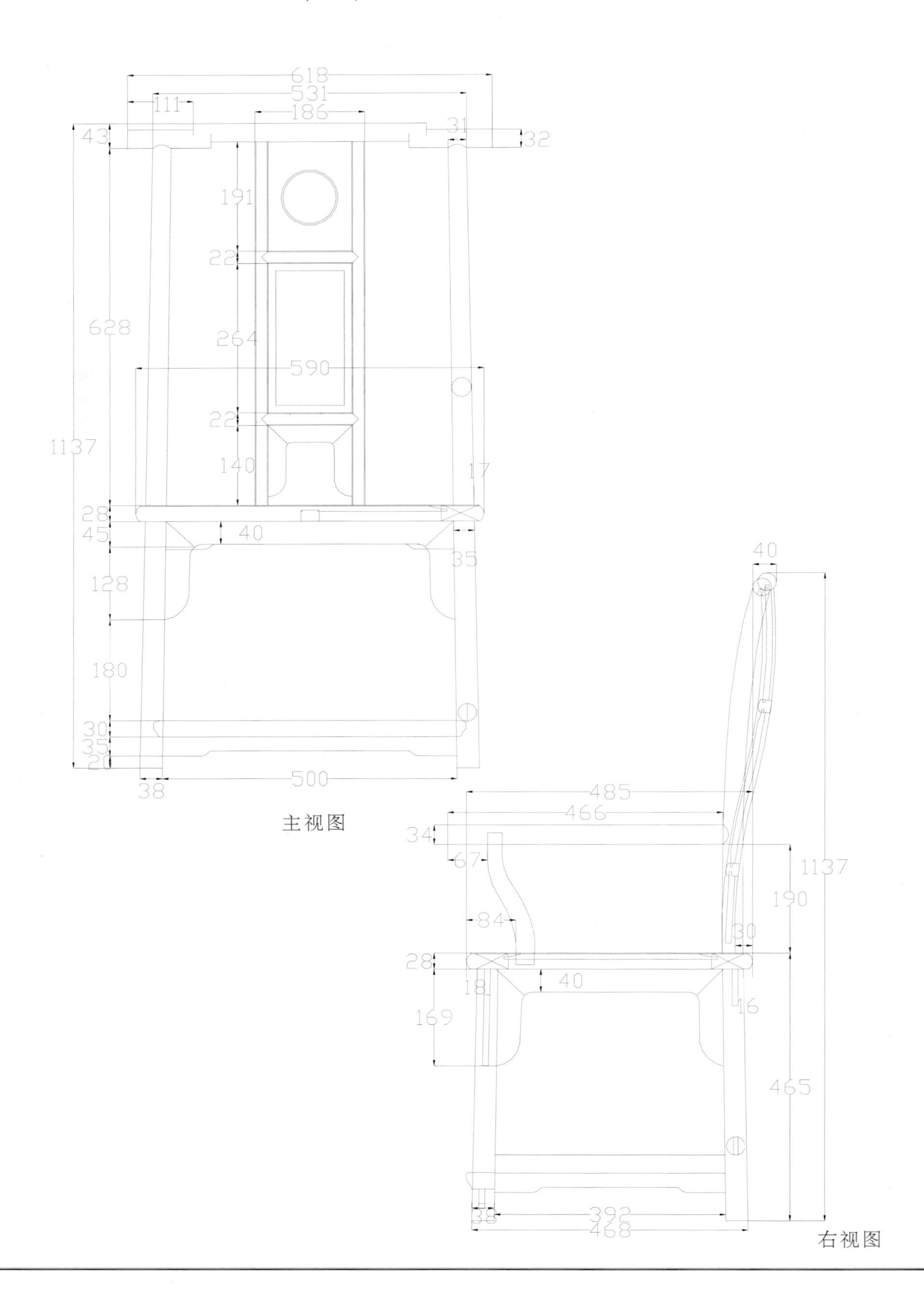

主视图

右视图

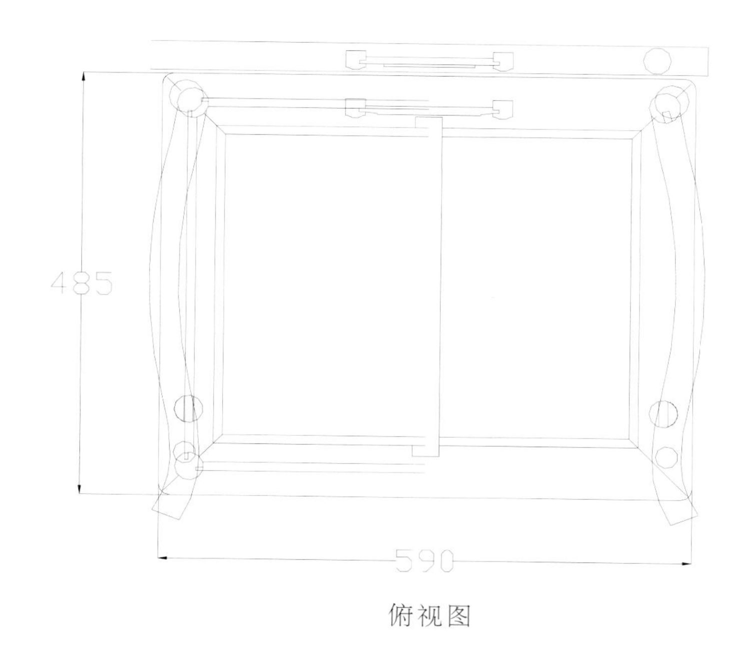

俯视图

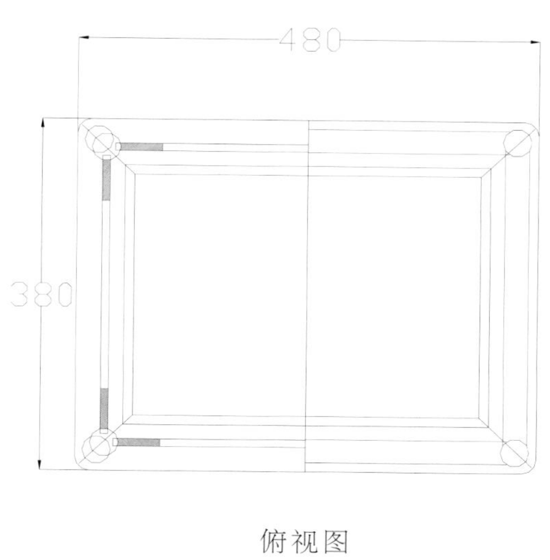

俯视图

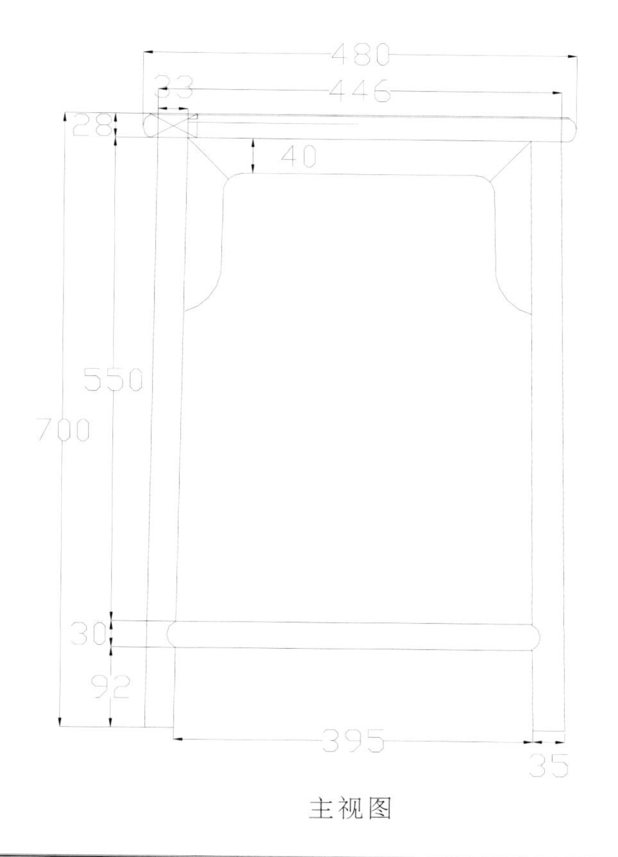

主视图

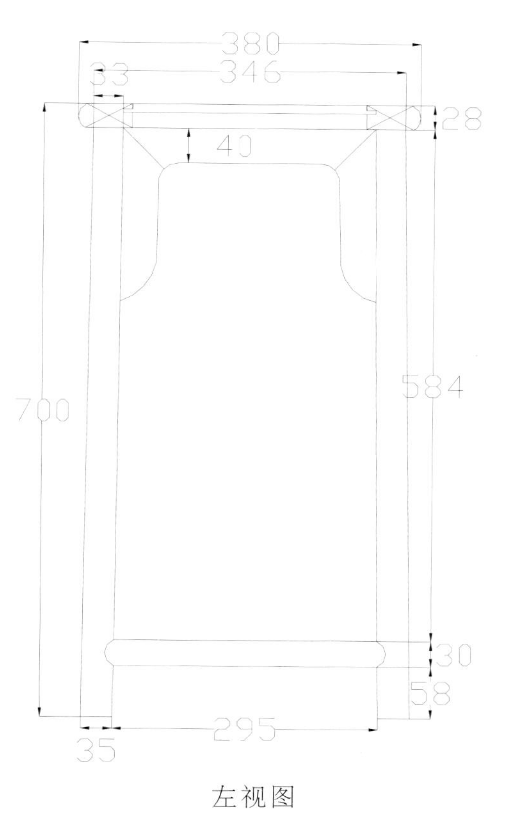

左视图

红木太师椅

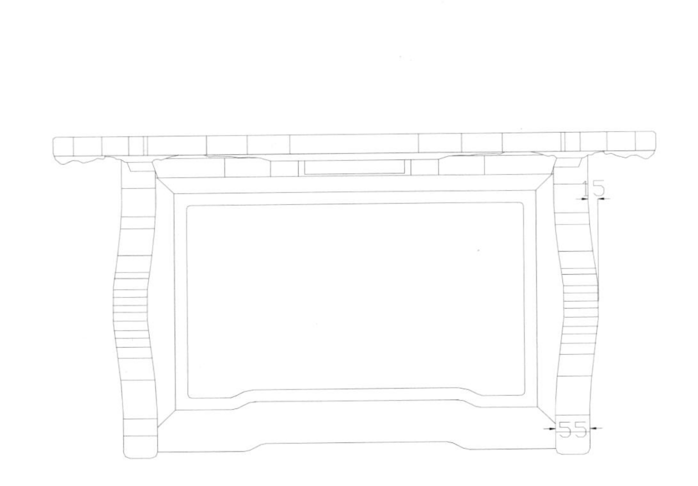

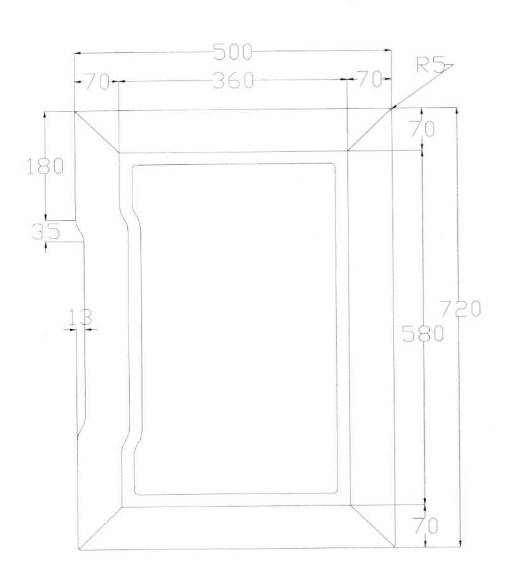

俯视图

主视图

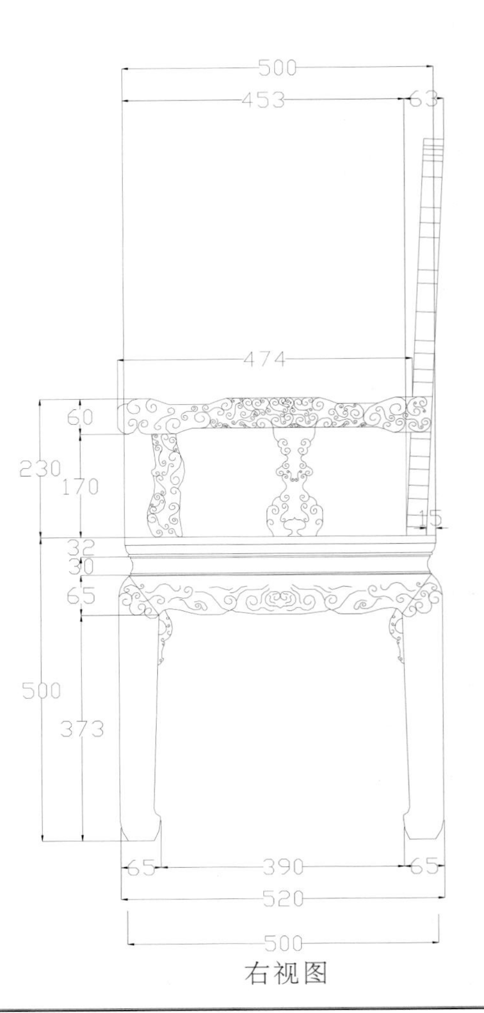

右视图

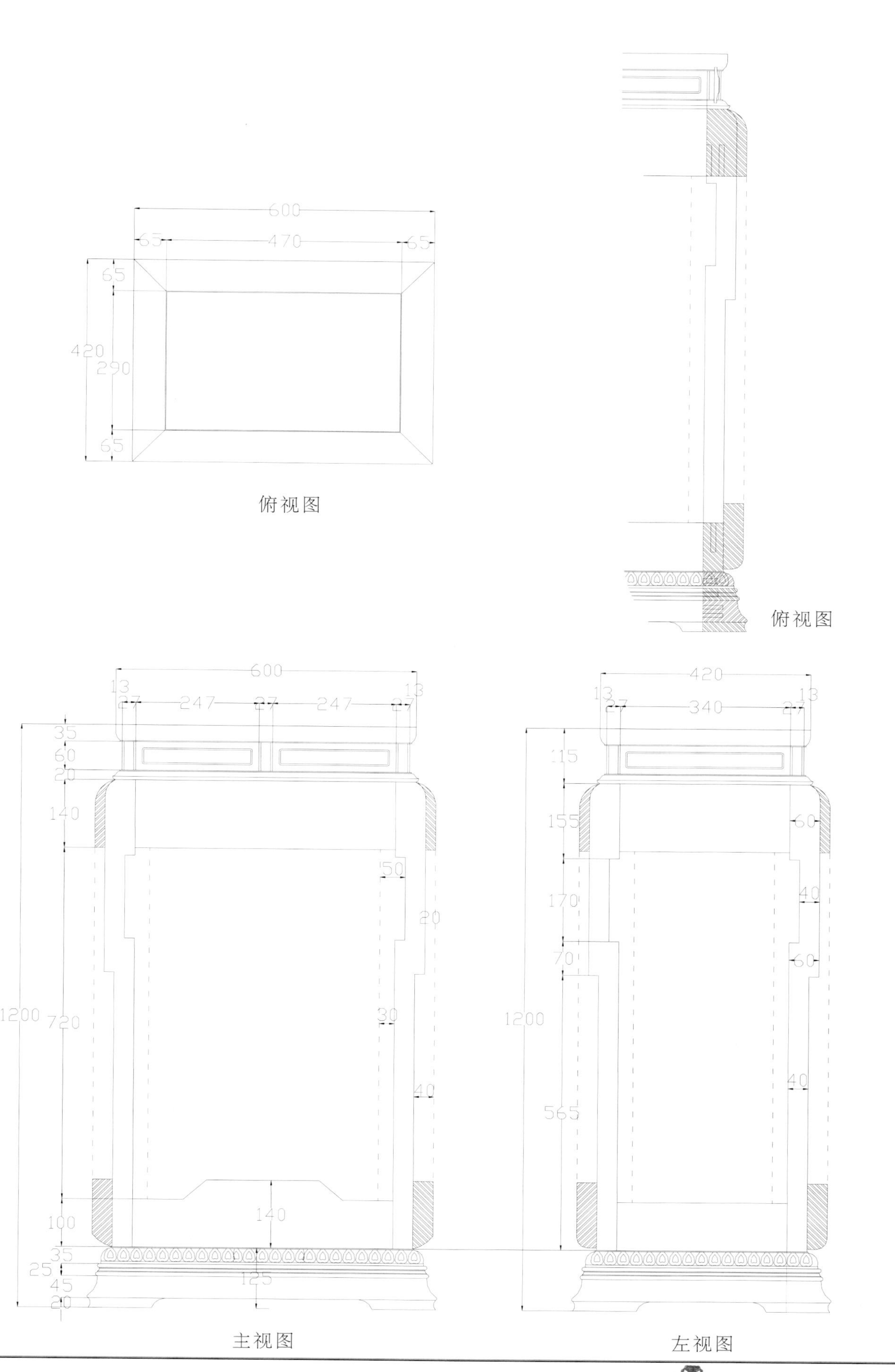
600
65
470
65
65
420
290
65
俯视图
俯视图
600
13
27
247
27
247
27
13
35
60
20
140
150
20
1200
720
30
40
100
140
35
25
125
45
20
420
13
27
340
27
13
115
155
60
170
40
70
60
1200
565
40
主视图

左视图

清式灵芝纹太师椅

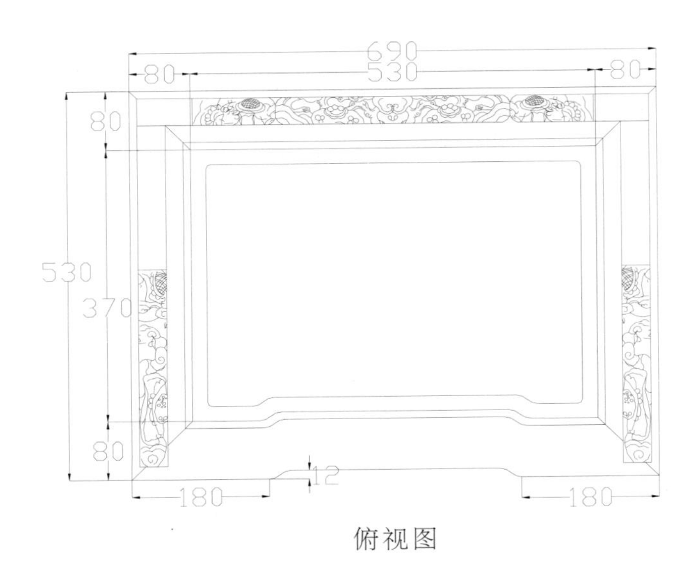

俯视图

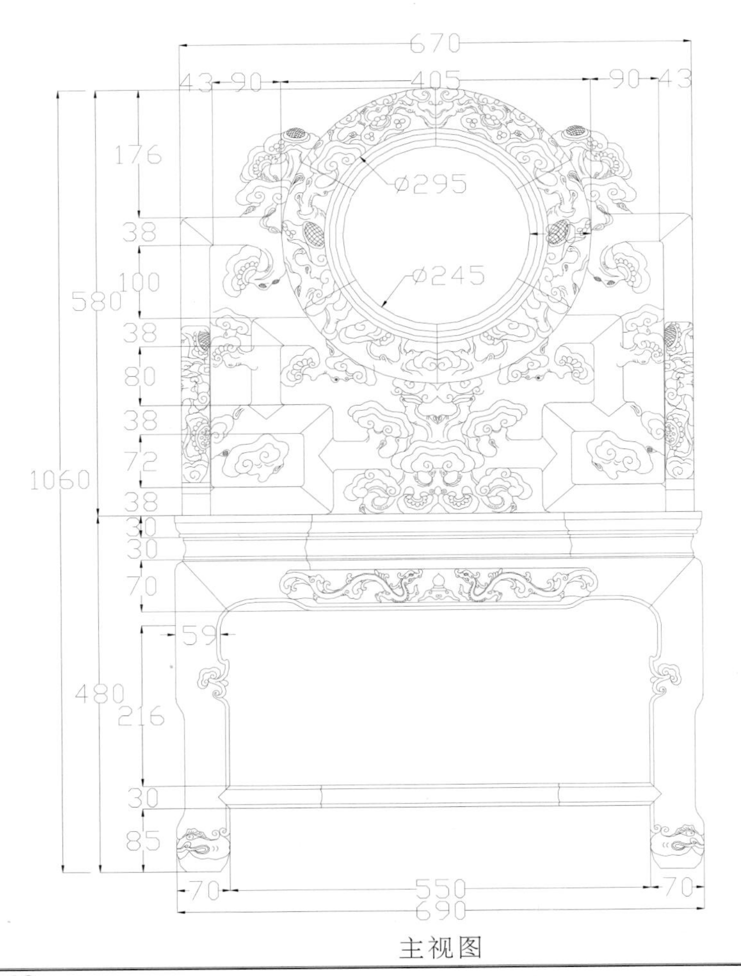

主视图

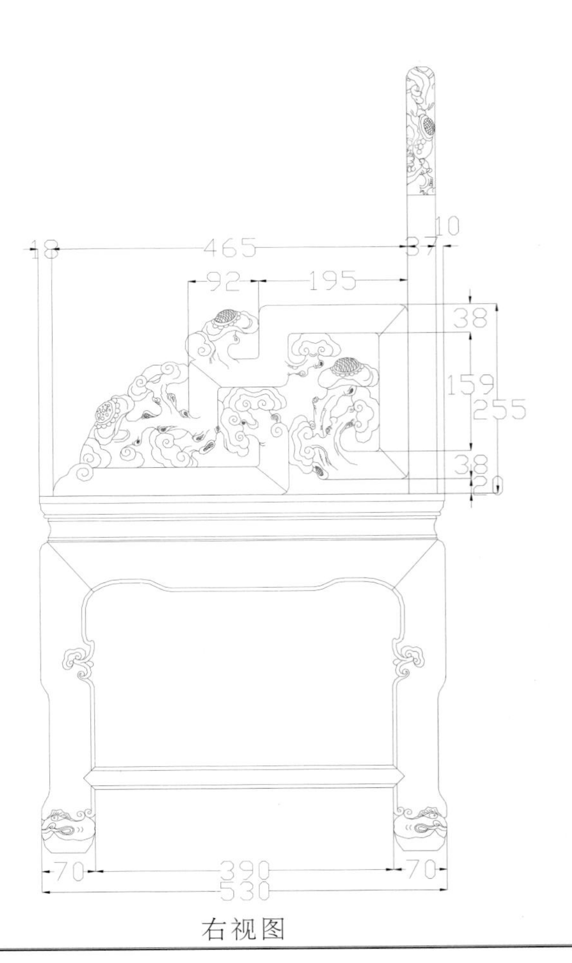

右视图

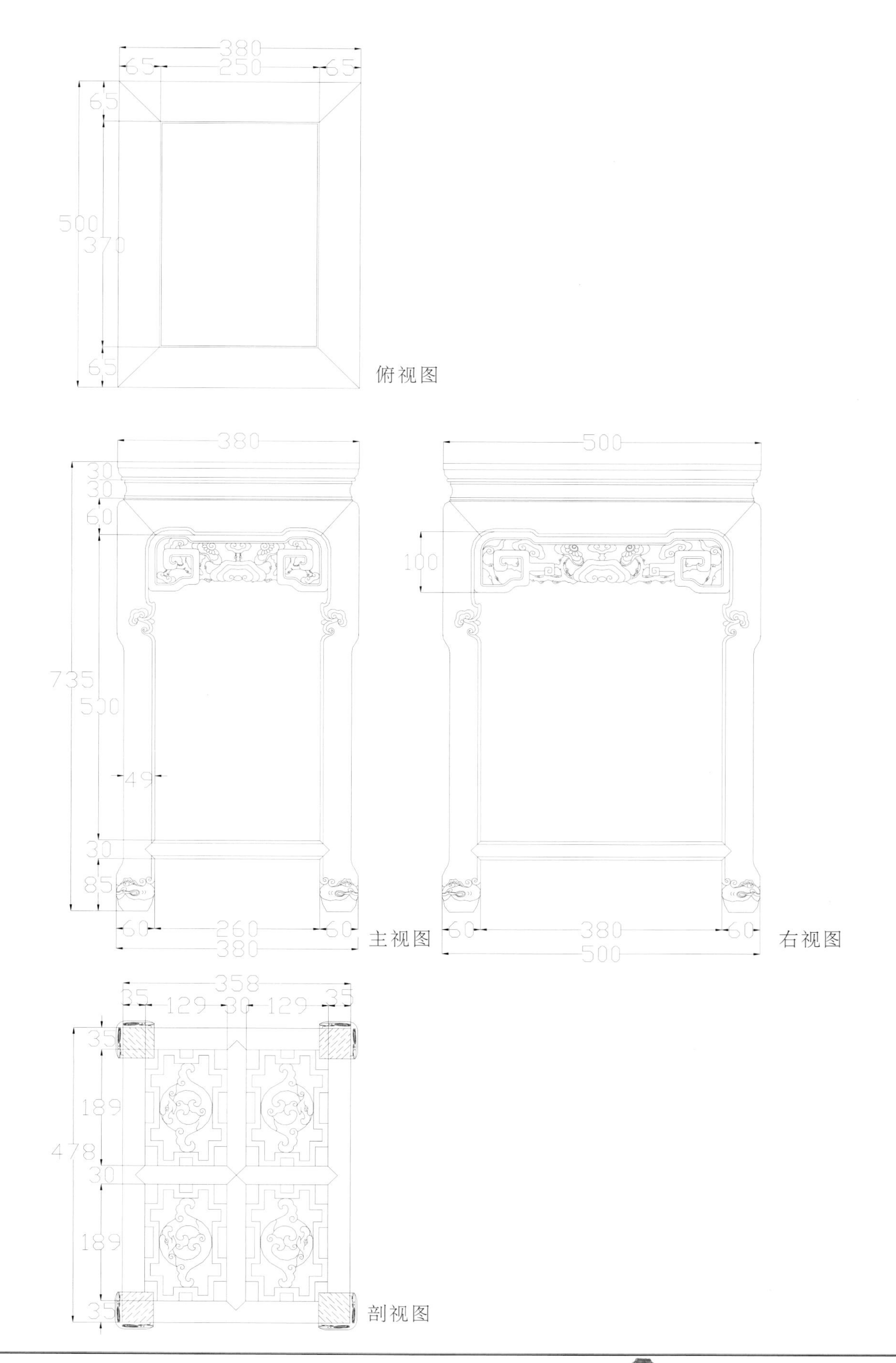
380
65
250
65
500
370
俯视图
380
30
30
60
735
500
49
30
85
60
260
60
380
主视图
500
100
60
380
60
500
右视图
358
35
129
30
129
35
478
189
30
189
35
剖视图

新中式餐台椅

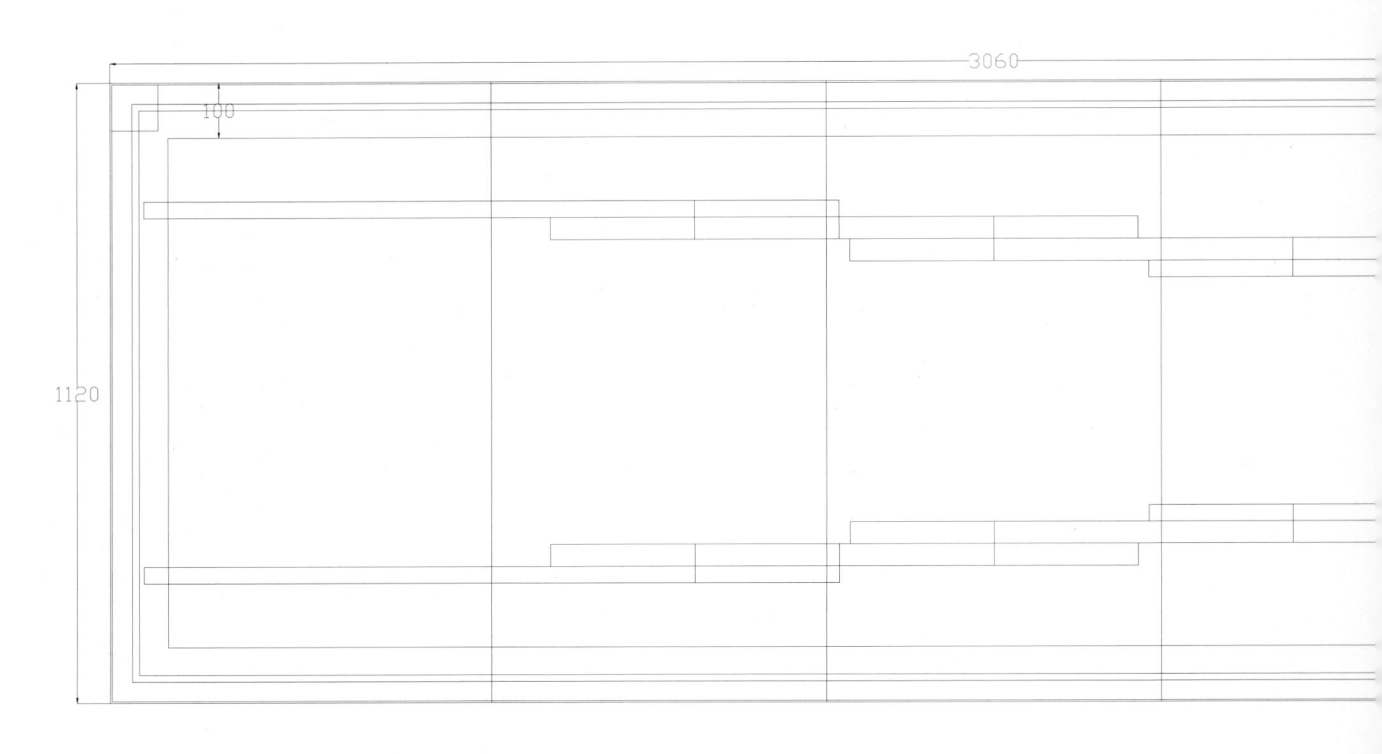

俯视图

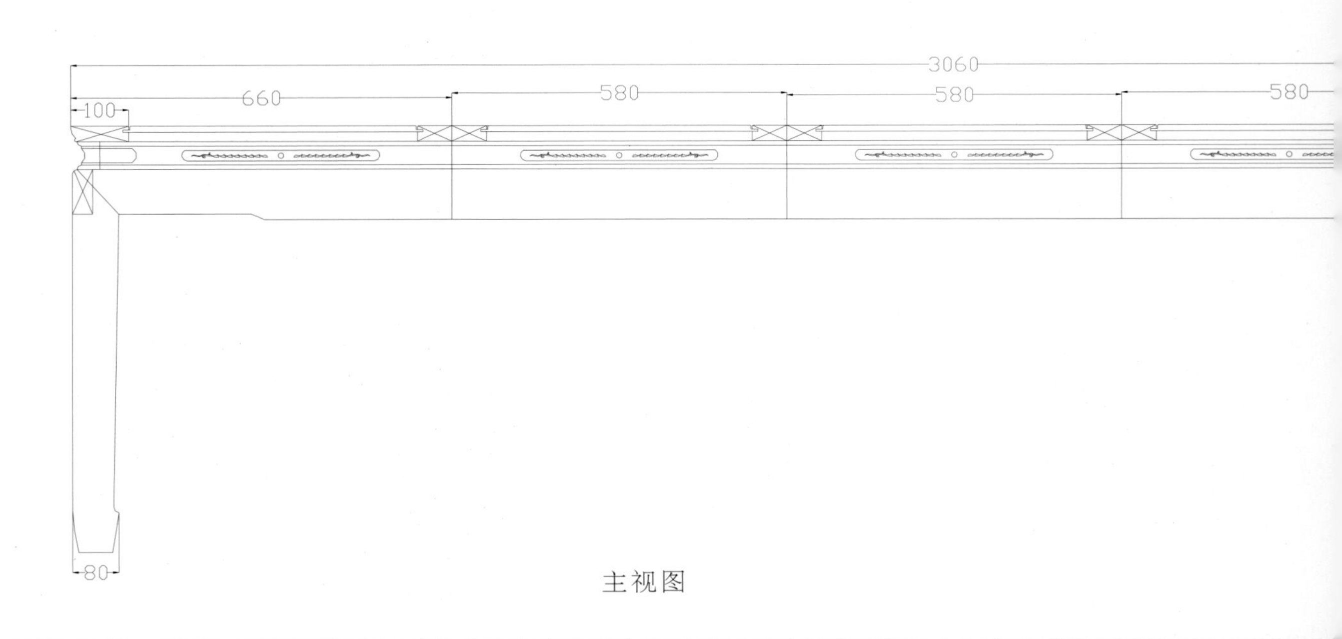

主视图

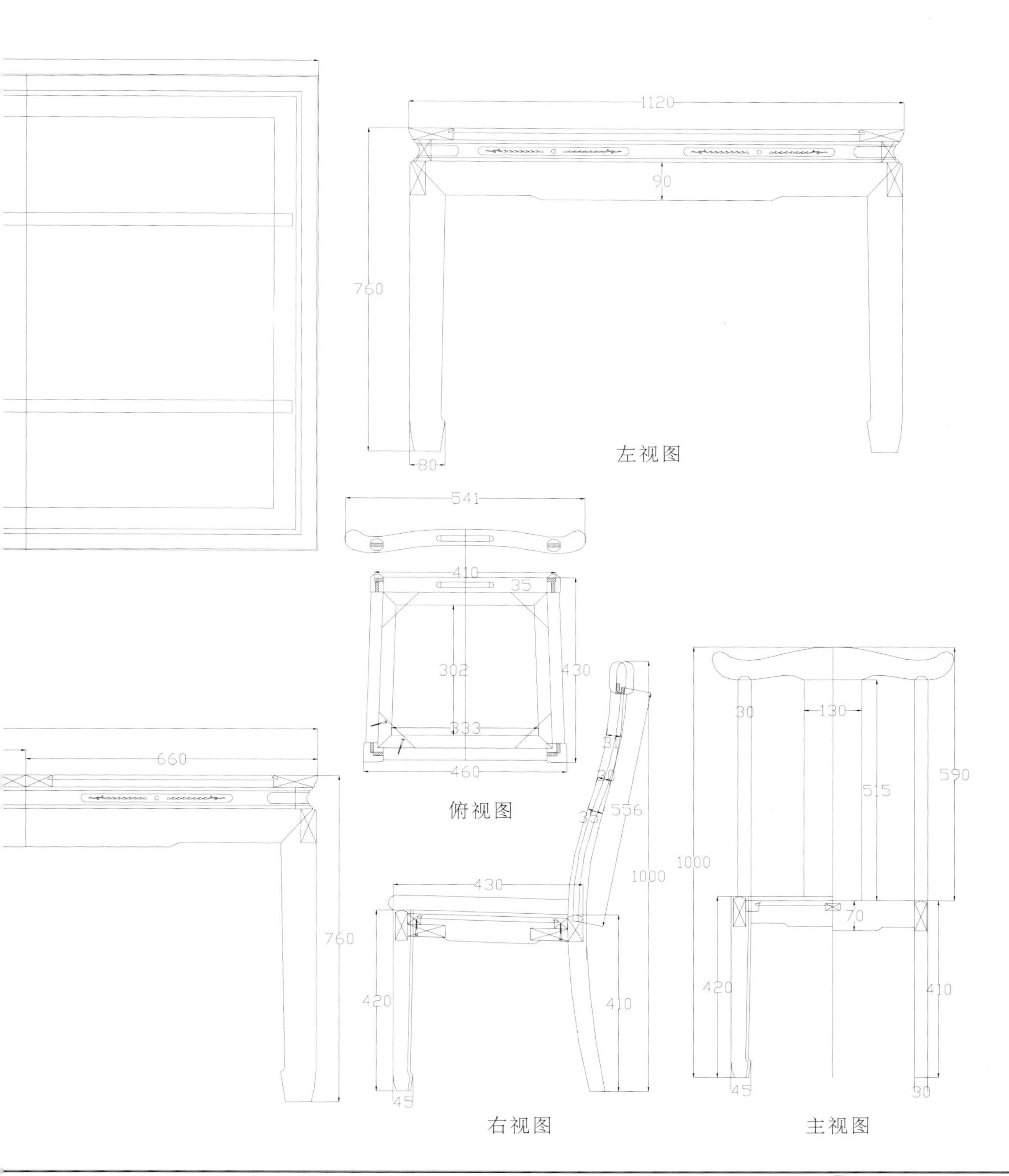
1120
90
760
80
左视图
541
410
35
302
430
333
460
俯视图
660
760
31
30
35
556
1000
430
420
410
45
右视图
30
130
515
590
1000
70
420
410
45
30
主视图

福庆有余餐台椅

俯视图

主视图

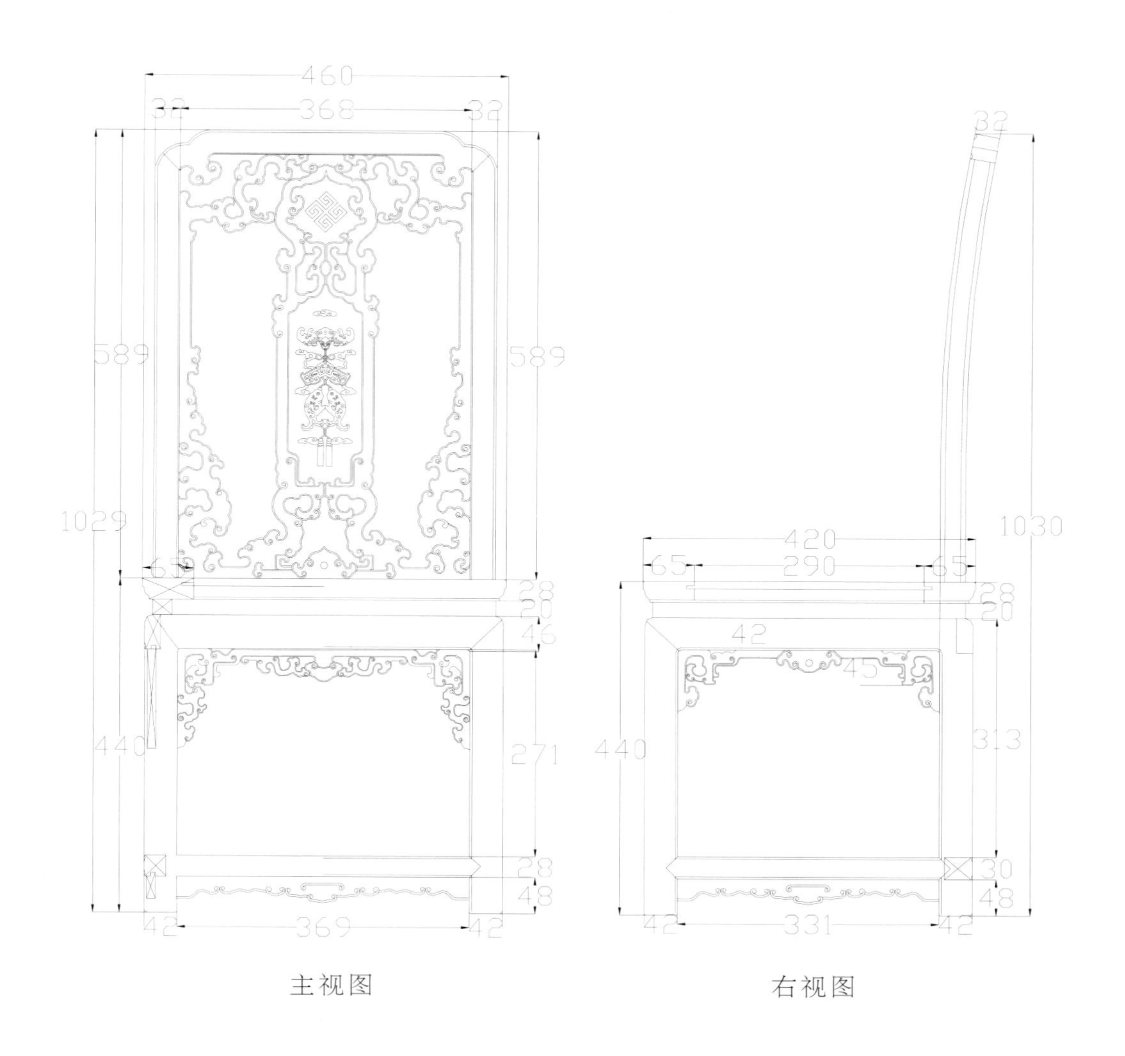
460
32
368
32
589
589
1029
65
28
20
46
440
271
28
48
42
369
42
32
1030
420
65
290
65
28
20
42
45
440
313
30
48
42
331
42

主视图　　　　右视图

920

左视图

灵芝纹餐台

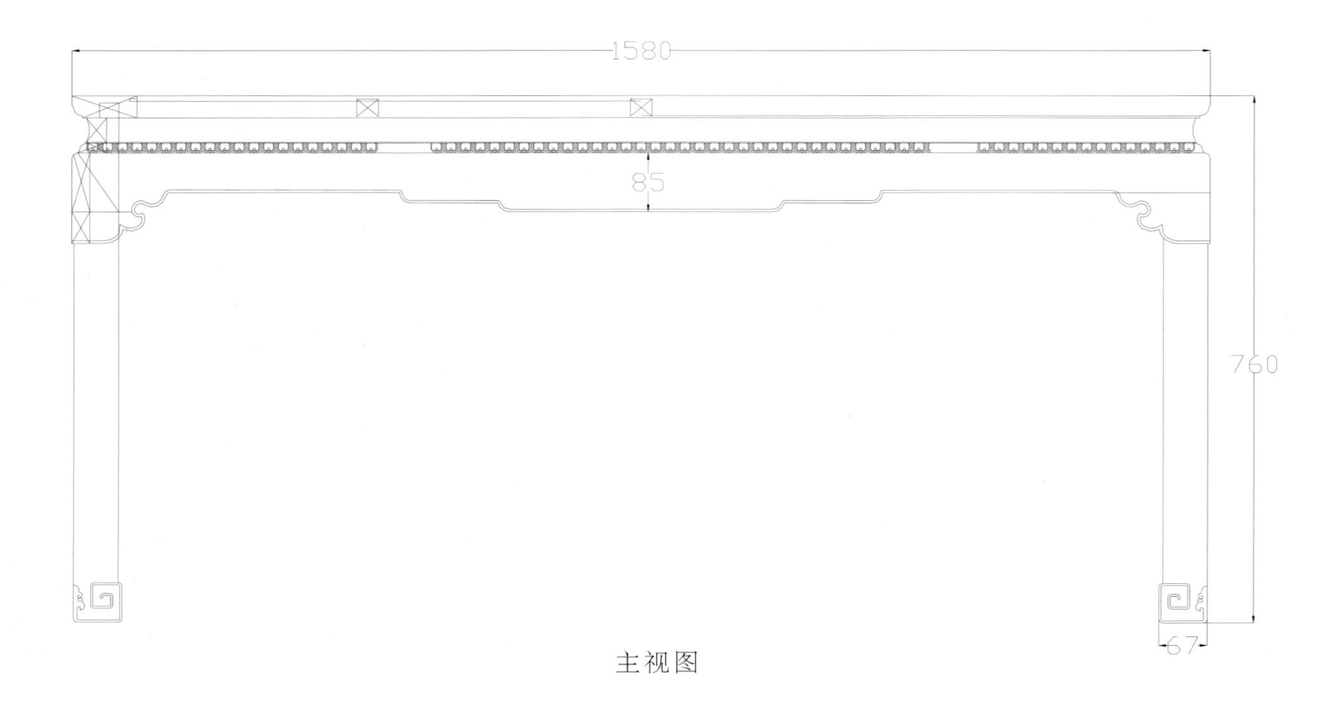

主视图

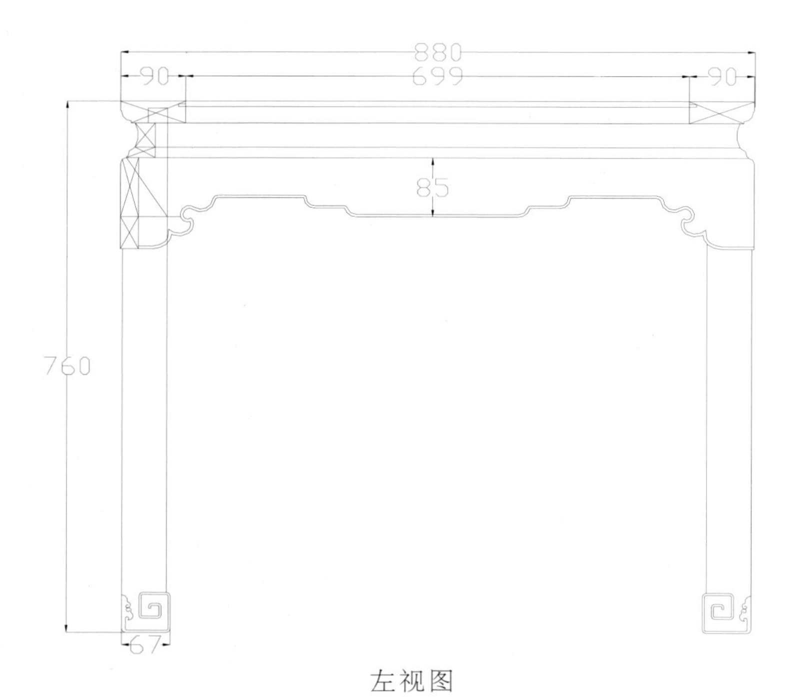

左视图

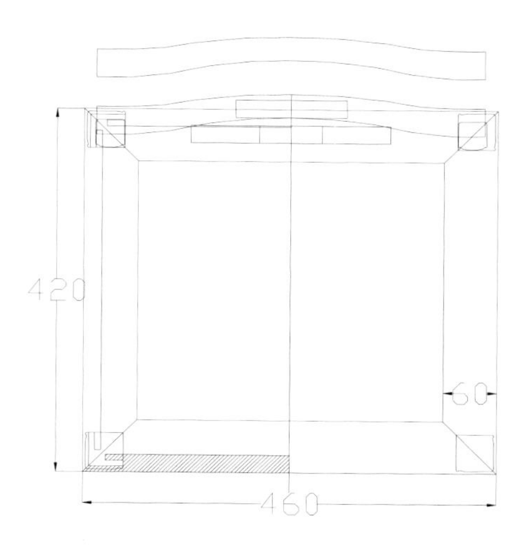
420
60
460

俯视图

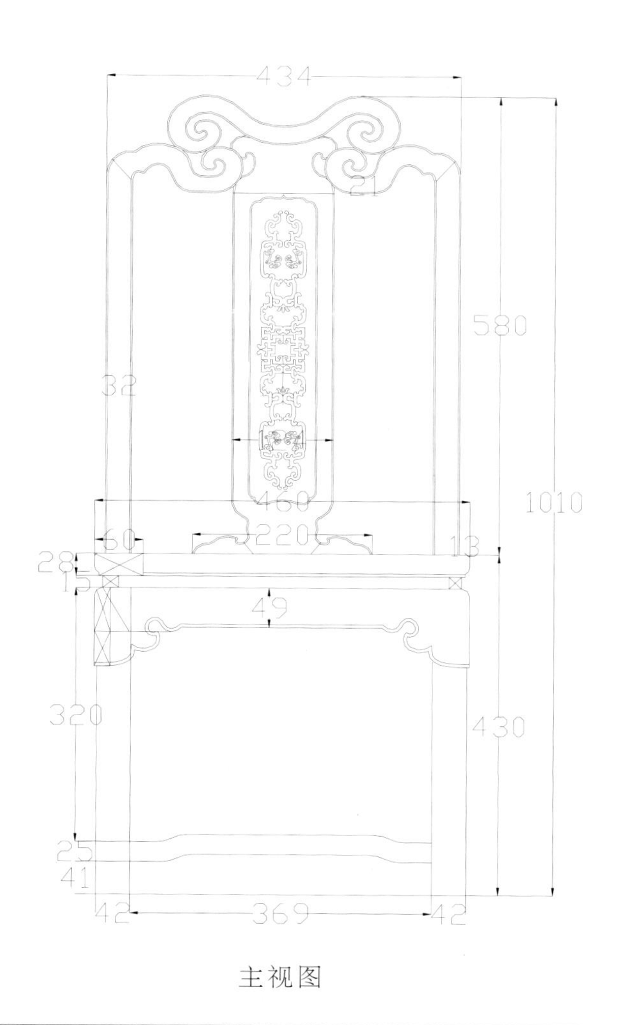
434
21
580
32
1010
460
60
220
13
28
49
320
430
25
41
42
369
42

主视图

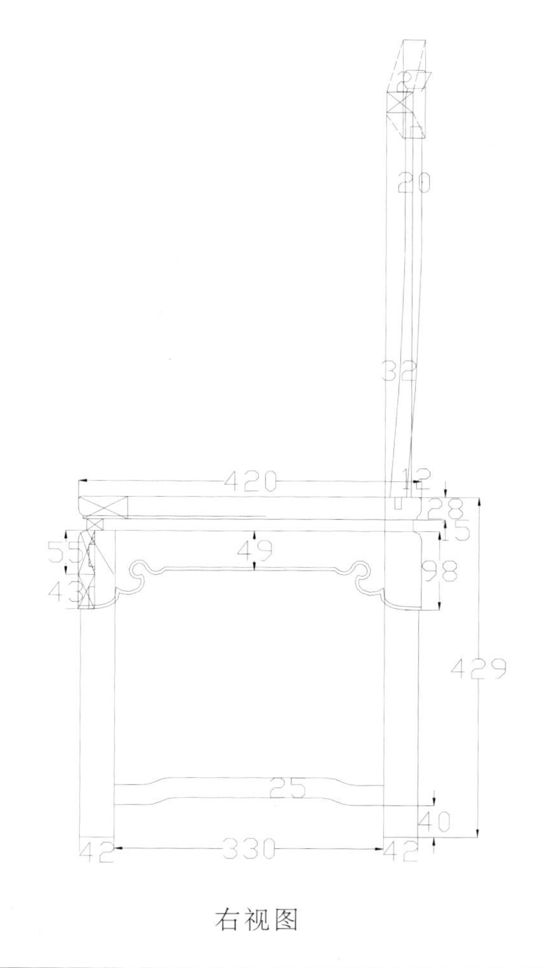
20
32
420
12
28
15
55
49
98
43
429
25
40
42
330
42

右视图

祥云如意餐椅

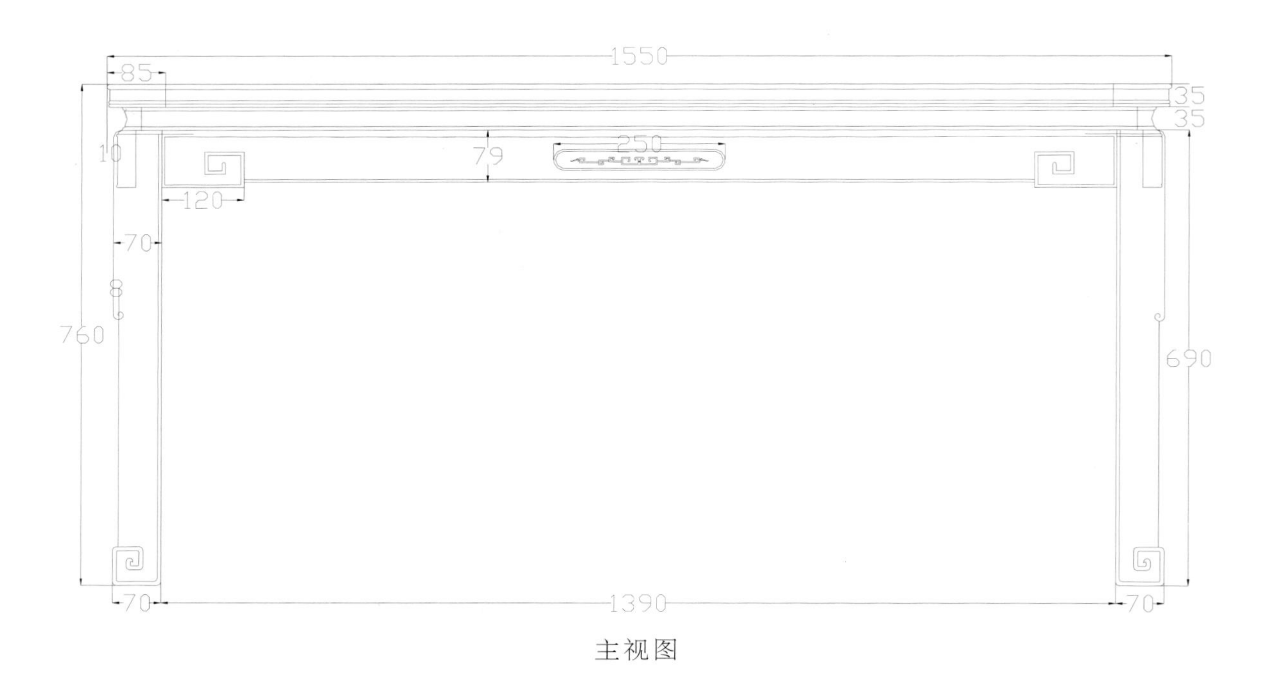

主视图

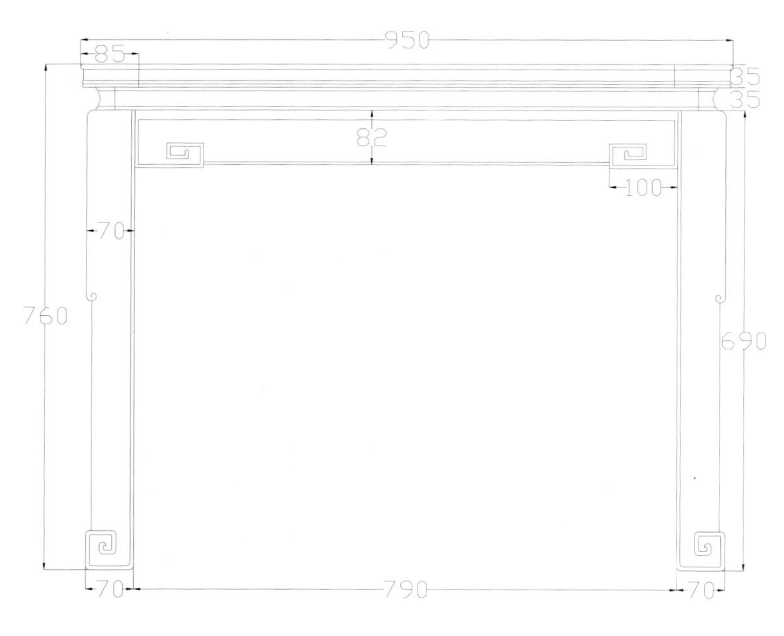

左视图

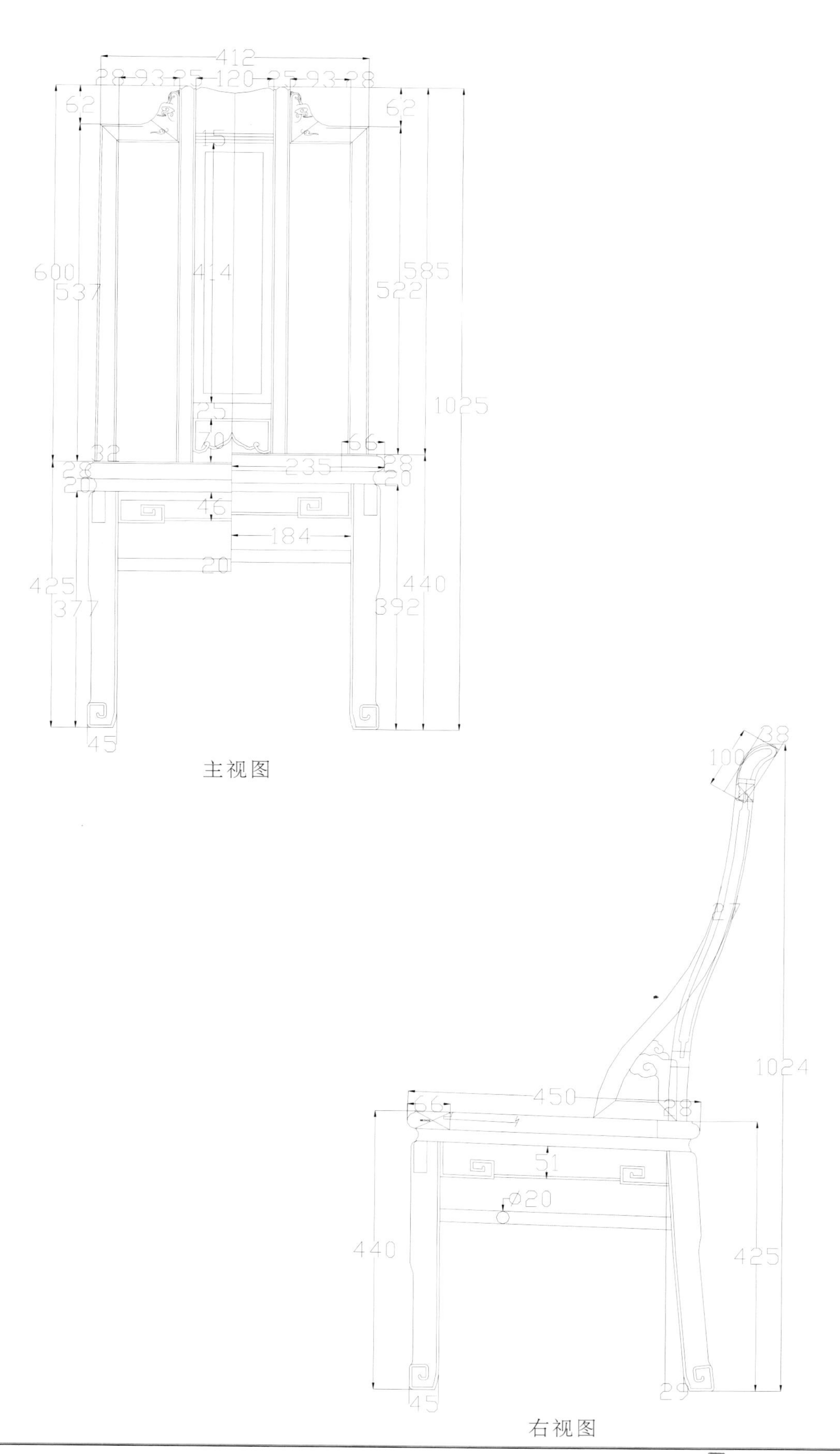
412
28 93 25 120 25 93 28
62
62
15
600
537
414
585
522
1025
25
70
66
32
28
20
235
28
20
46
184
20
425
377
440
392
45
38
100
27
1024
450
66
28
51
ϕ20
440
425
45
29

主视图

右视图

明雅餐台

1560
111
90
20
20
32
90
890
499
85
50

俯视图

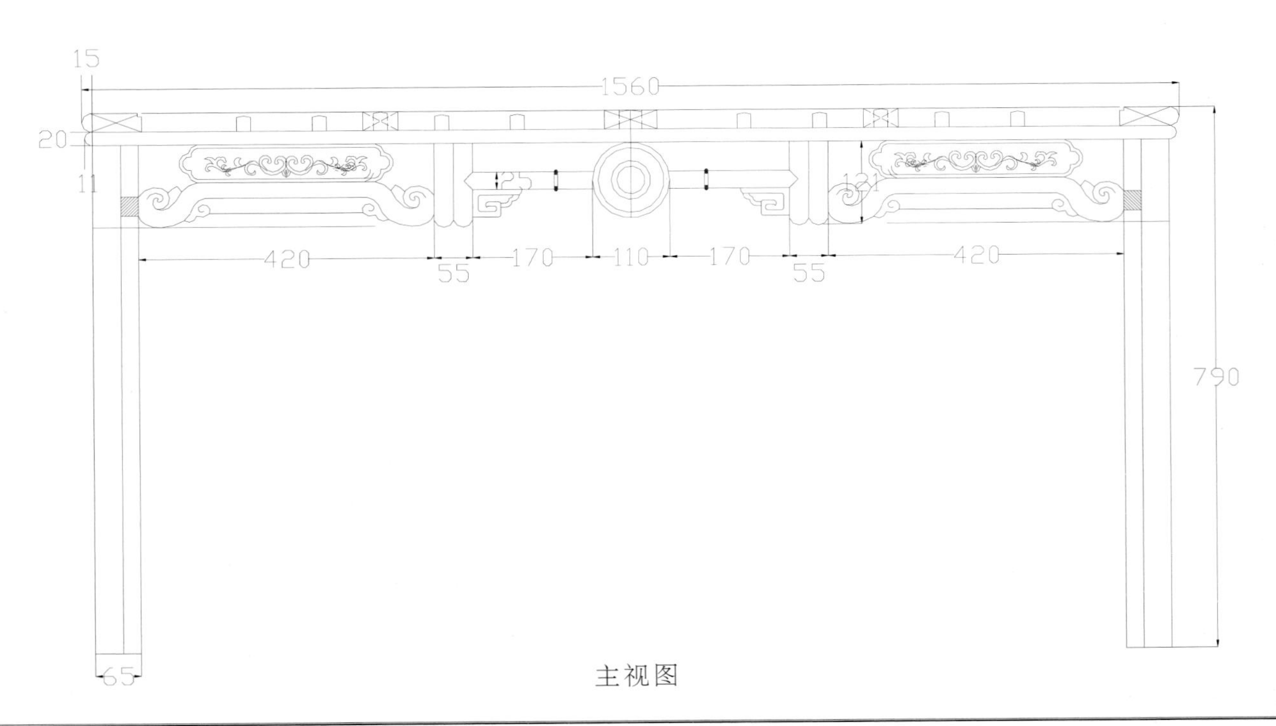
15
1560
20
11
125
131
420
55
170
110
170
55
420
790
65

主视图

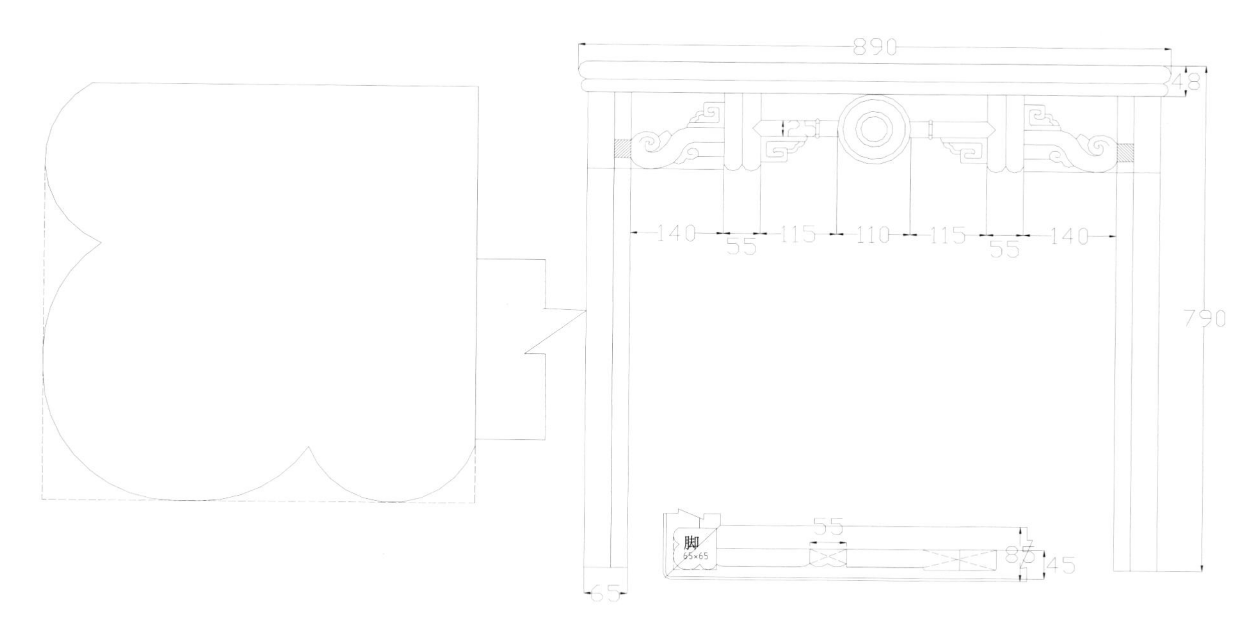

左视图

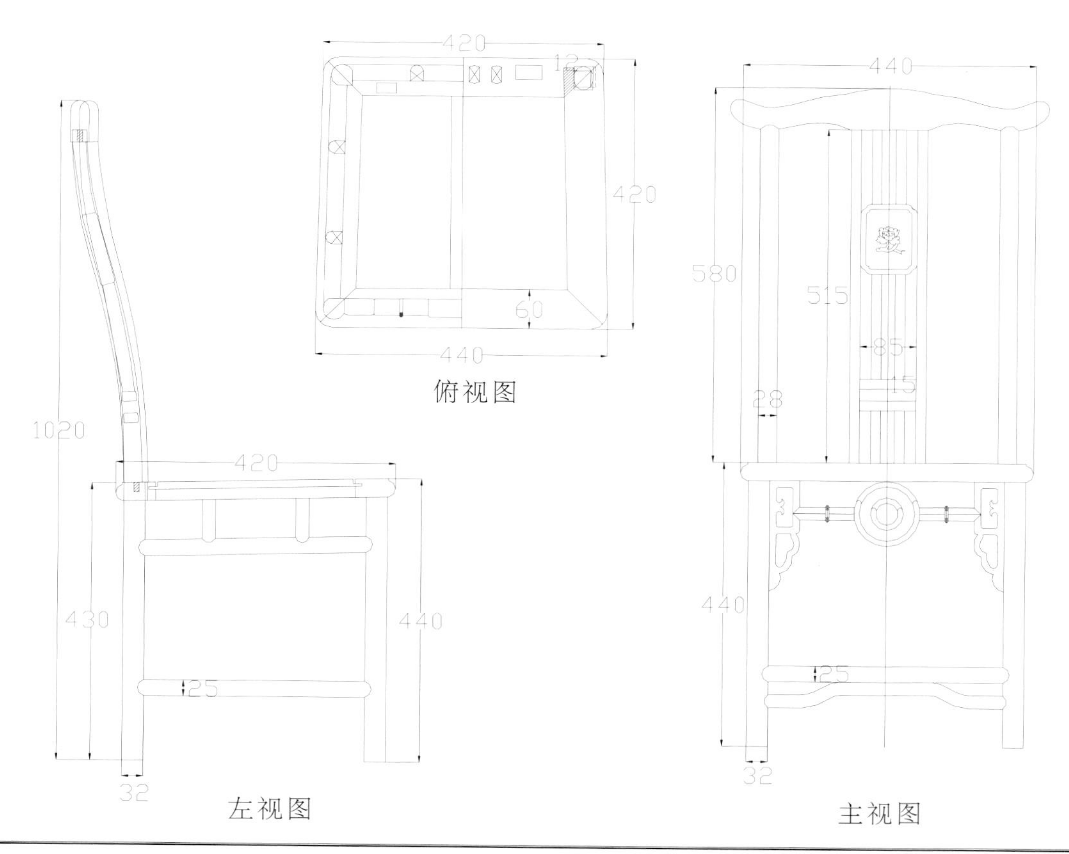

俯视图

左视图

主视图

松鹤延年餐台椅

主视图

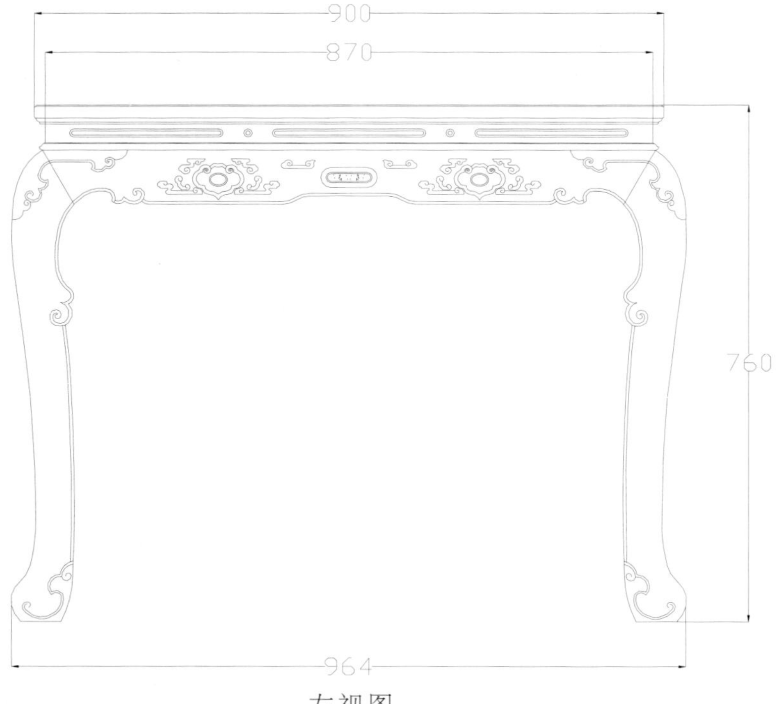

左视图

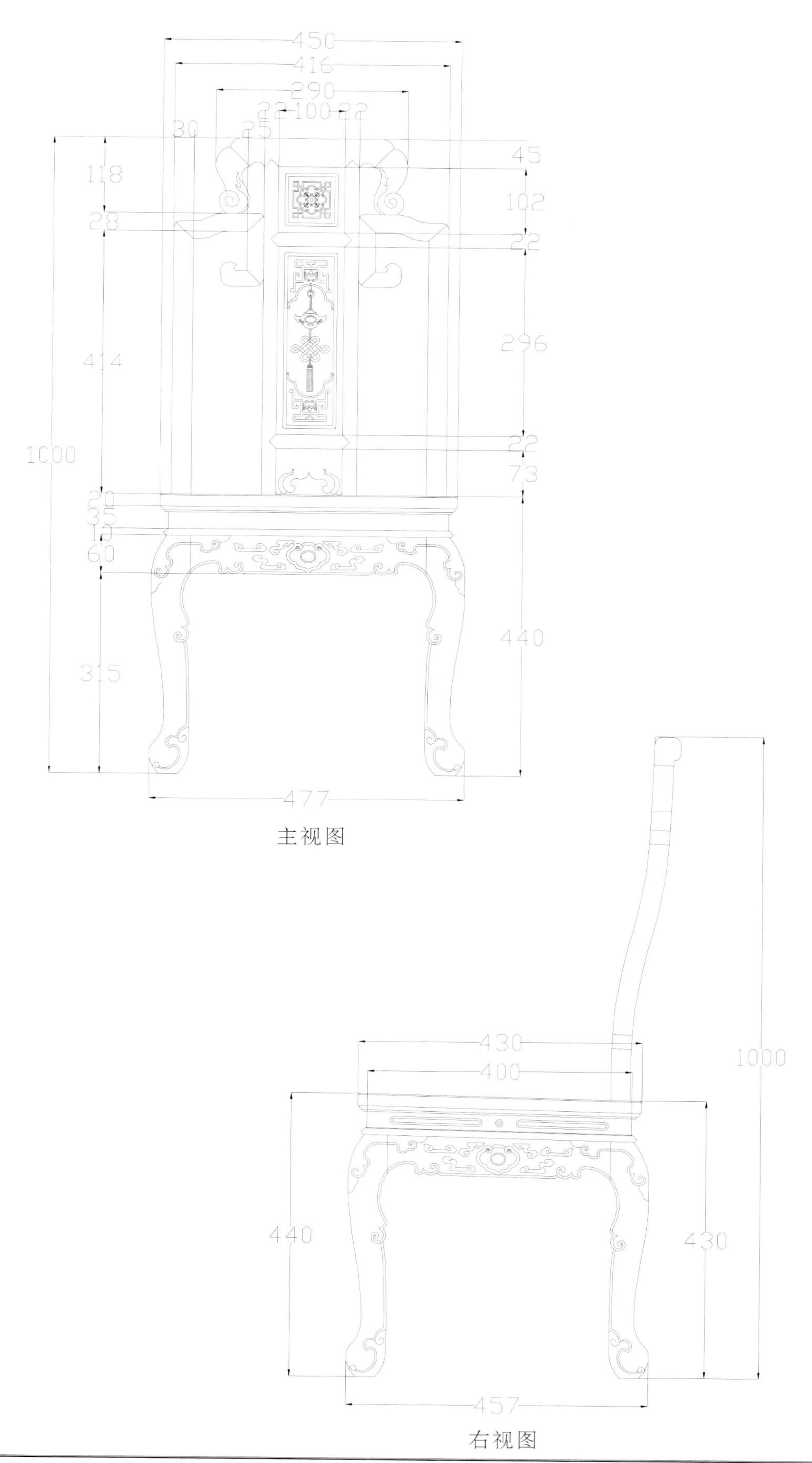
450
416
290
22
100
22
30
25
45
118
102
28
22
414
296
1000
22
73
20
35
10
60
440
315
477
430
400
1000
440
430
457

主视图

右视图

万福餐台椅

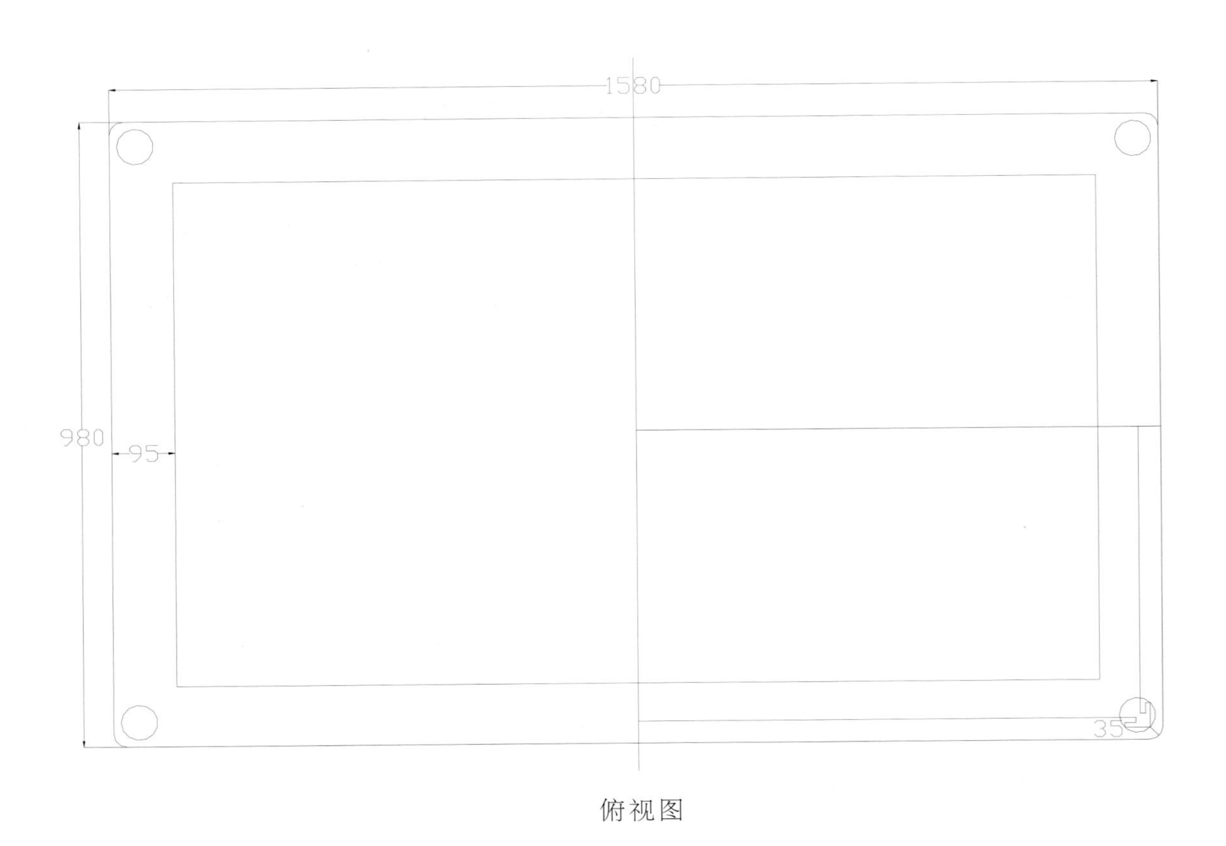

俯视图

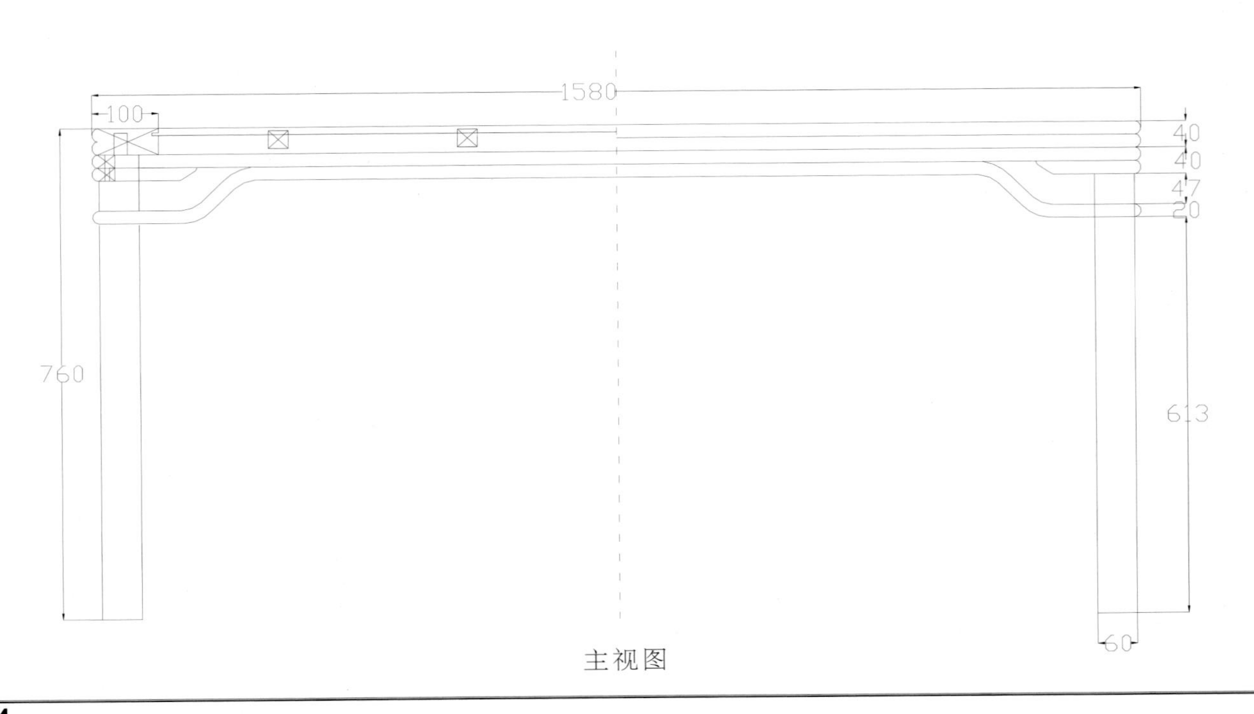

主视图

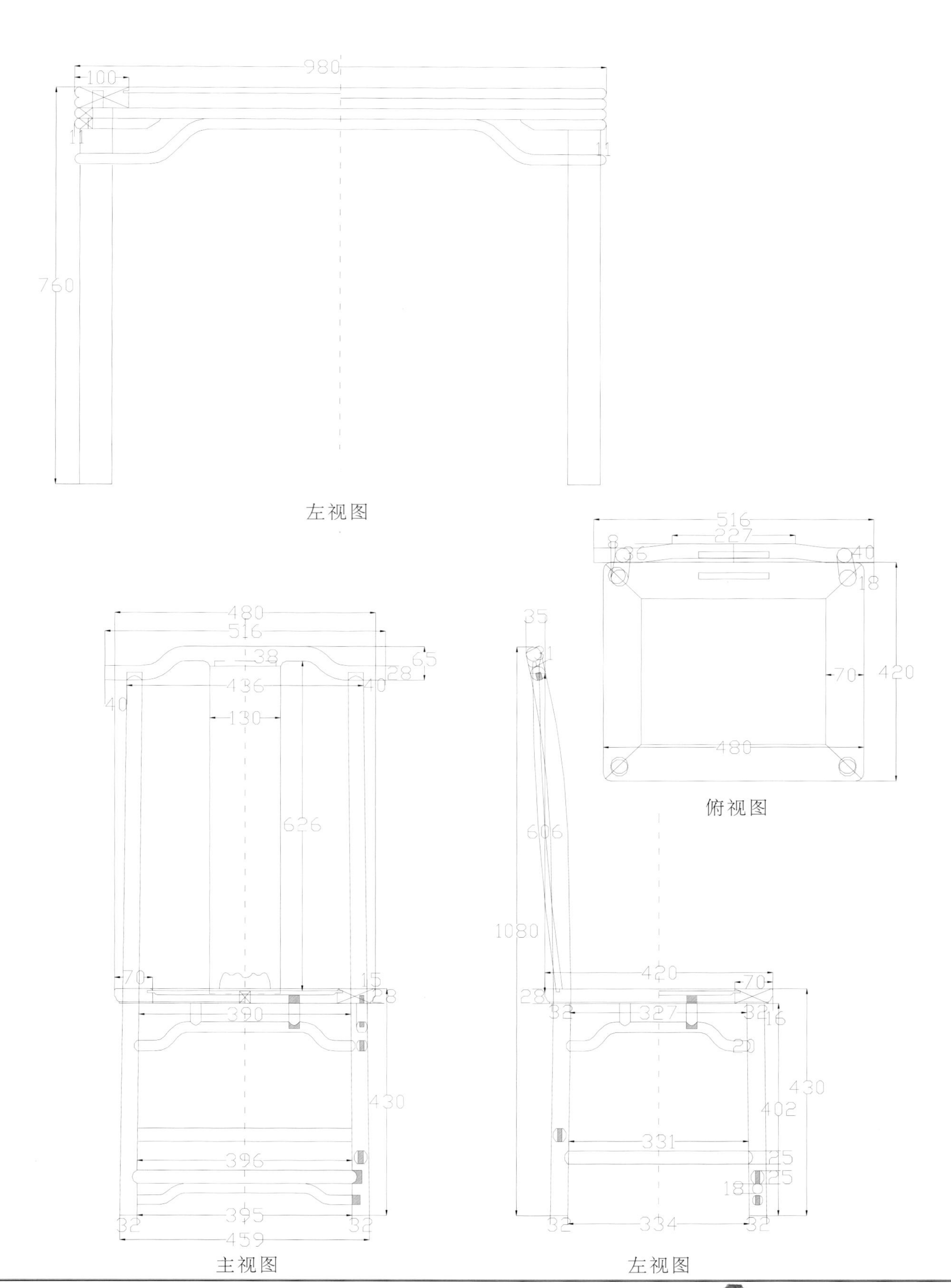
980
100
11
11
760
左视图
516
227
8
36
40
18
70
420
480
俯视图
480
516
38
65
28
436
40
40
130
626
70
15
28
390
430
396
395
32
32
459
主视图
35
31
606
1080
420
70
28
32
327
32
16
20
430
402
331
25
25
18
32
334
32
左视图

祥云餐台椅

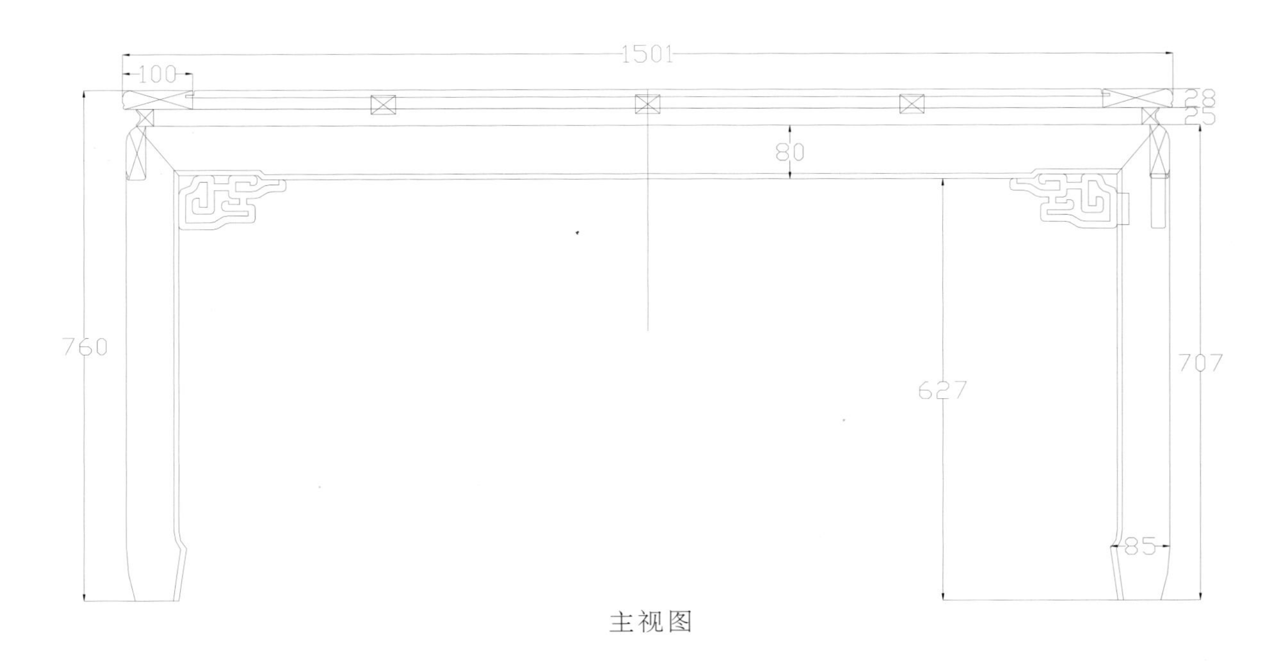

主视图

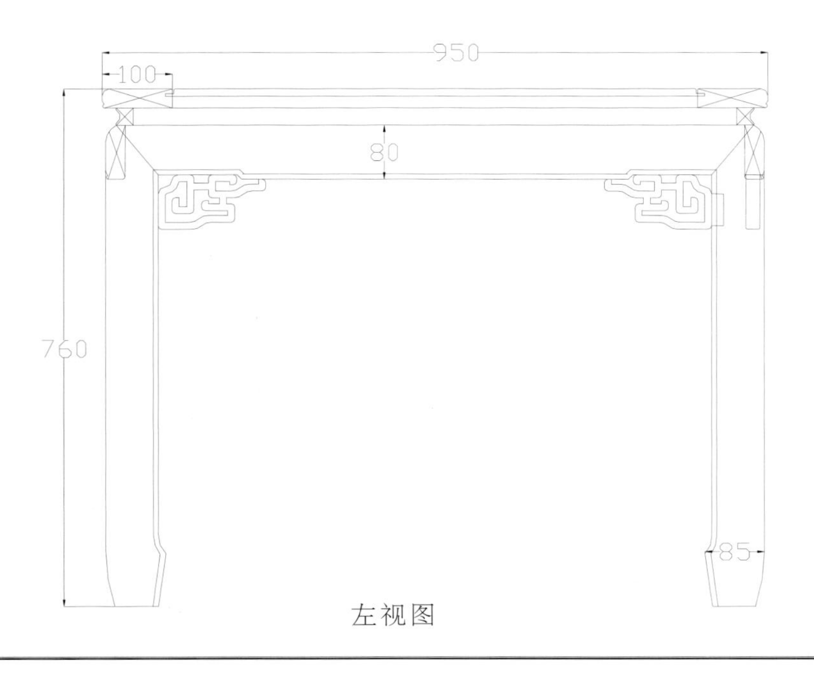

左视图

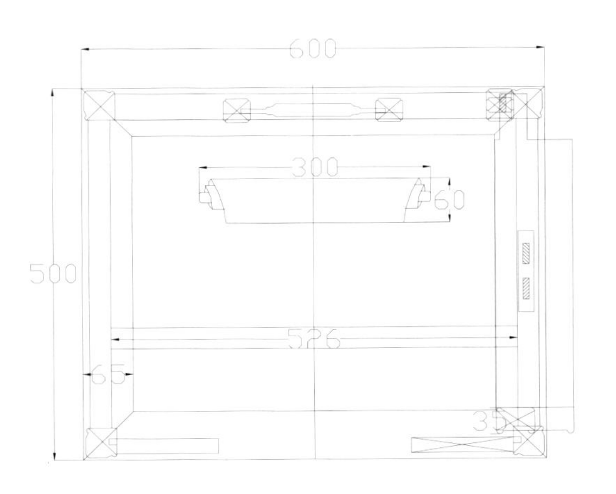
600
300
60
500
526
65
35

俯视图

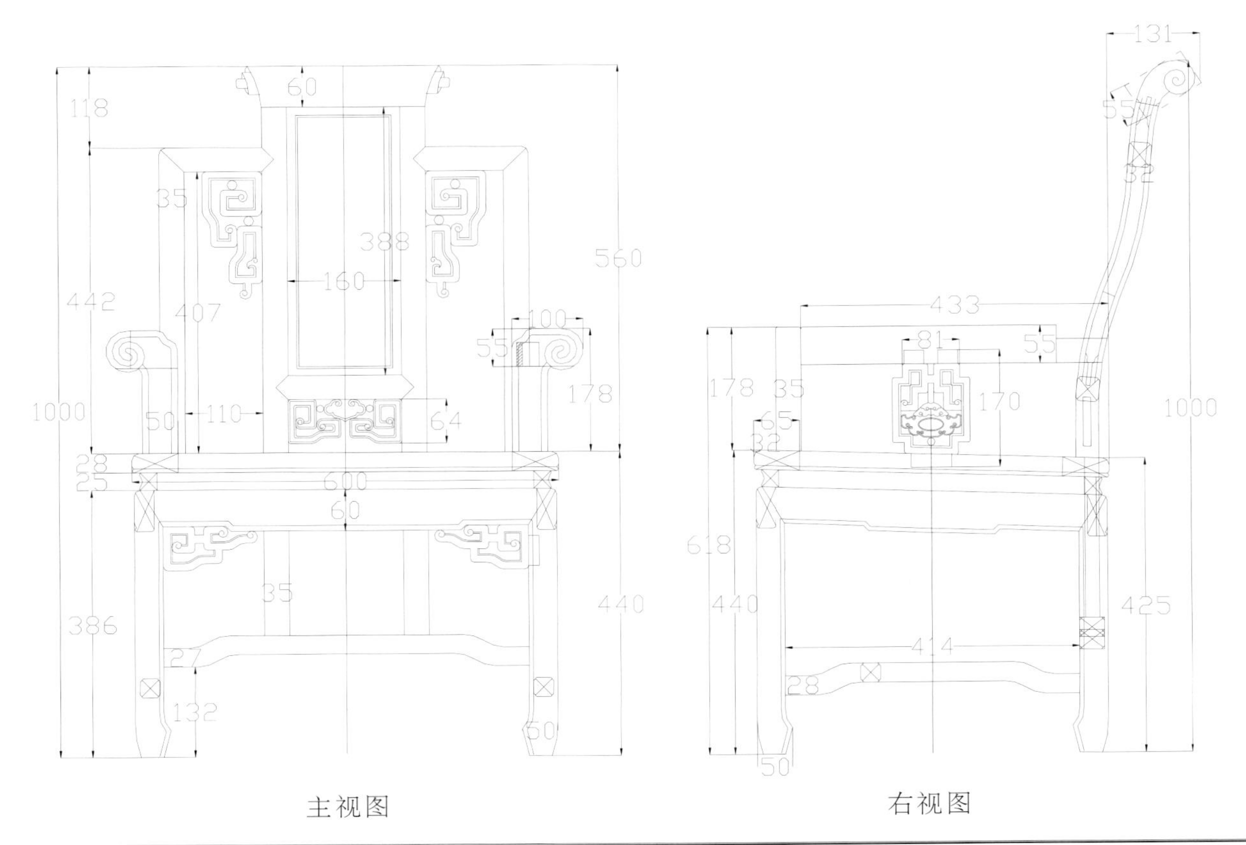
118
60
35
388
560
442
160
407
100
55
1000
178
110
50
64
28
25
600
60
35
386
440
27
132
50
131
55
32
433
81
55
178
35
170
1000
65
32
618
440
425
414
28
50

主视图

右视图

竹节餐台椅

俯视图

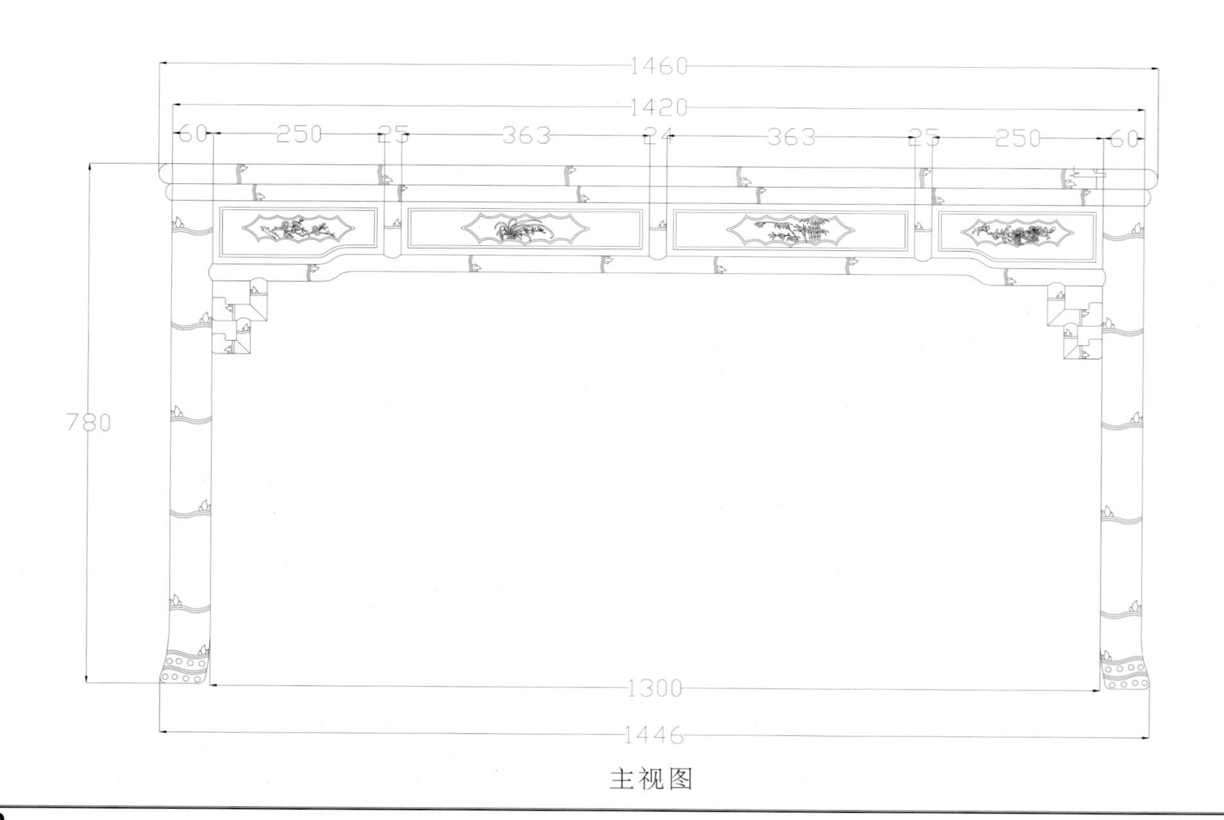

主视图

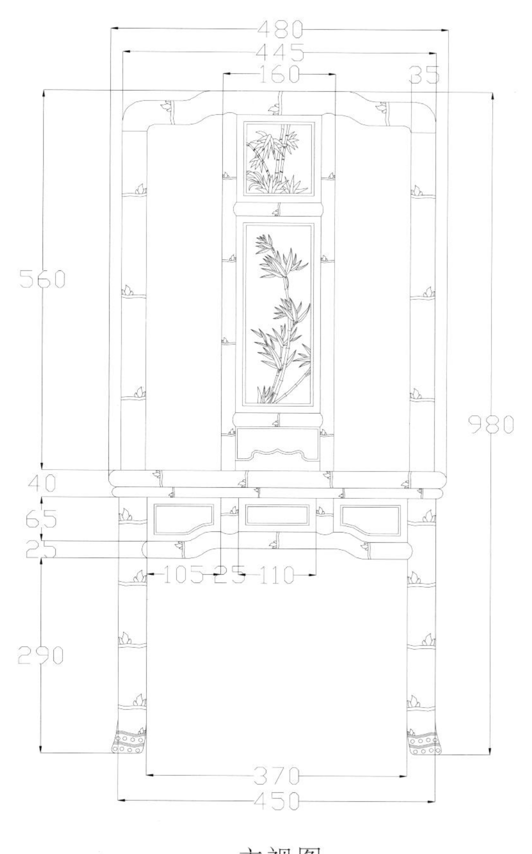

主视图

430
15
980
40
65
25
100
25
70
420
400
290
320
400

右视图

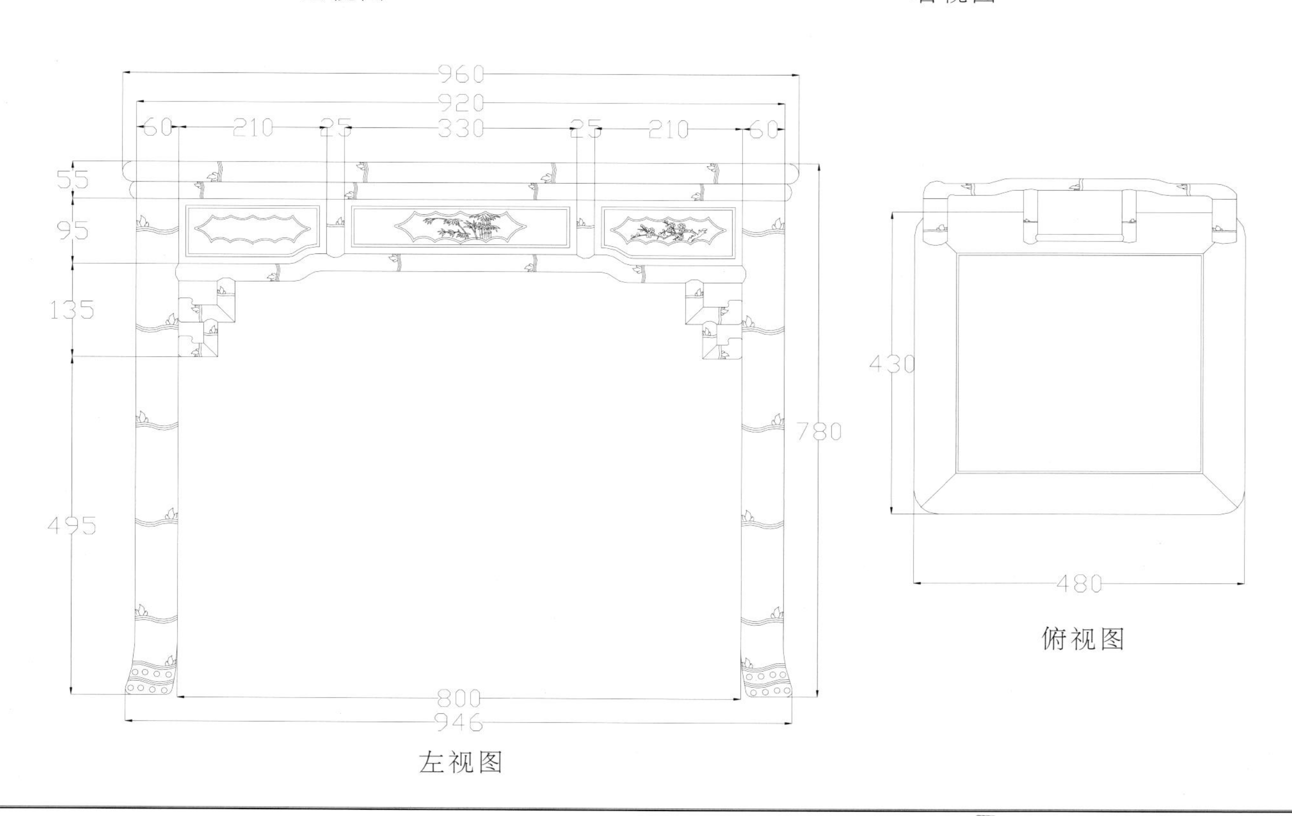

左视图

俯视图

四出头官帽椅三件套

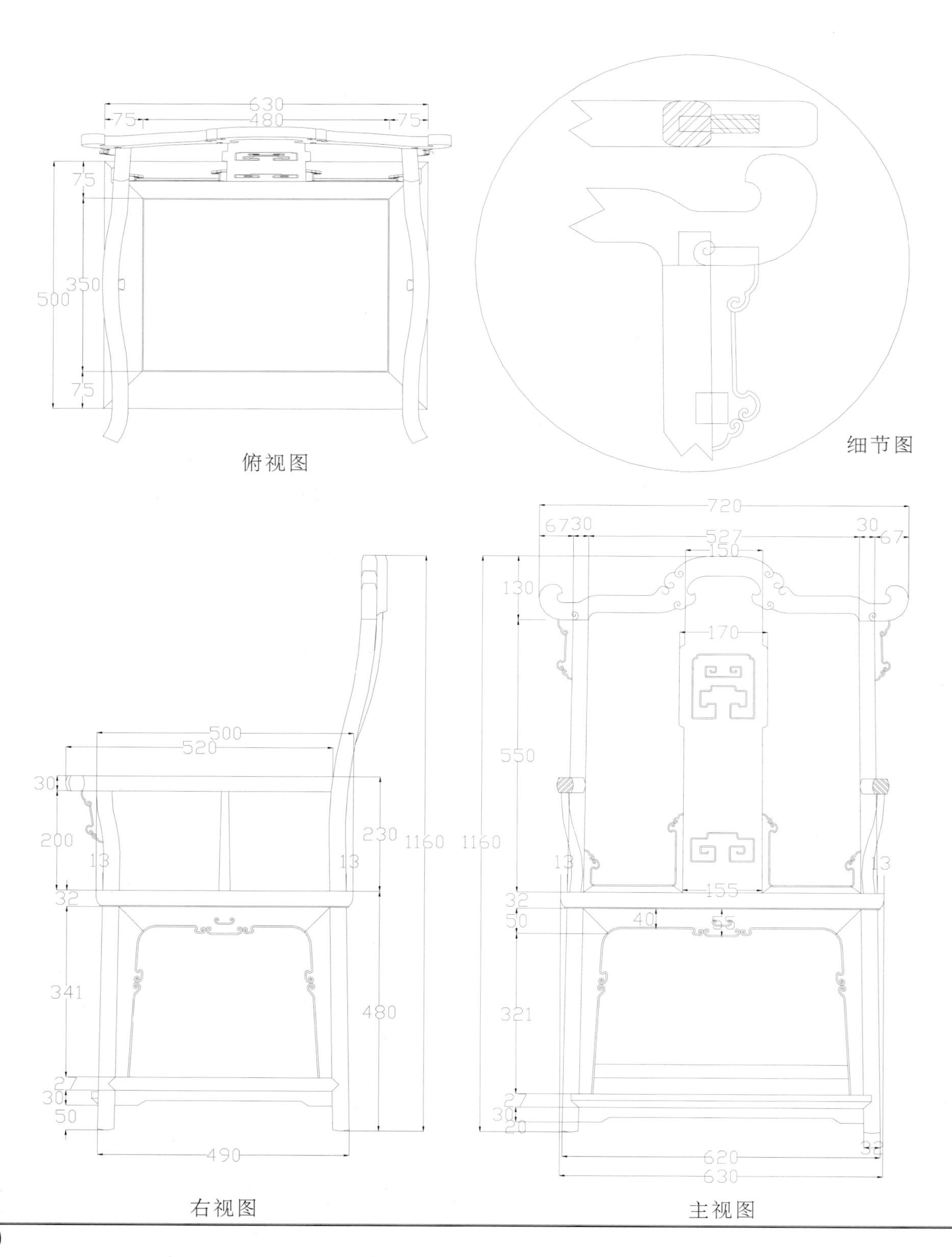
630
75
480
75
75
350
500
75
俯视图
细节图
720
67
30
527
30
67
150
130
170
550
1160
1160
500
520
30
200
230
13
13
13
13
155
32
32
40
55
50
341
480
321
27
30
50
27
30
20
38
490
620
630
右视图
主视图

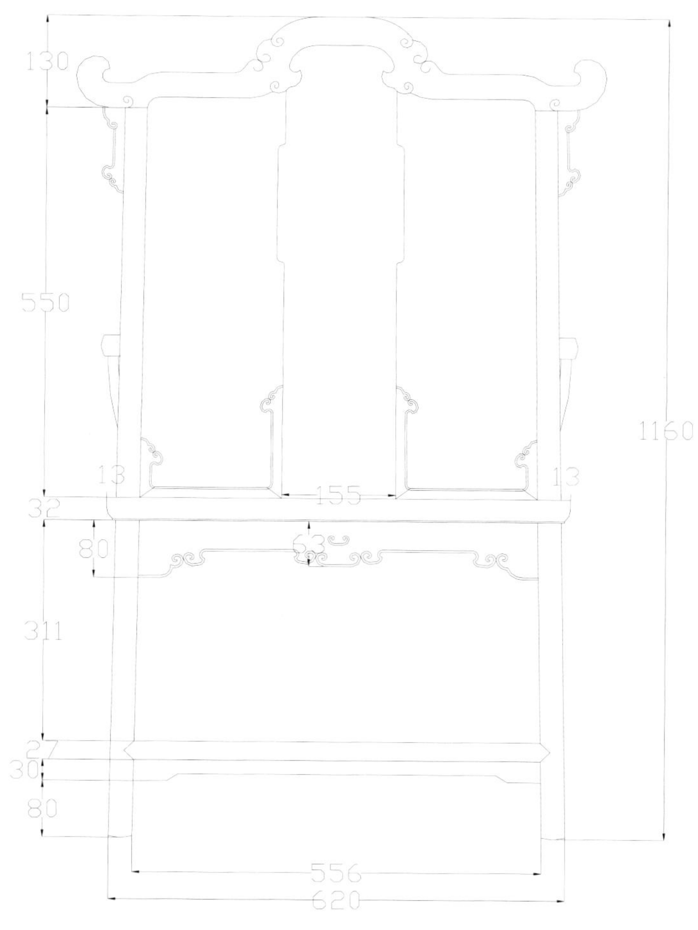

主视图

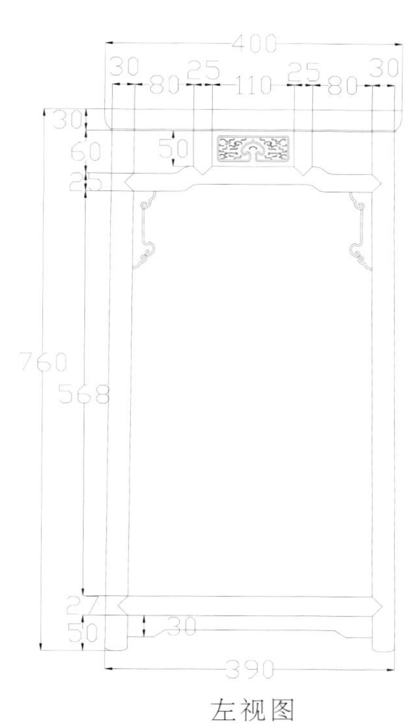

左视图

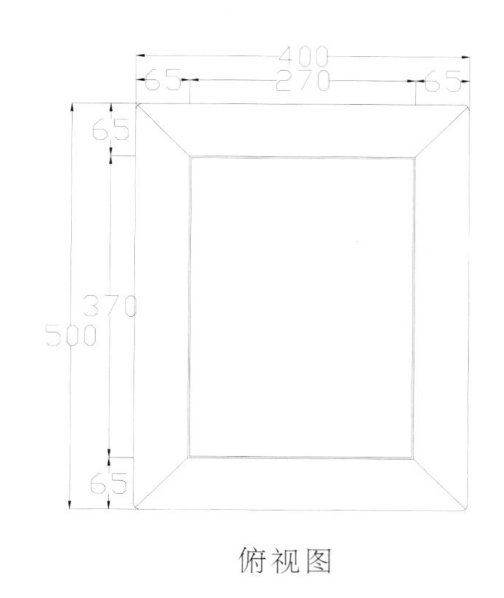

俯视图

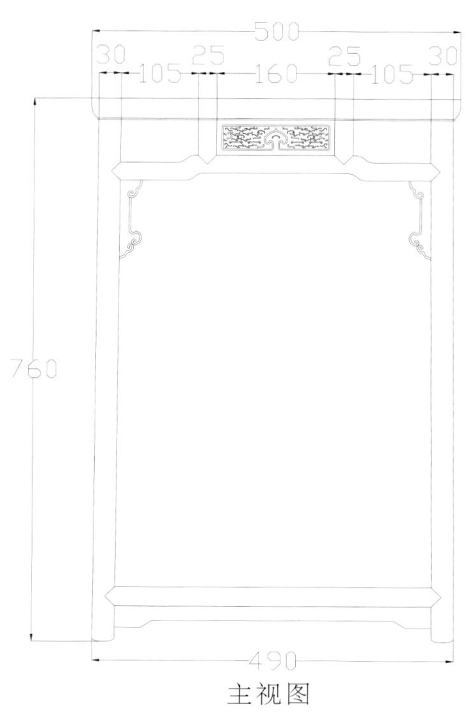

主视图

南官帽椅三件套

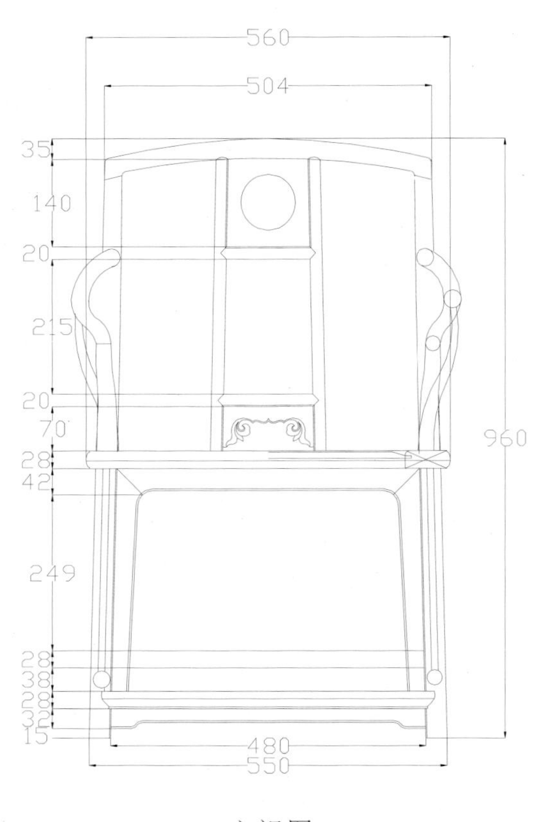

主视图

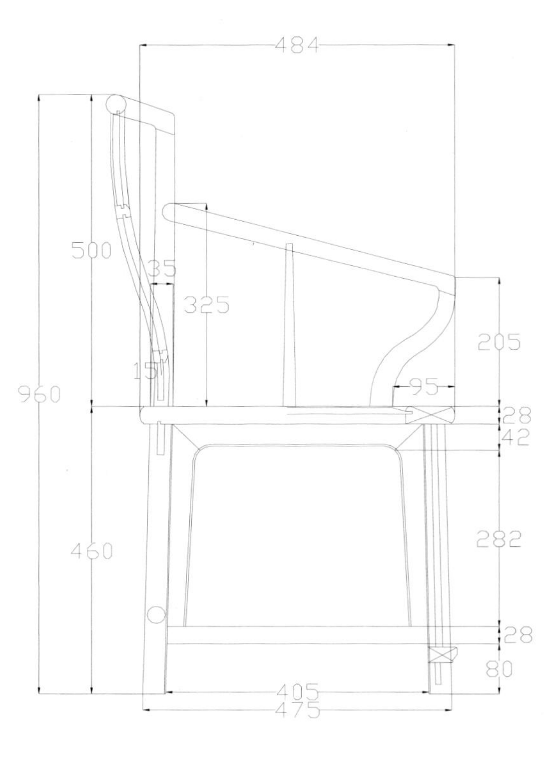

左视图

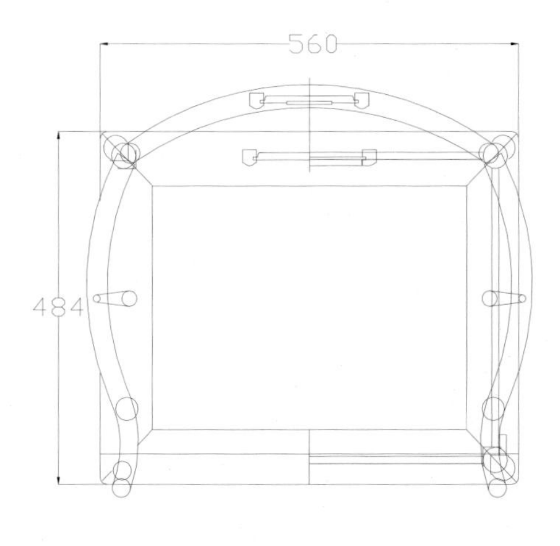

俯视图

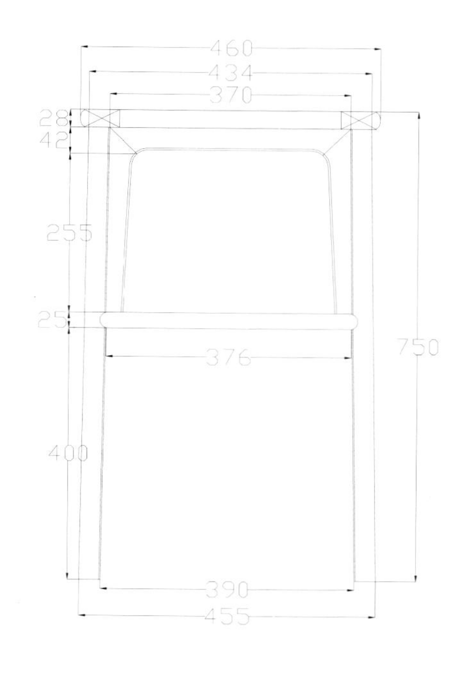

主视图

380
354
290
750
296
310
375

左视图

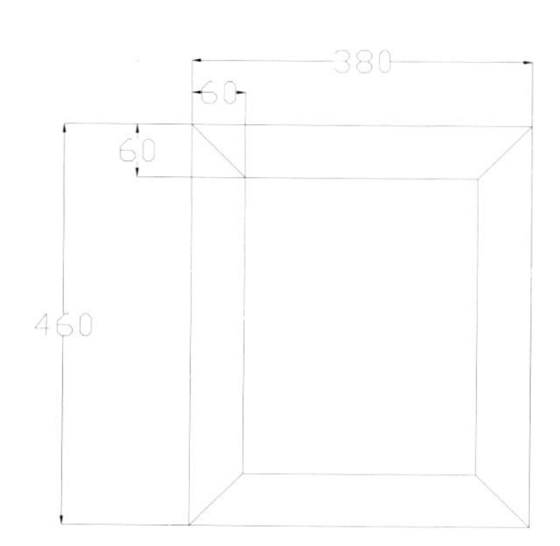

俯视图

灵芝中堂

155
82
2211
110
1286
75
110
880
40
30
15
65
74
880
795
75
90
580
45
1058
62
478
61
76

主视图

主视图

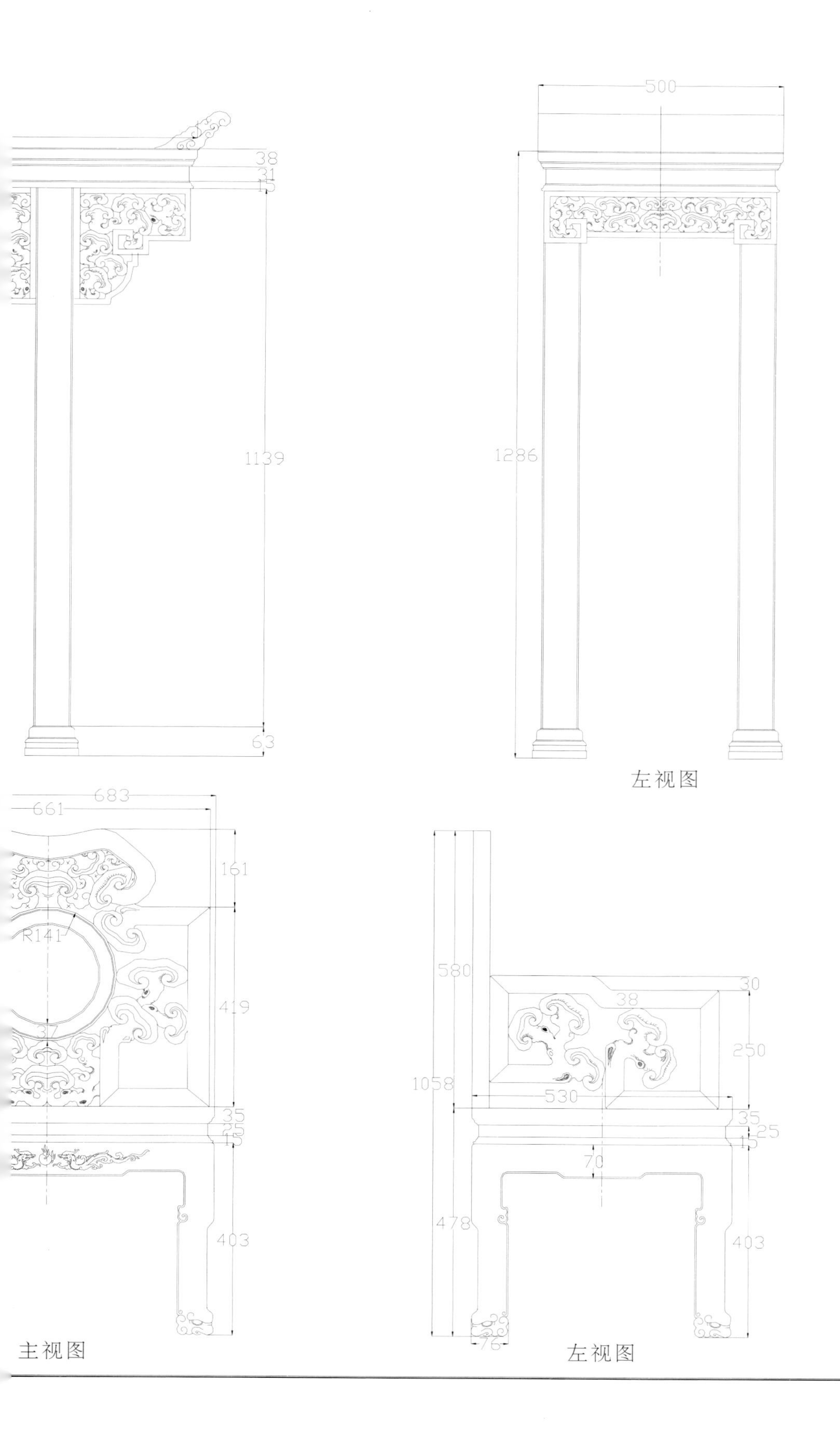
500
38
31
15
1139
63
1286
683
661
161
R141
419
35
25
15
403
580
30
38
250
1058
530
35
25
15
70
478
403
76

左视图

主视图

左视图

清式翘头中堂

细节图

主视图

左视图

主视图

左视图

俯视图

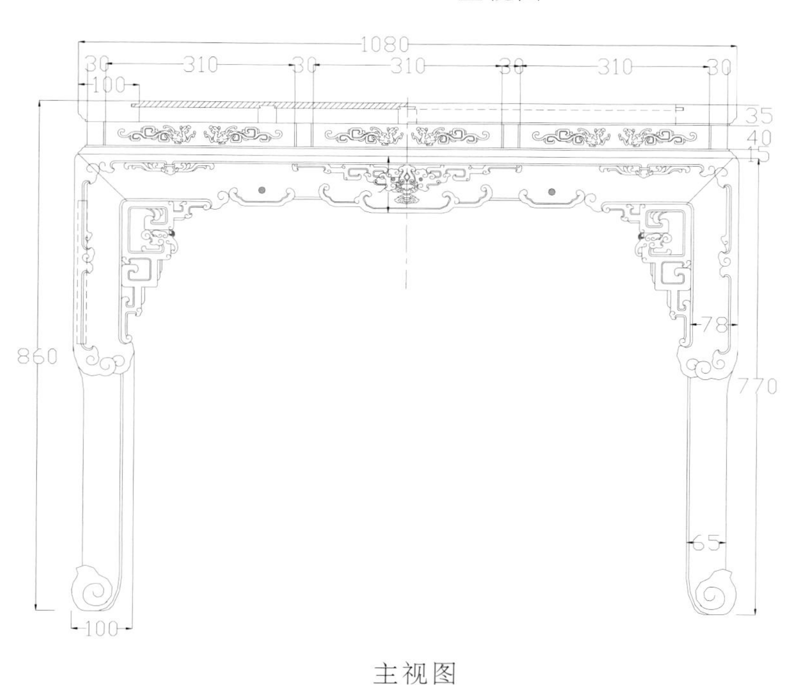

主视图

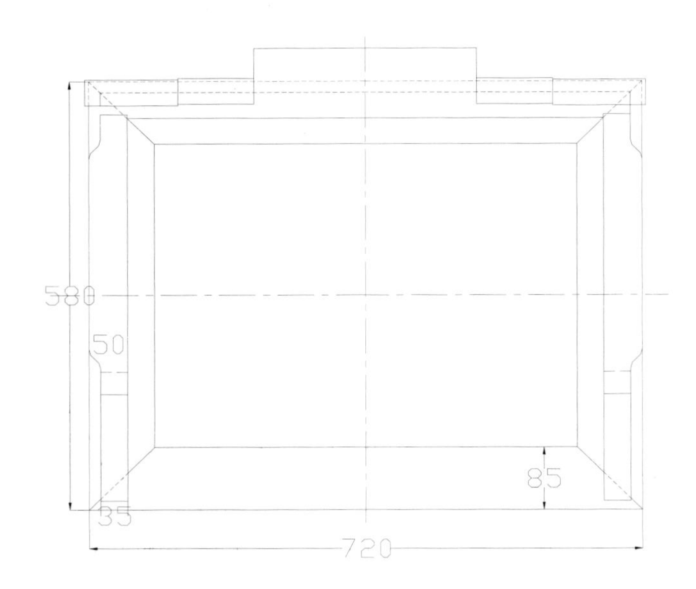
580
50
85
35
720

俯视图

720
730
121
99
290
99
121
310
45
80
30
50
610
480
35
280
1100
85
32
26
12
490
420
585
30
70
90

主视图

主视图

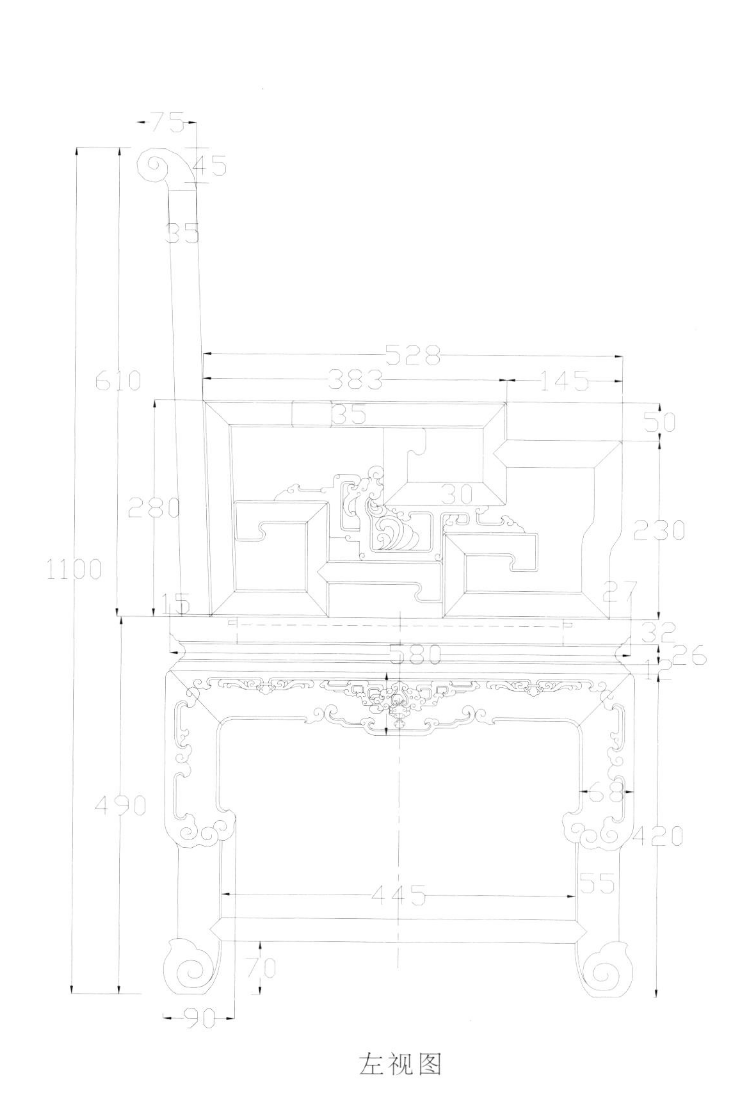
75
45
35
610
528
383
145
35
50
280
30
230
1100
15
27
32
580
26
12
490
68
420
445
55
70
90

左视图

明式翘头案

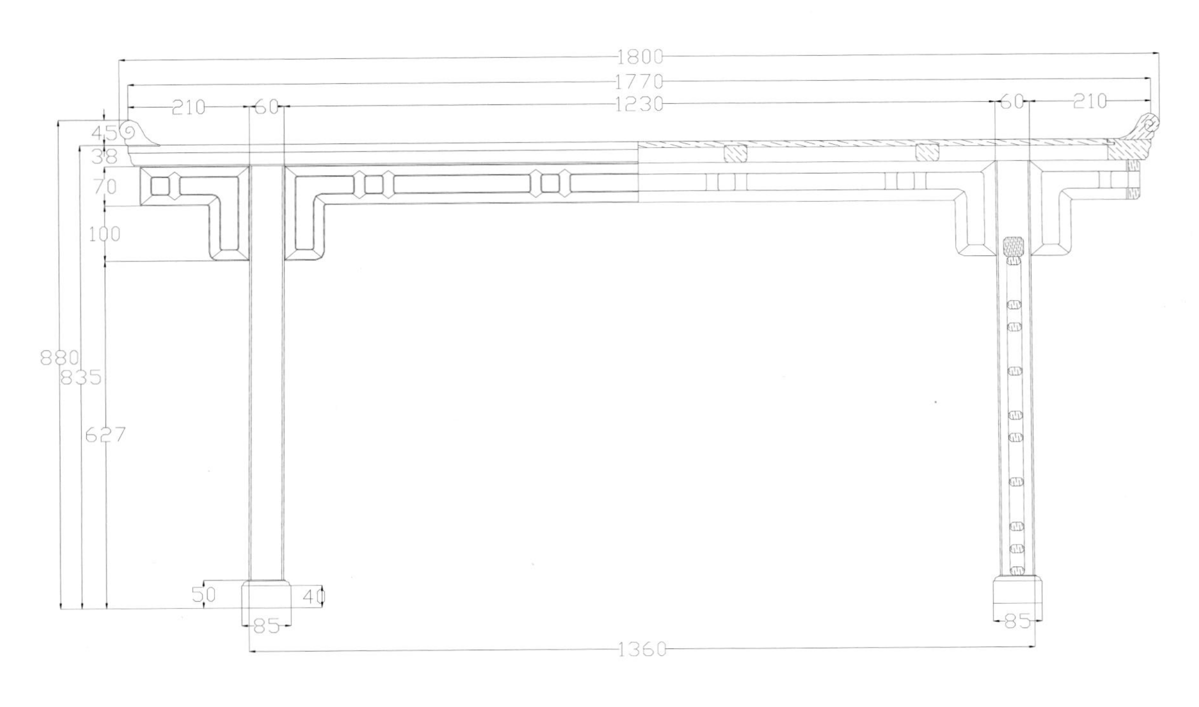

主视图

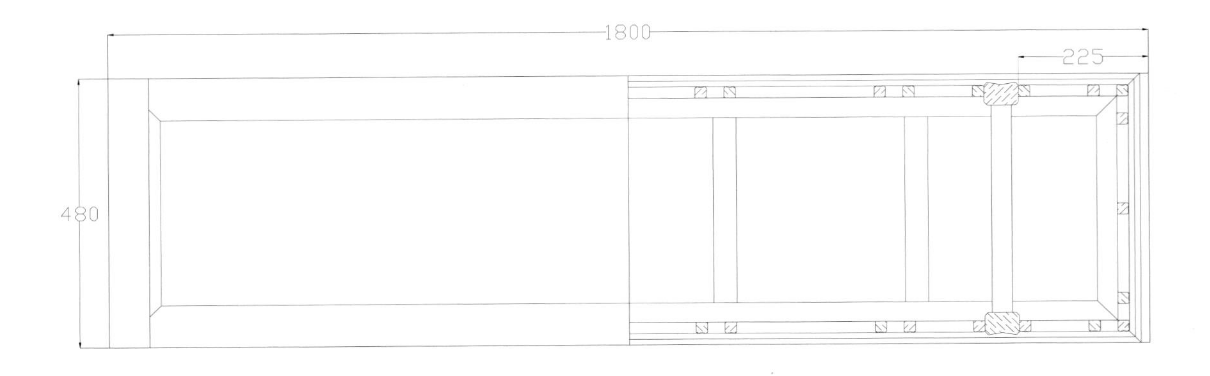

俯视图

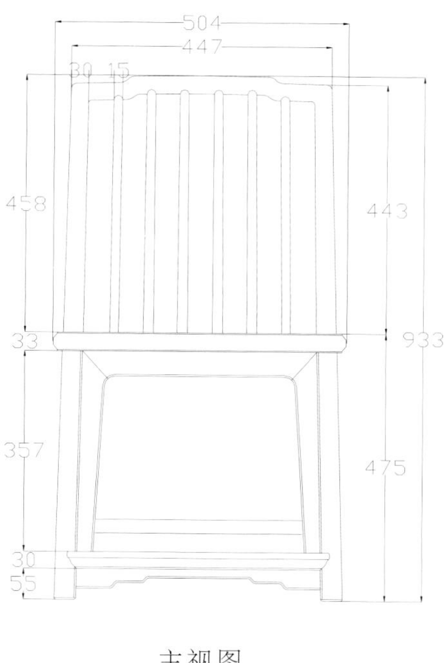

主视图

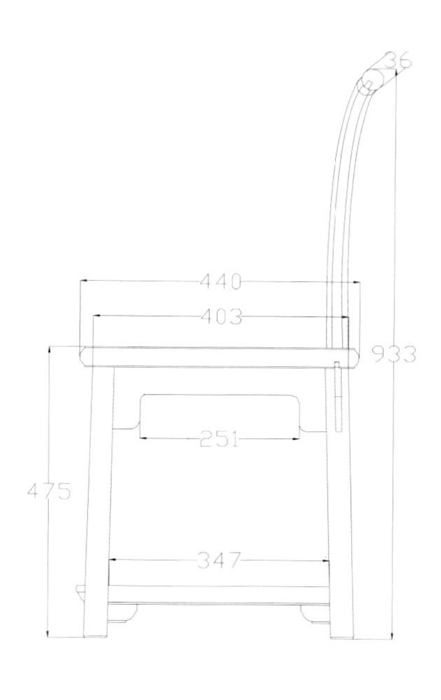

右视图

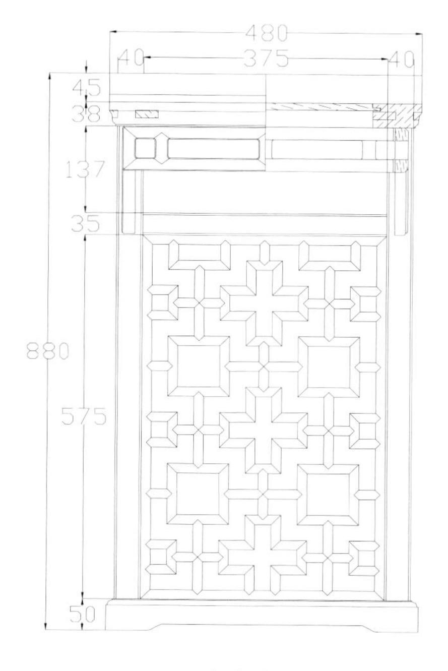

左视图

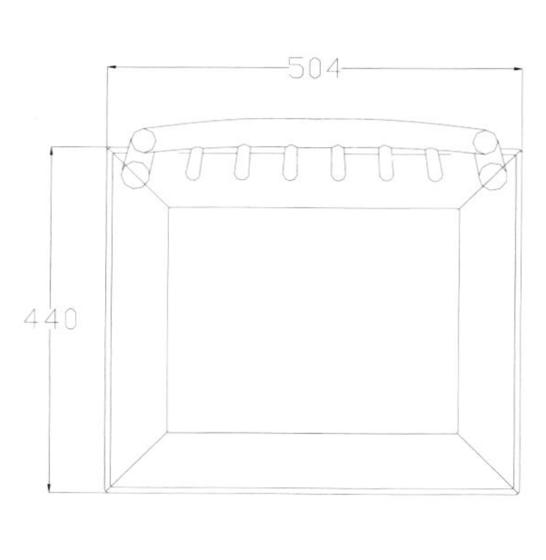

俯视图

福寿中堂

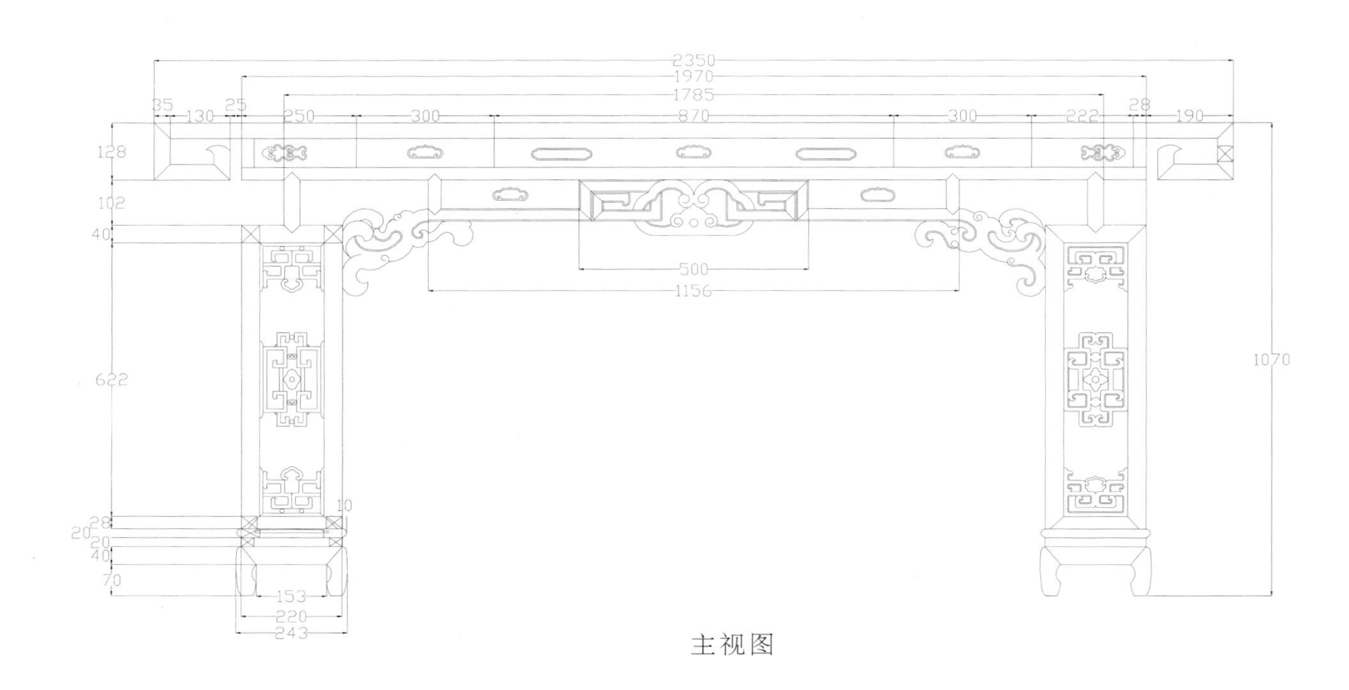

主视图

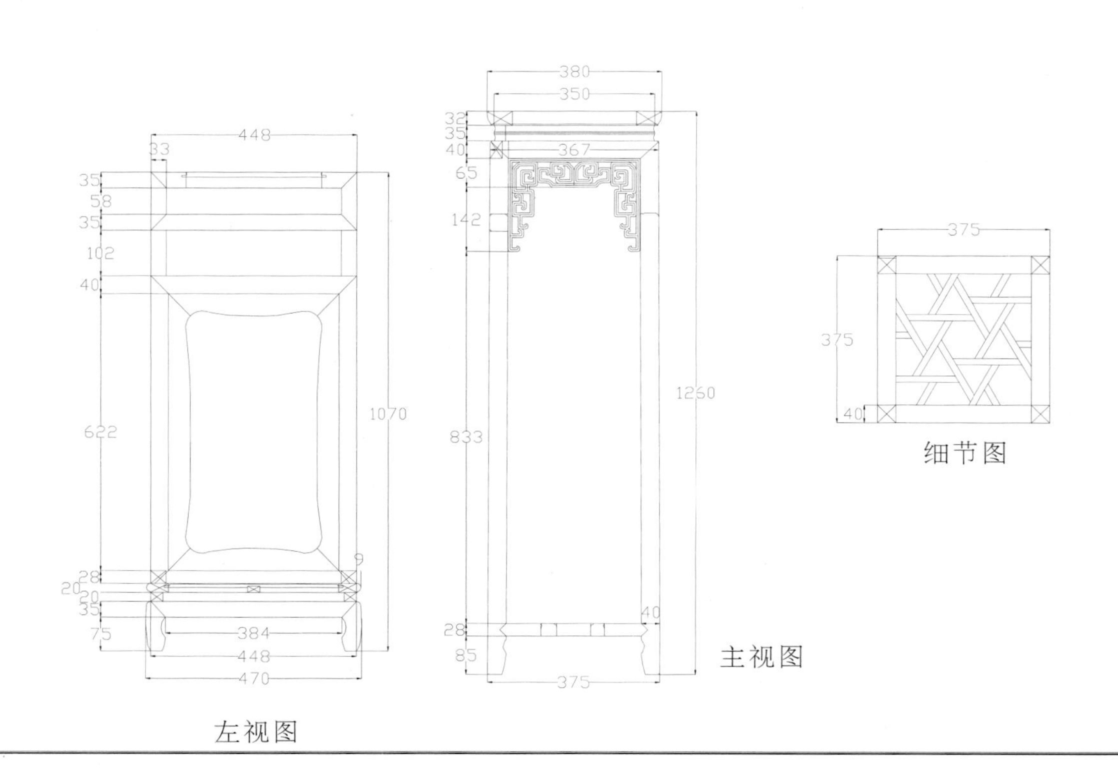

左视图　主视图　细节图

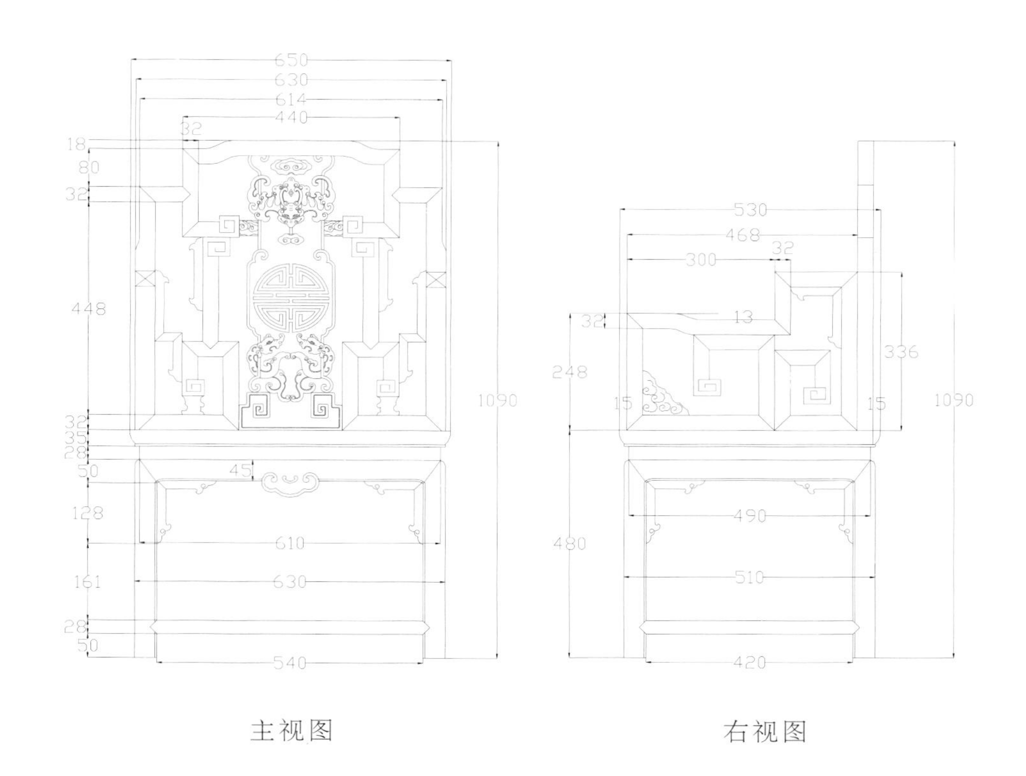
650
630
614
440
18
32
80
32
448
32
35
28
50
45
128
610
161
630
28
50
540
1090
530
468
32
300
32
13
336
248
15
15
1090
490
480
510
420

主视图　　　　　　　　右视图

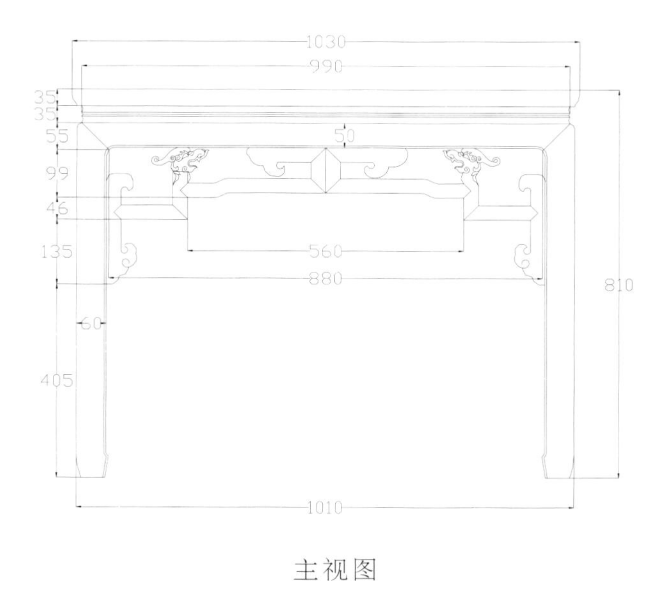
1030
990
35
35
55
50
99
46
560
135
880
810
60
405
1010

主视图

如意中堂

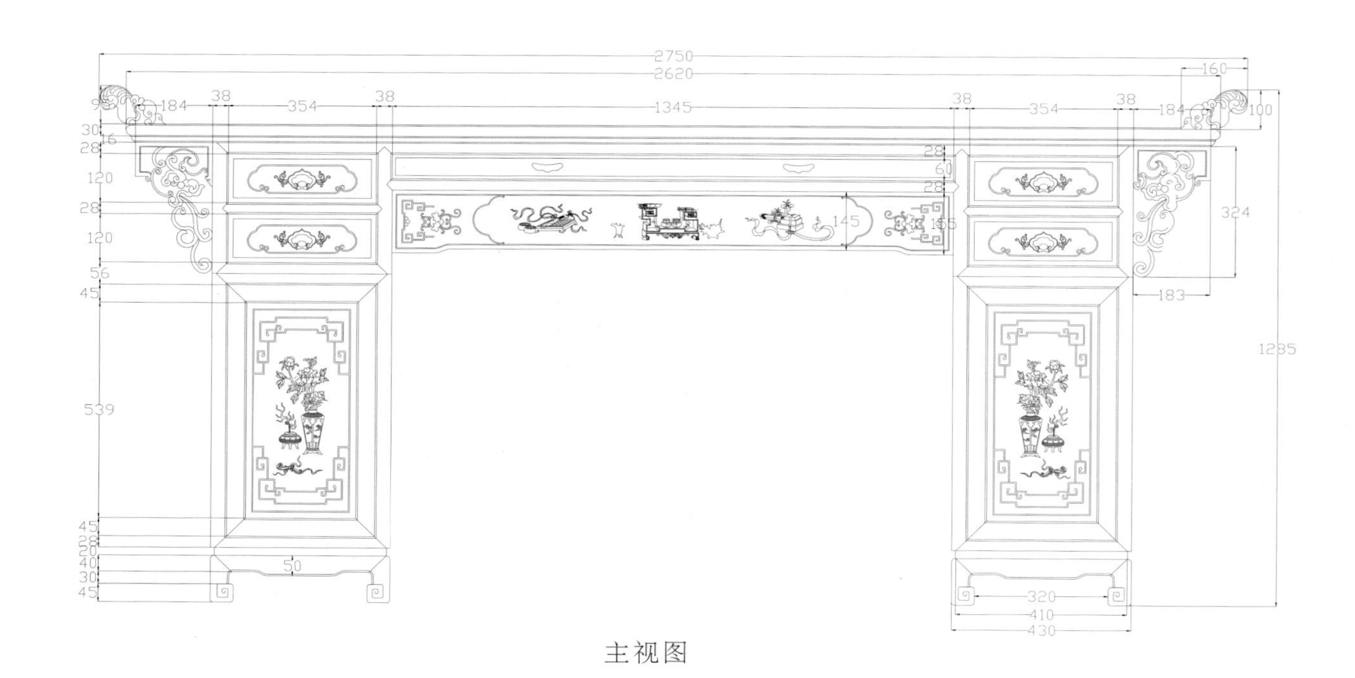

主视图

右视图

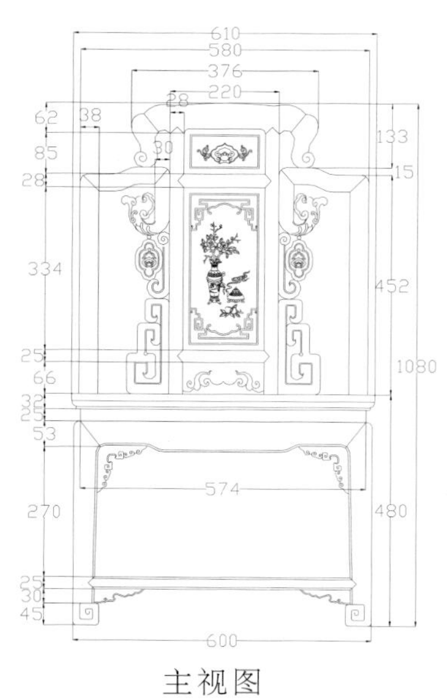

主视图

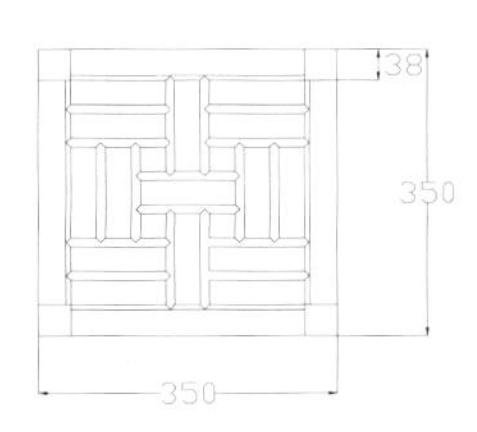

细节图

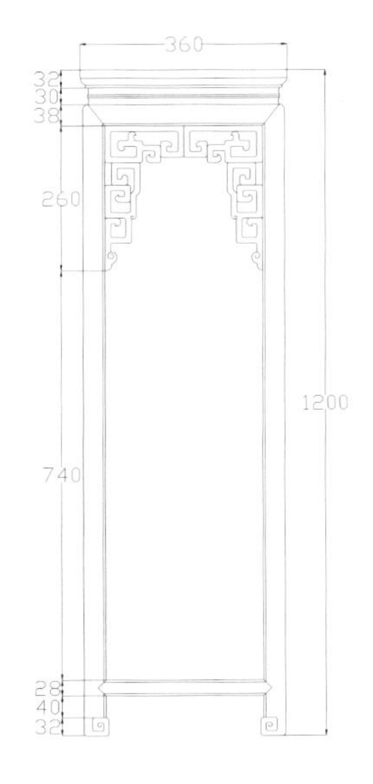

左视图

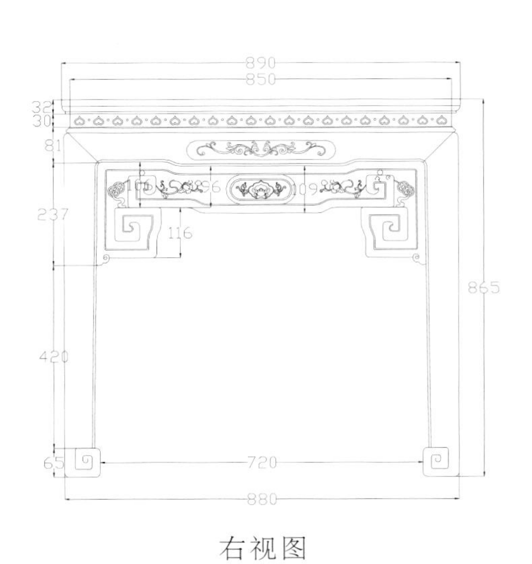

右视图

1280
1240
865
1110
1270

主视图

如意回纹中堂

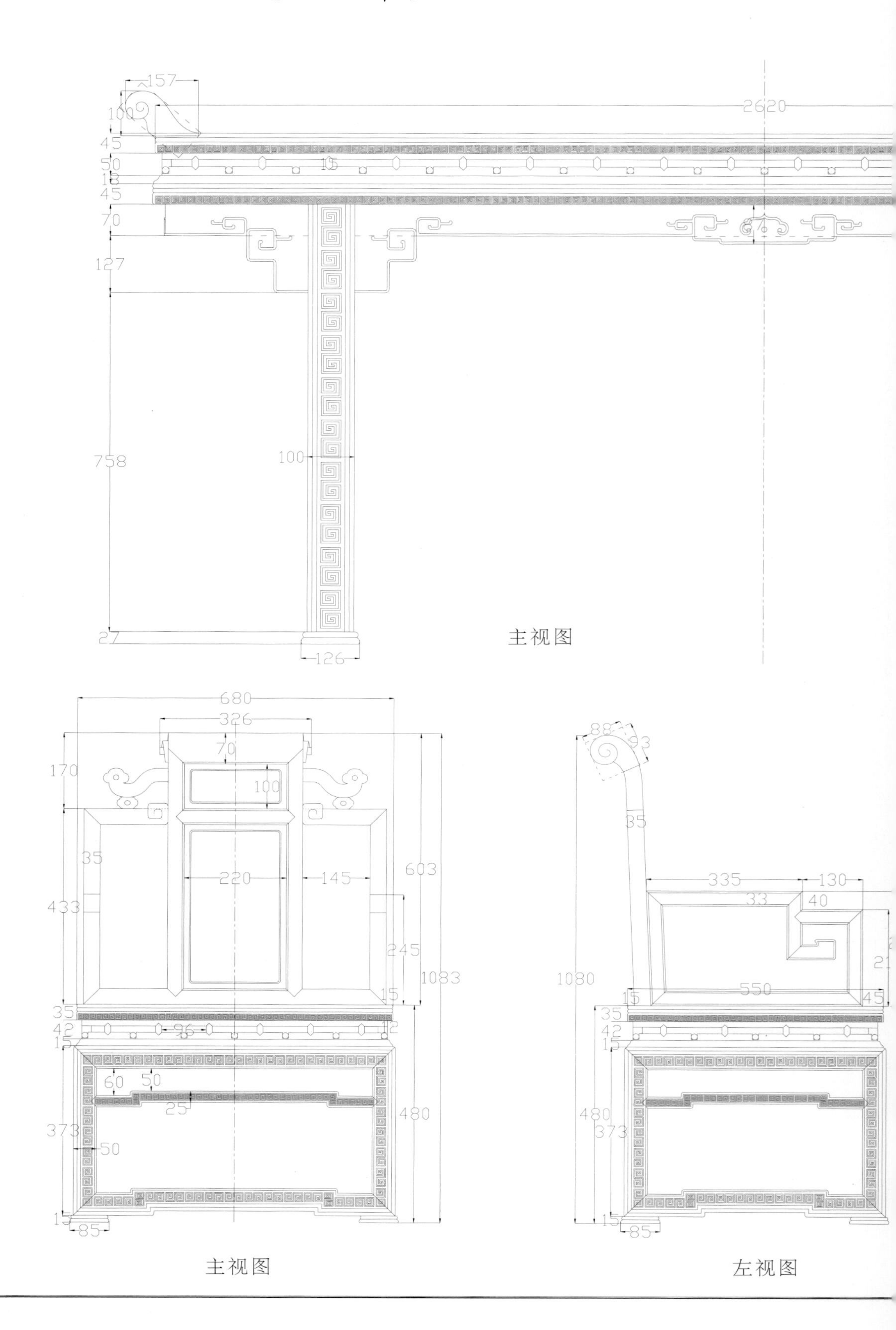

主视图

主视图

左视图

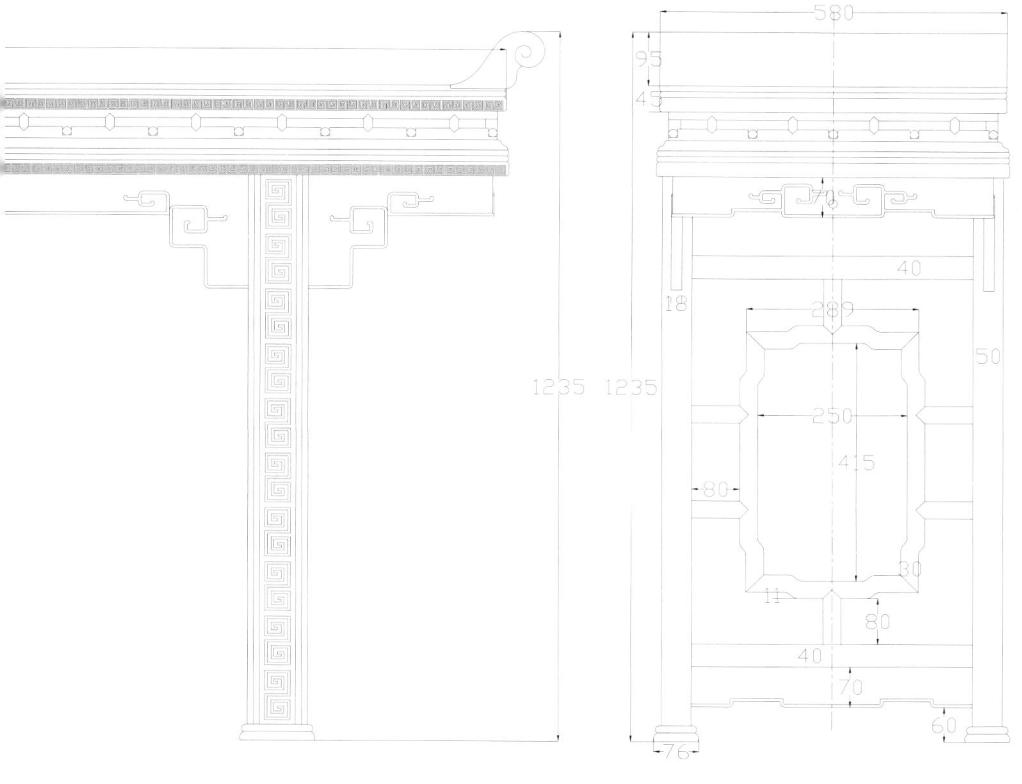
580
95
45
70
40
18
289
50
1235
1235
250
415
80
30
11
80
40
70
60
76
左视图

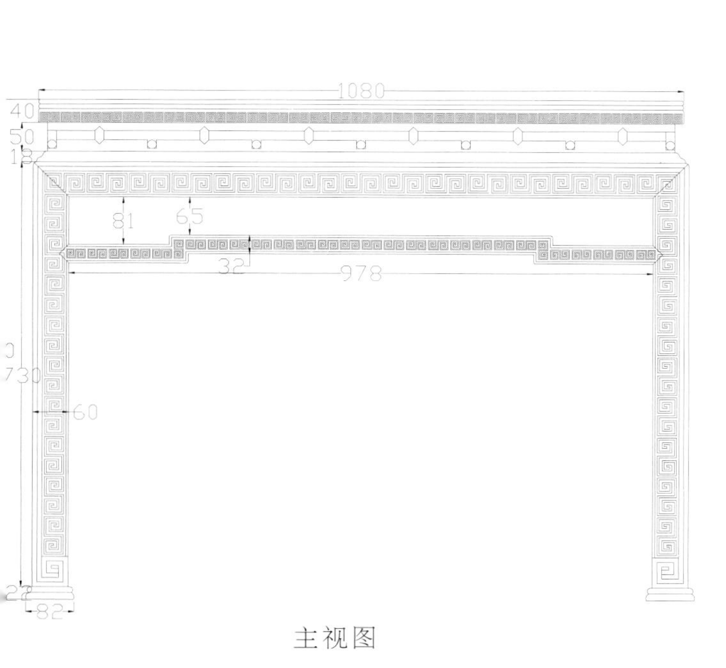
1080
40
50
18
81
65
32
978
730
60
22
82

主视图

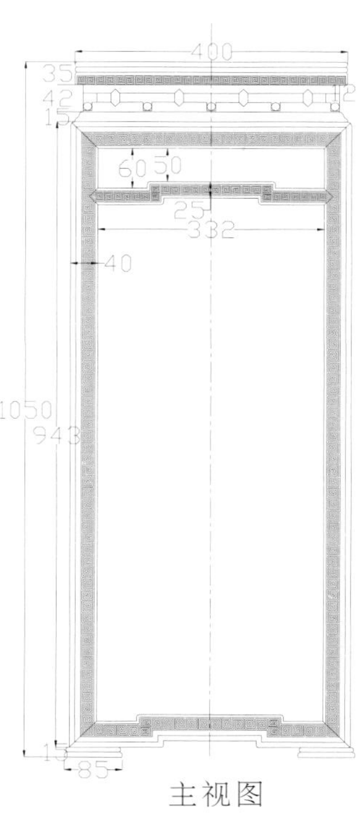
400
35
42
12
15
60
50
25
332
40
1050
943
15
85

主视图

梳妆台与凳子

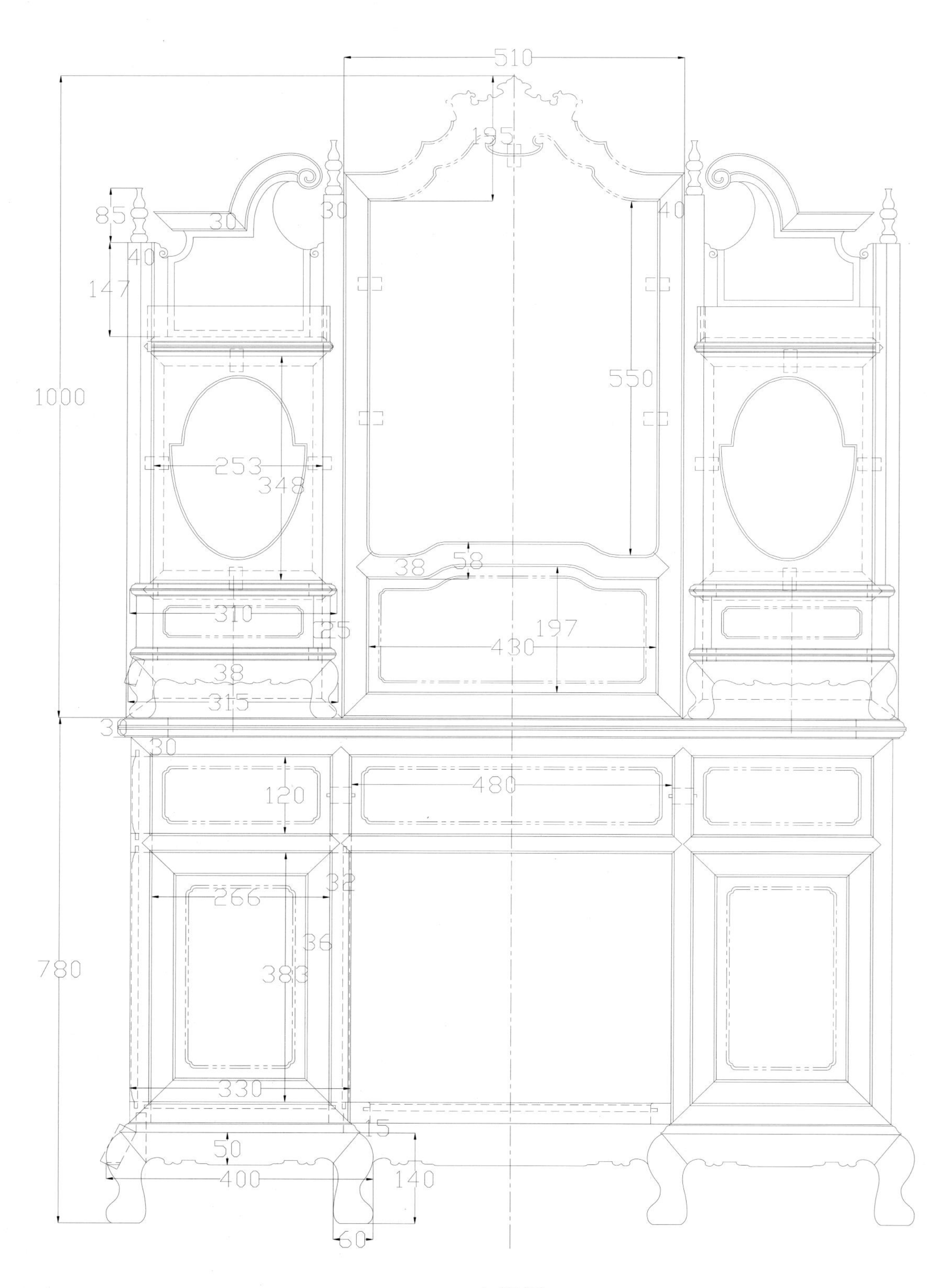
510
195
30
30
40
85
40
147
1000
550
253
348
38
58
310
125
197
430
38
315
30
30
120
480
32
266
36
780
383
330
15
50
400
140
60

主视图

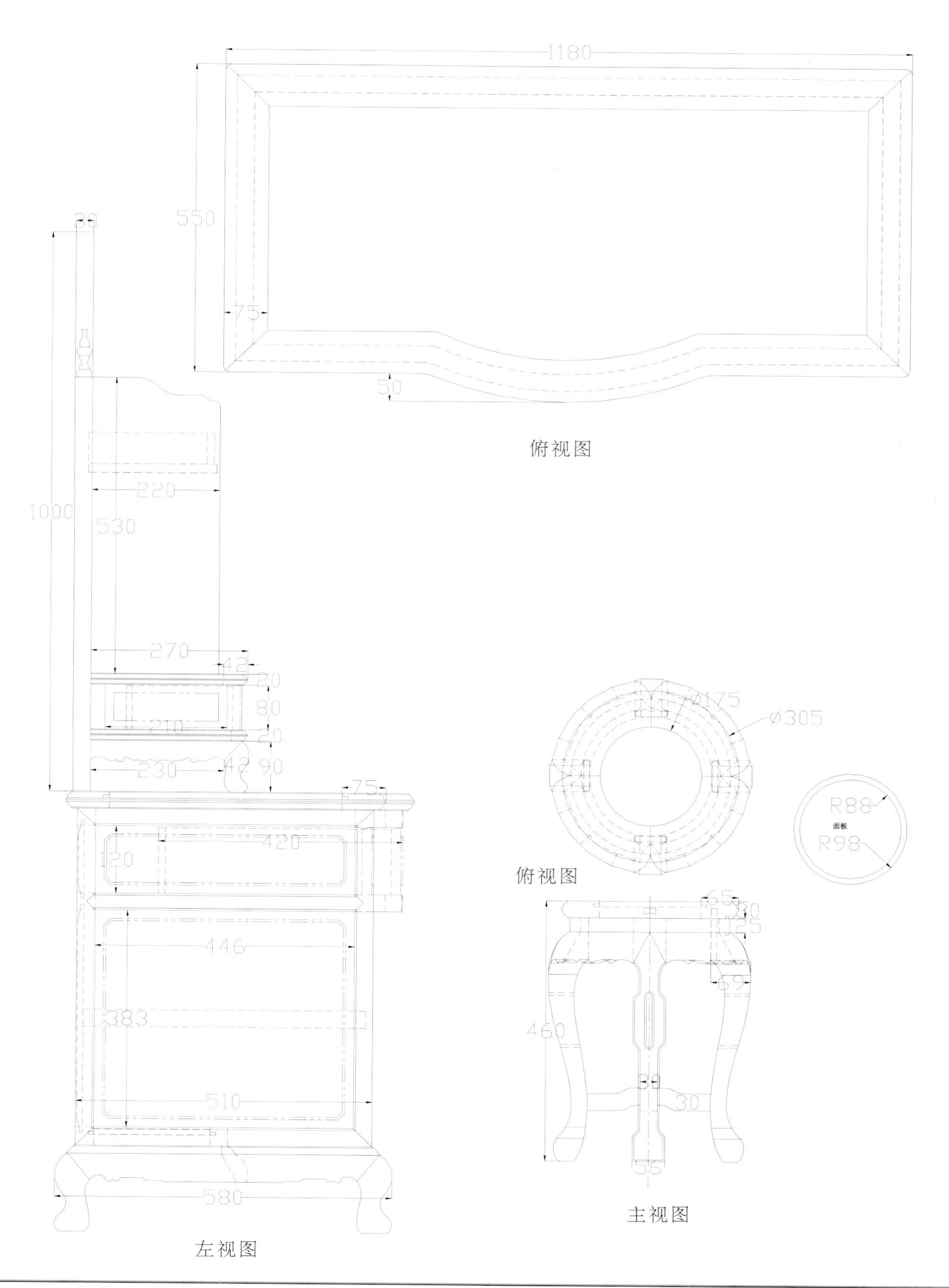
1180
550
75
50
俯视图
30
1000
220
530
270
42
20
80
210
20
230
42
90
75
420
120
446
383
510
580
左视图
ø175
ø305
R88
面板
R98
俯视图
65
30
25
69
460
30
30
56
主视图

梳妆台

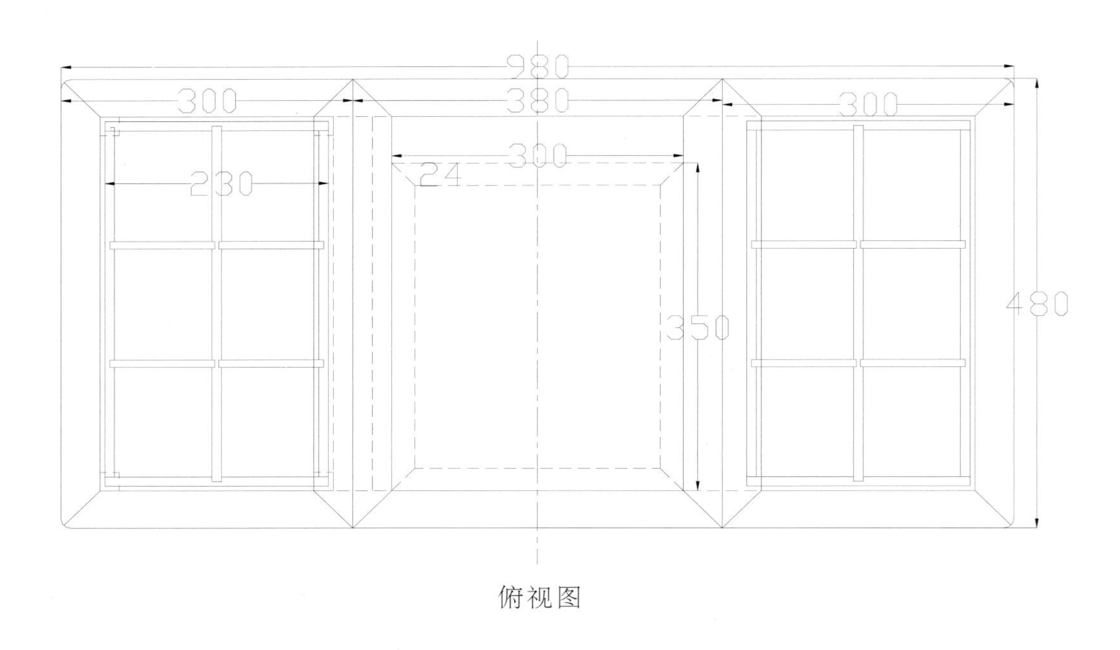
980
300
380
300
300
24
230
350
480

俯视图

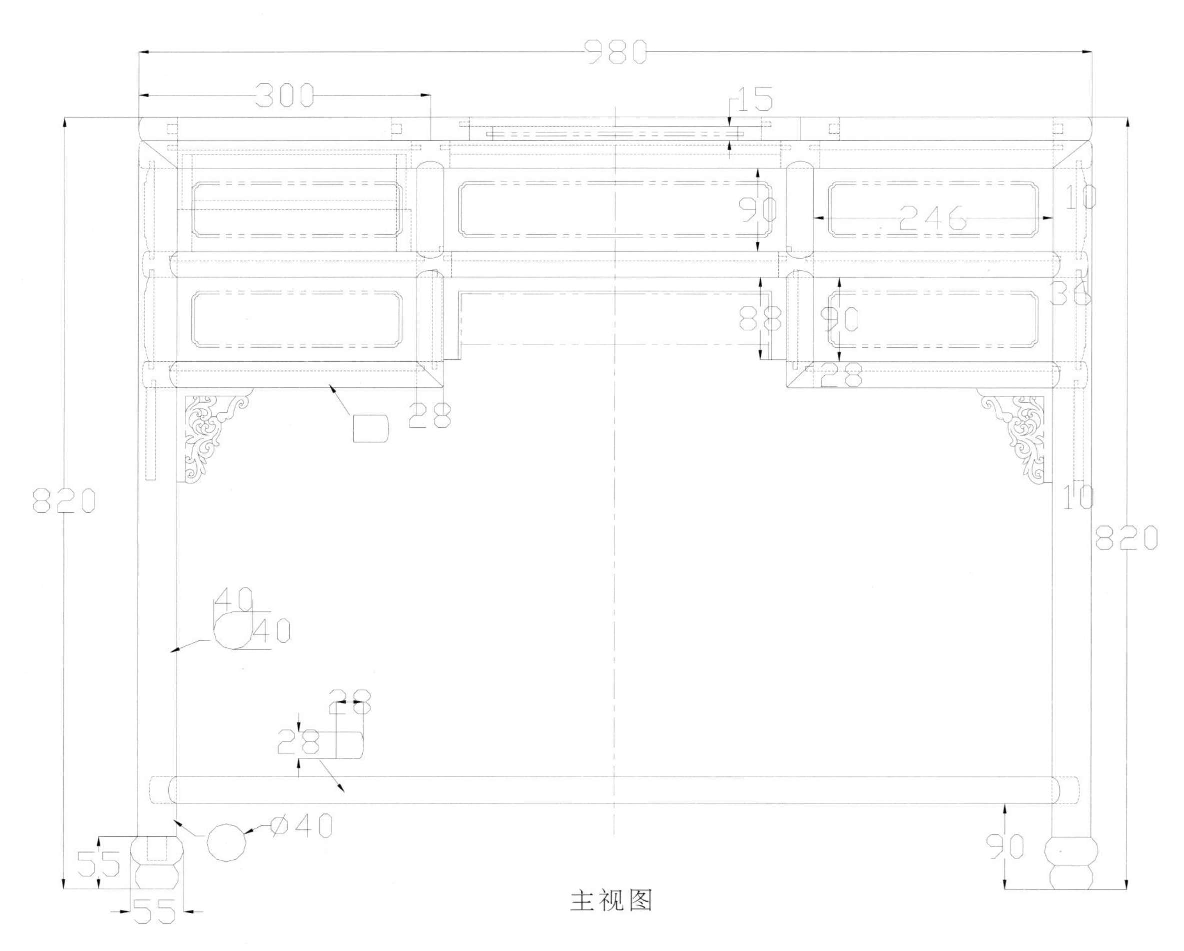
980
300
15
90
10
246
36
88
90
28
28
820
10
820
40
40
28
28
Ø40
90
55
55

主视图

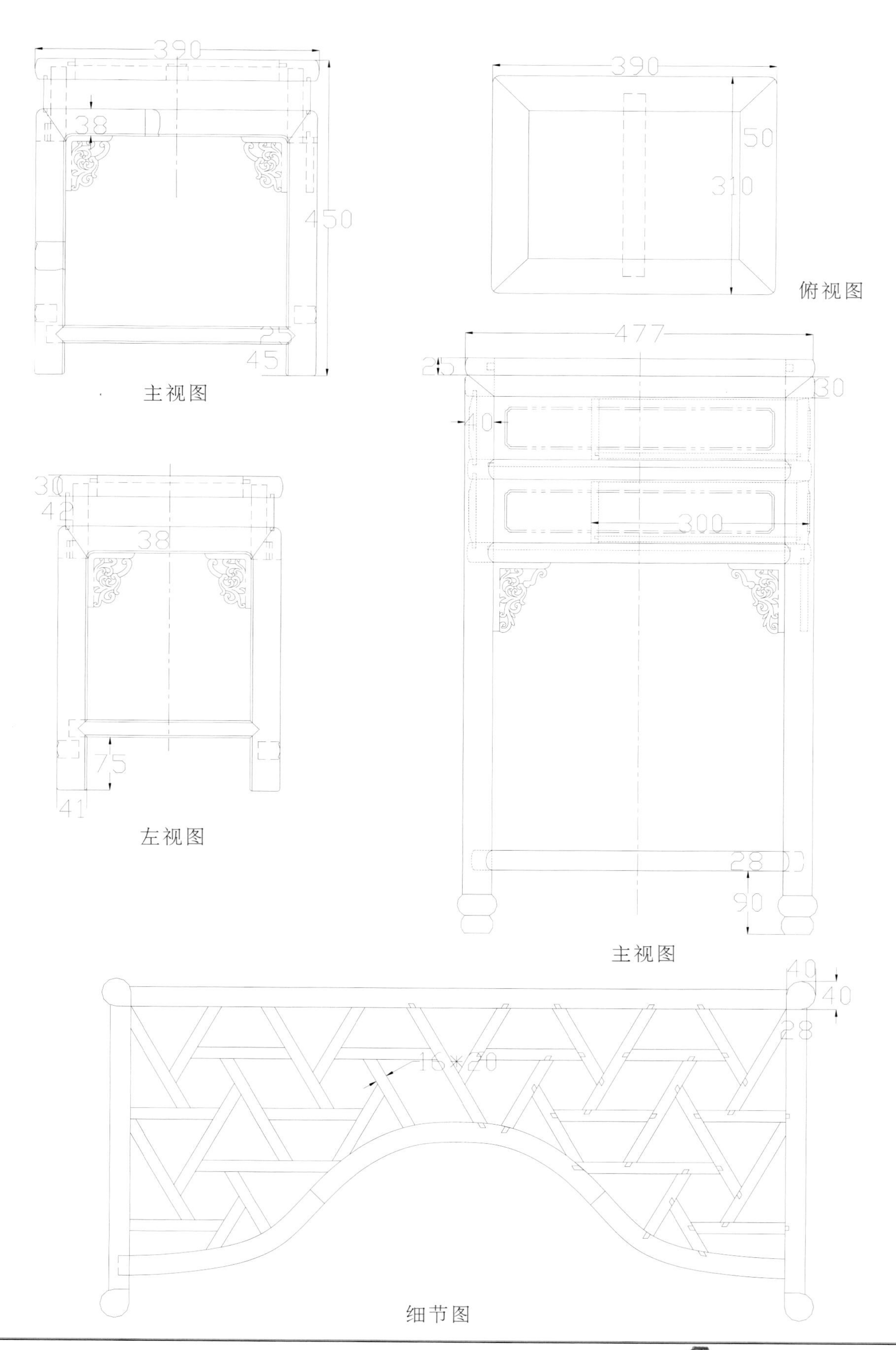
390
38
450
45
主视图
390
50
310
俯视图
477
25
30
40
300
28
90
主视图
30
42
38
75
41
左视图
40
40
28
16*20
细节图

明式圆桌九件套

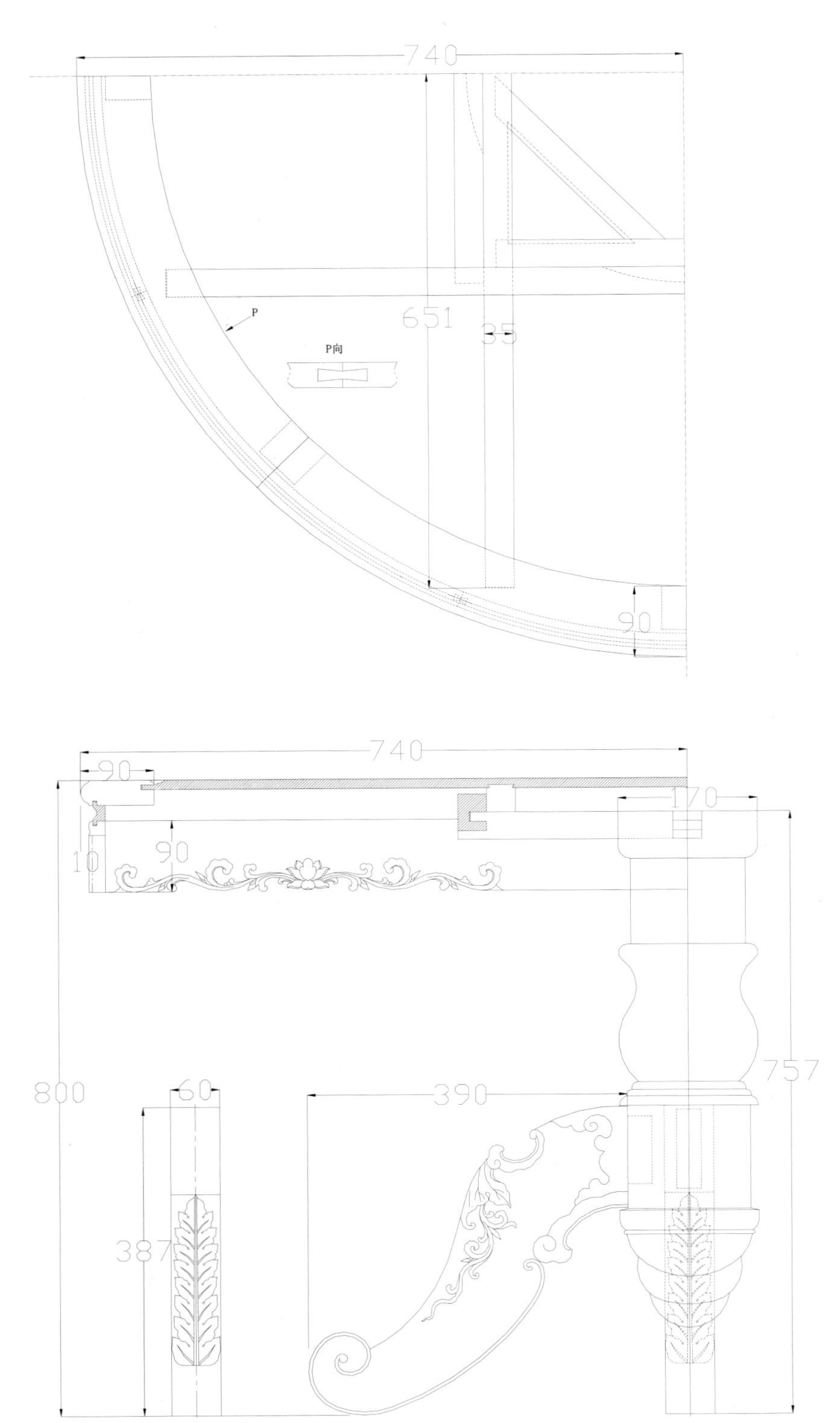

细节图

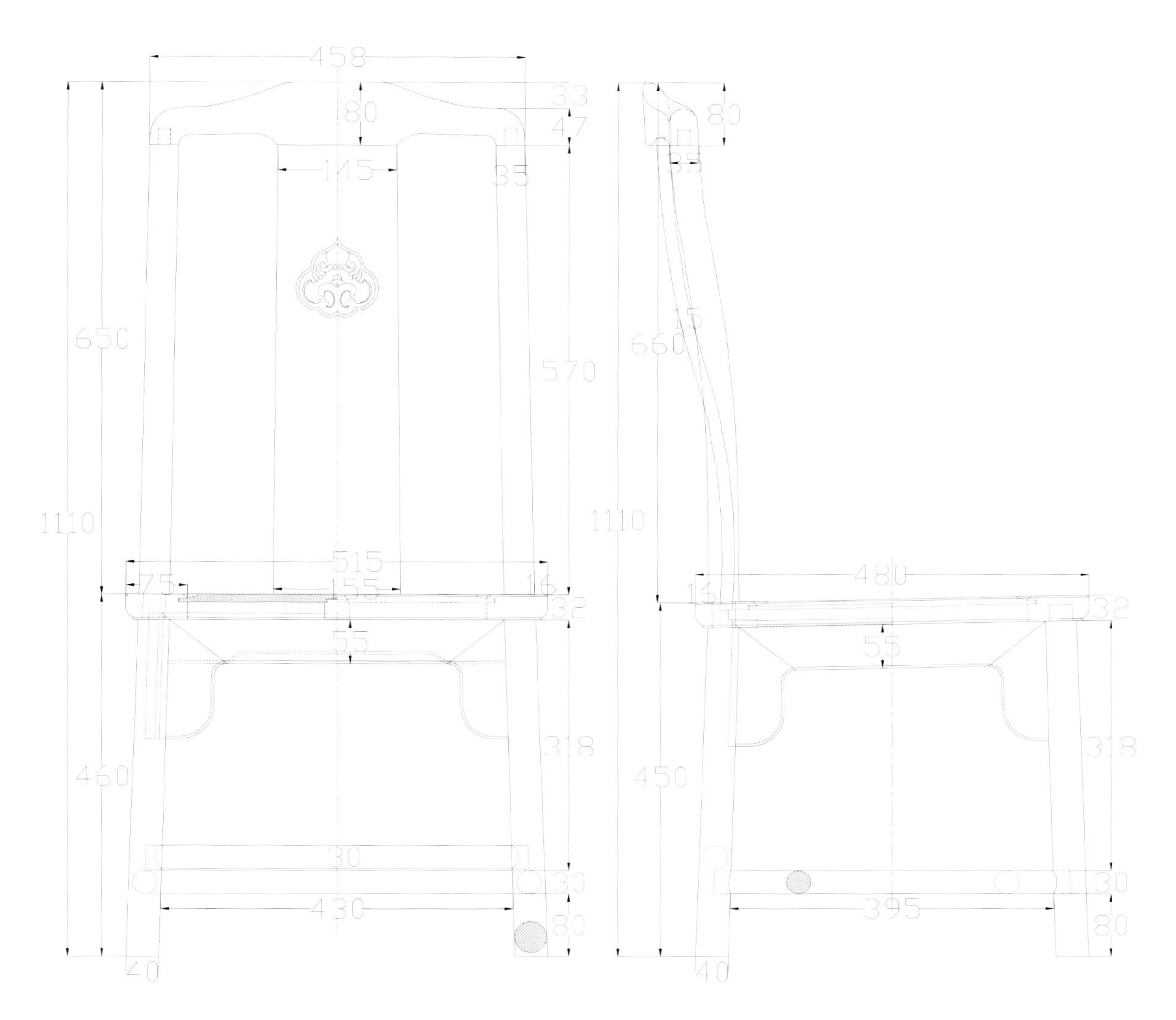
458
33
80
47
145
35
650
570
1110
515
155
75
16
32
55
318
460
30
30
430
80
40
80
35
15
660
1110
480
16
32
55
318
450
30
395
80
40

主视图　　　　左视图

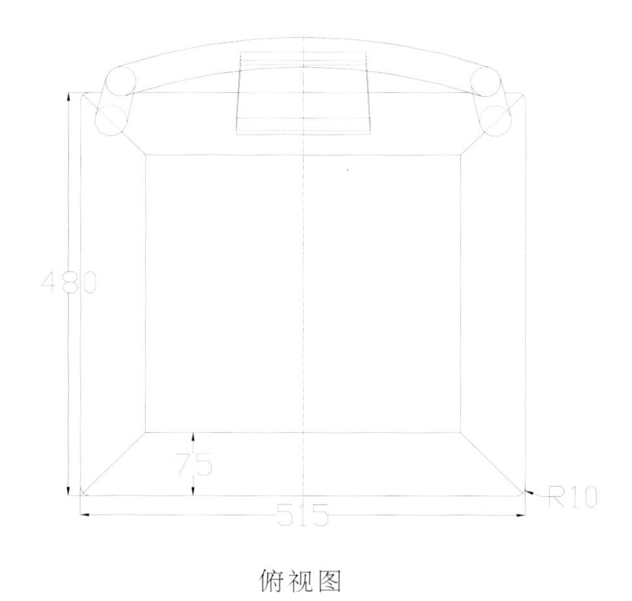
480
75
R10
515

俯视图

圆形茶桌五件套

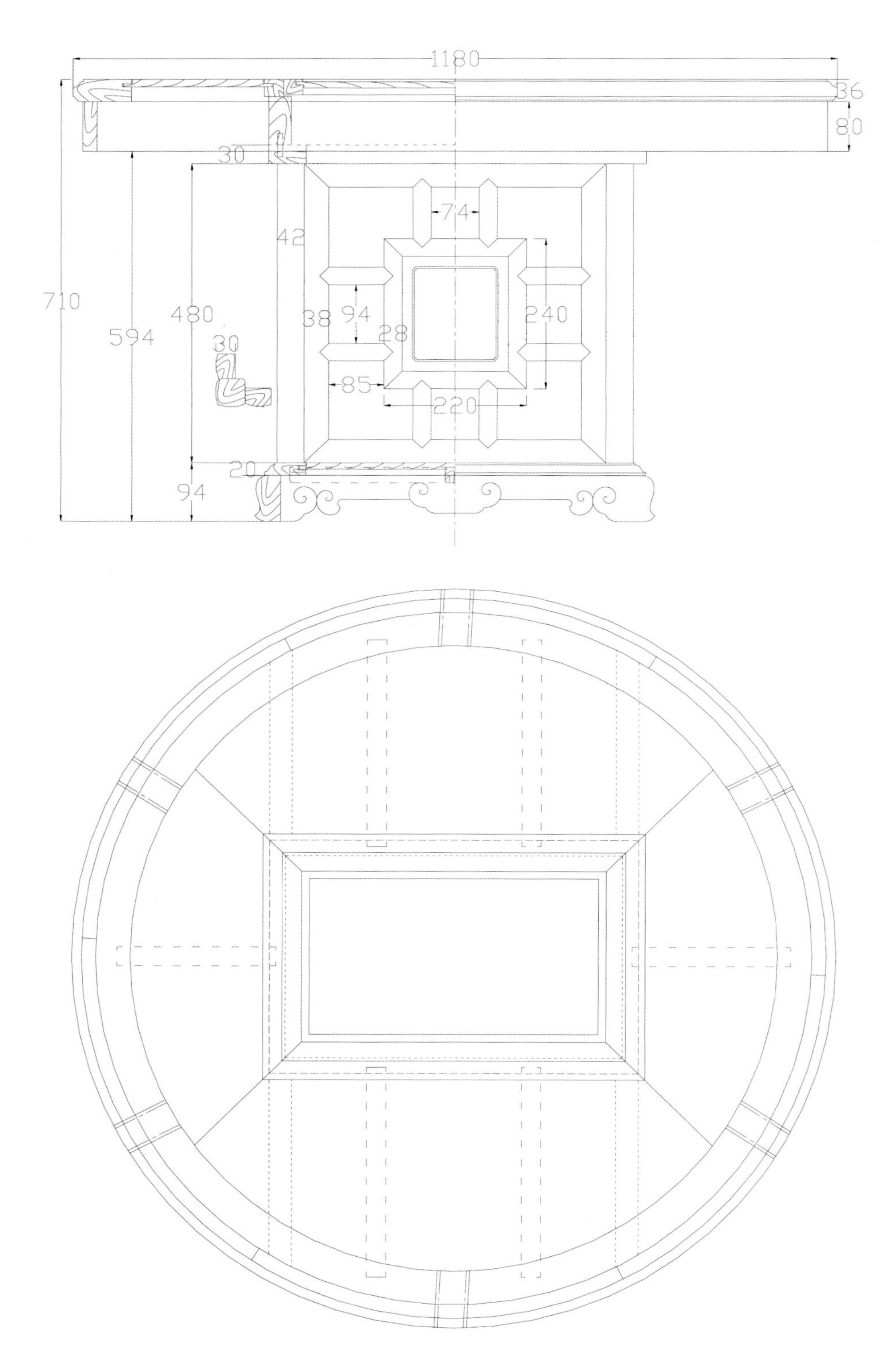

细节图

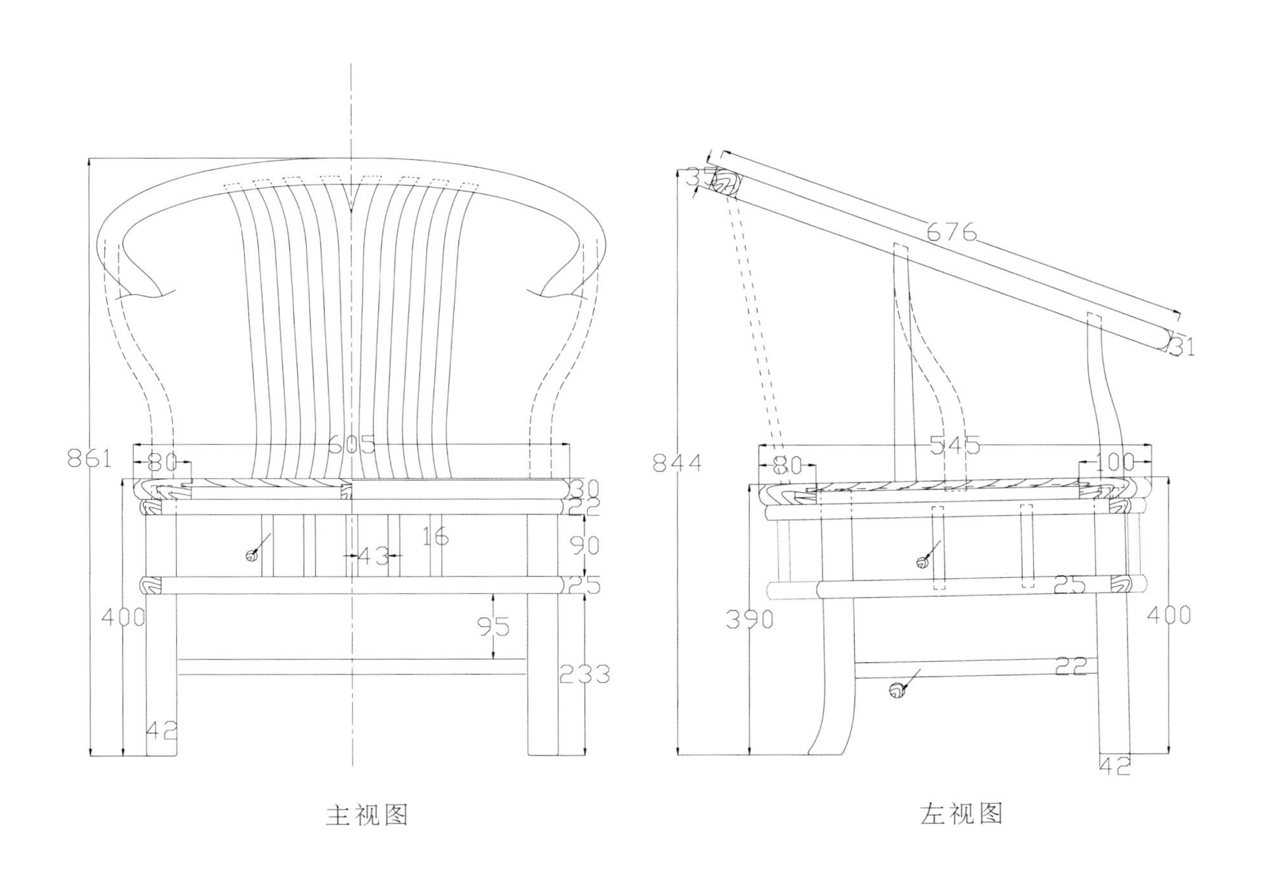
861
80
605
30
22
16
43
90
25
400
95
233
42
844
37
676
31
80
545
100
390
25
400
22
42

主视图　　　　　　　　　　　　左视图

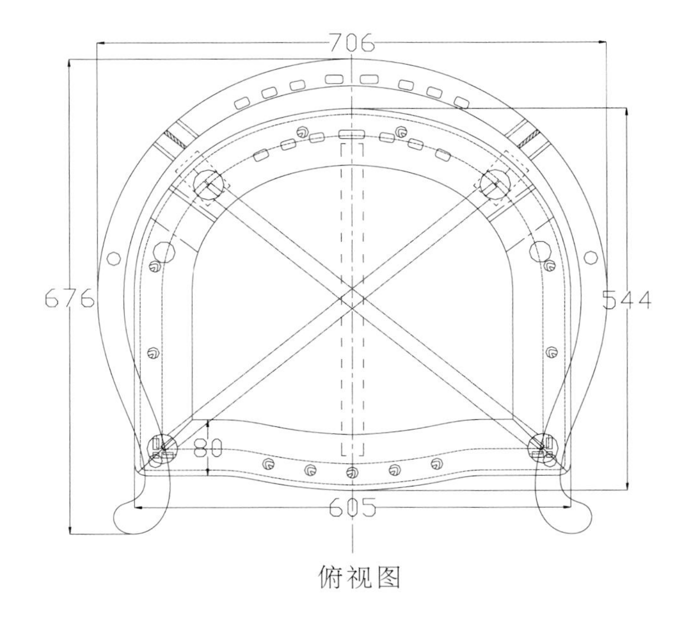
706
676
544
80
605

俯视图

茶桌6件套

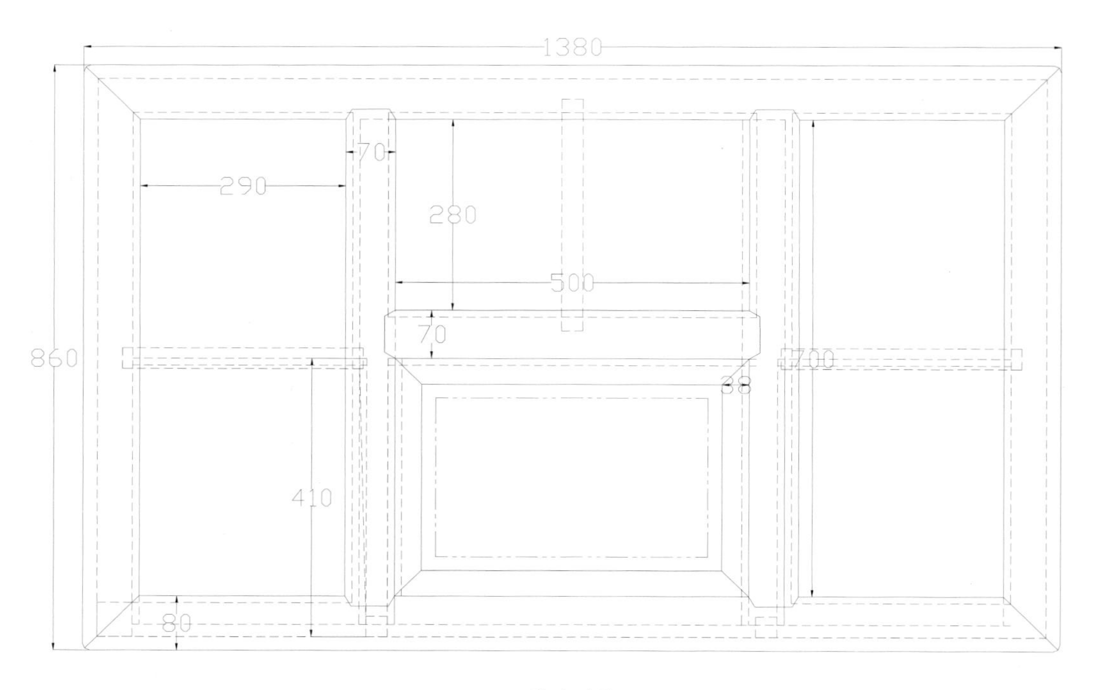

俯视图

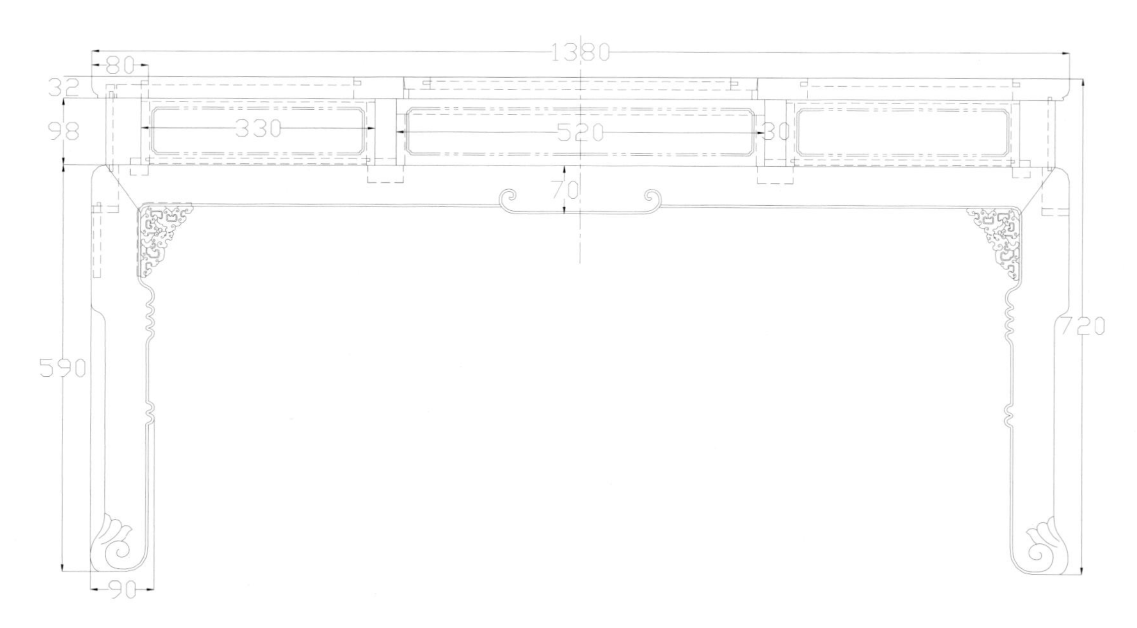

主视图

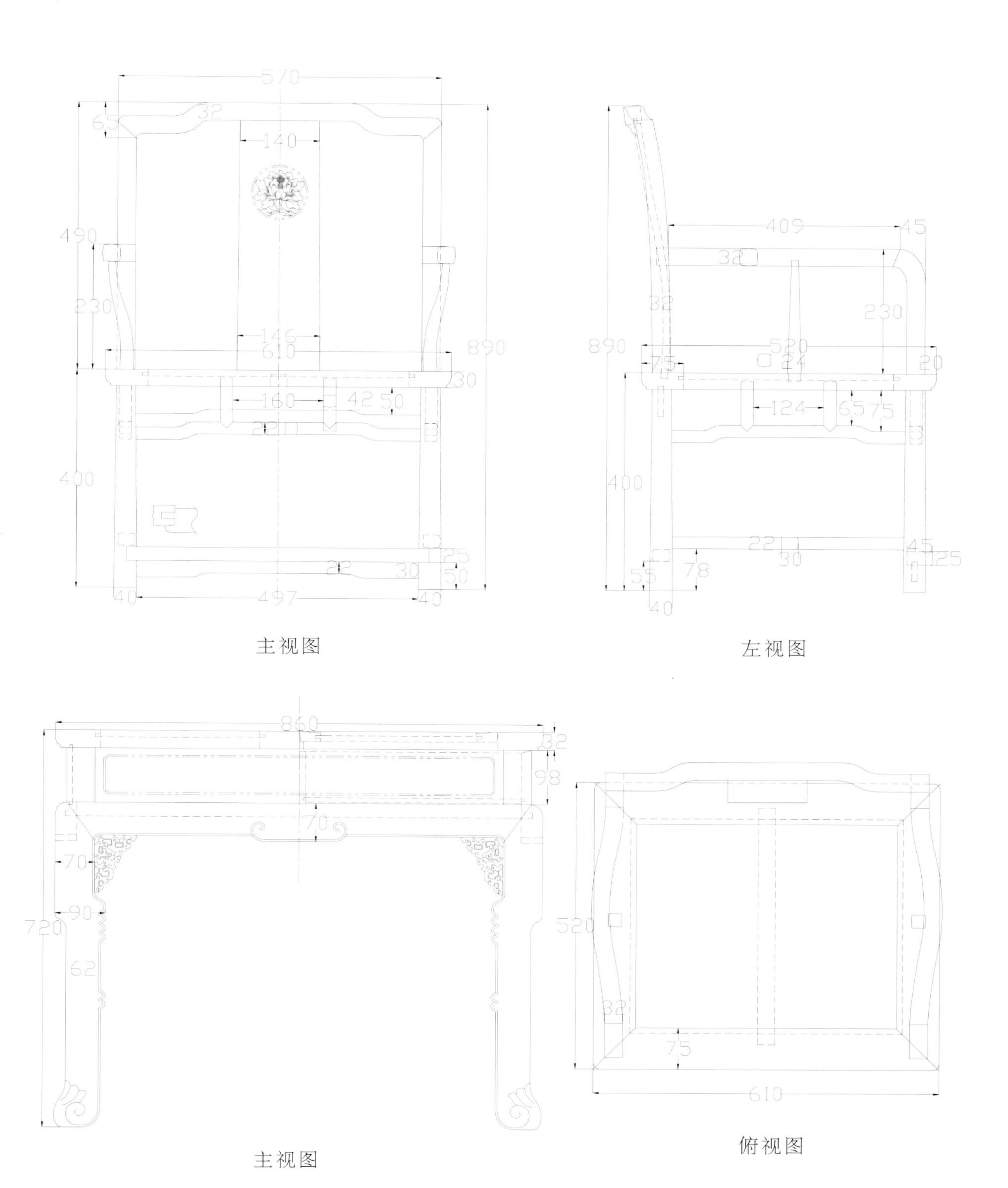

主视图

左视图

主视图

俯视图

拐子纹餐桌

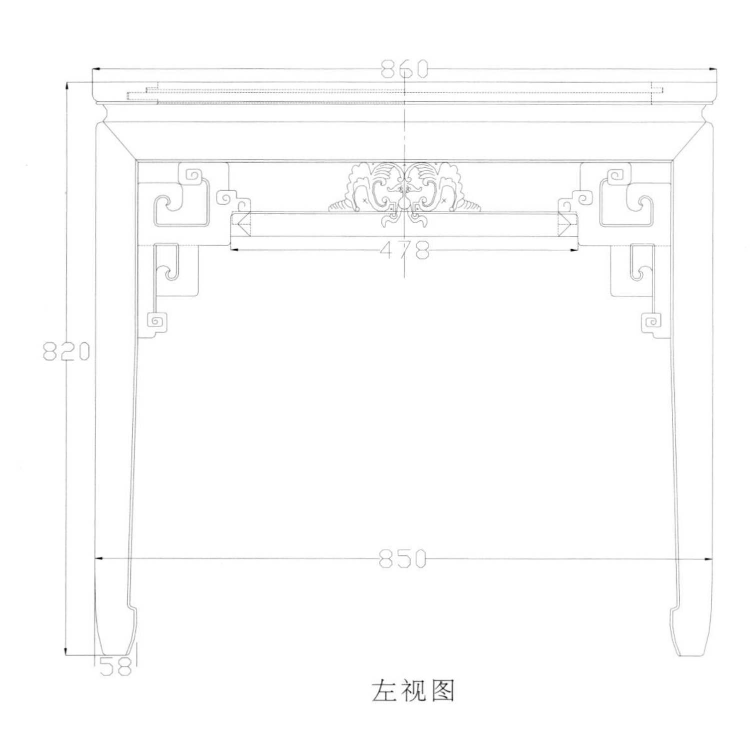

左视图

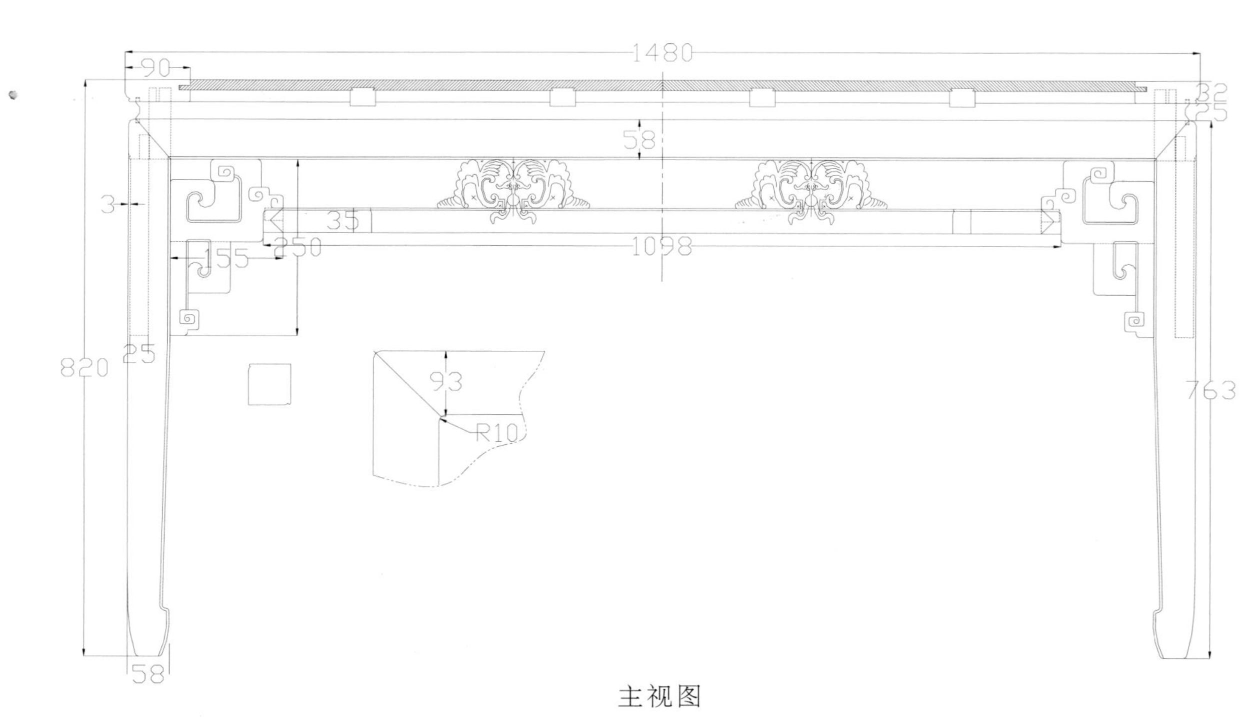

主视图

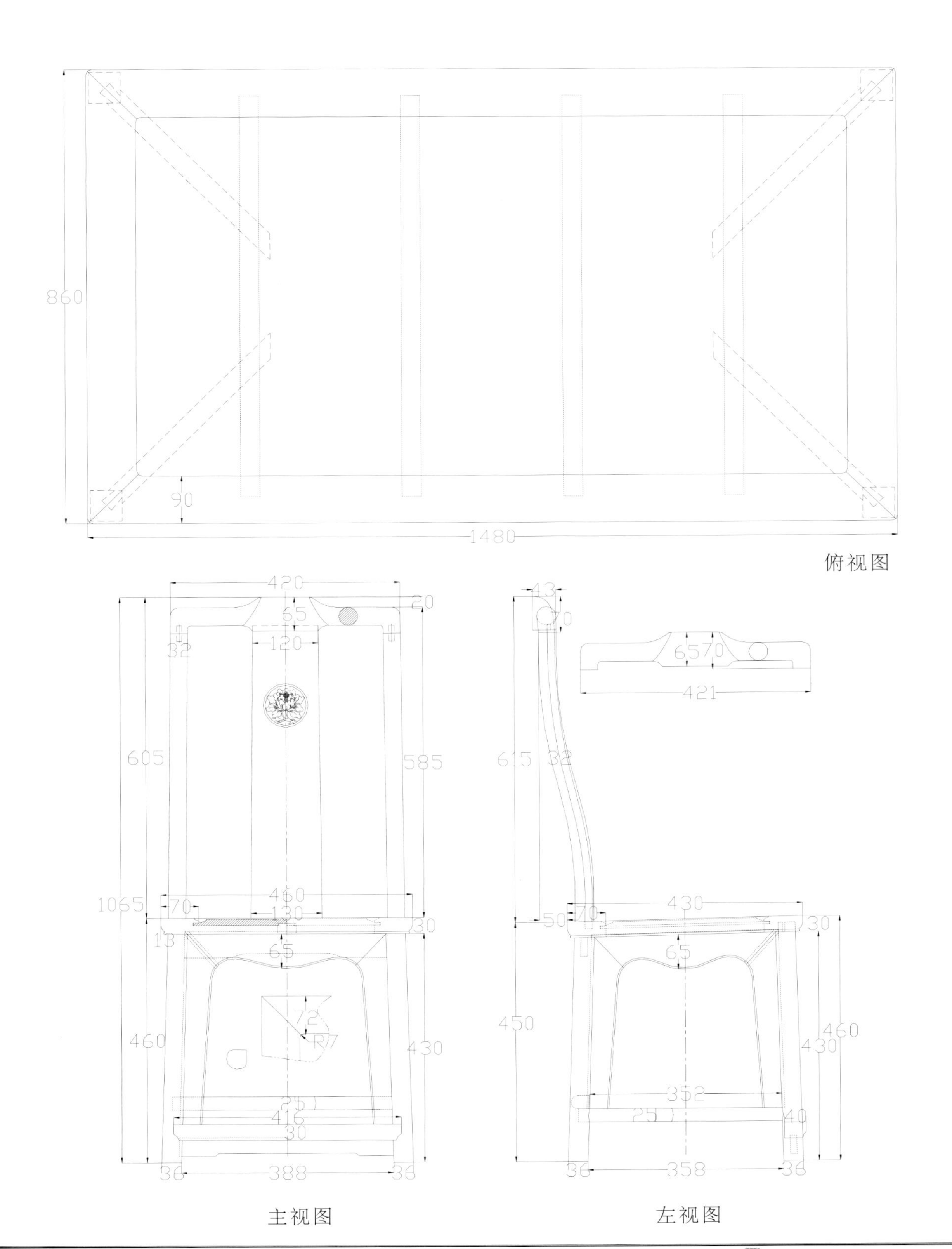
860
90
1480
420
20
65
120
32
605
585
1065
70
460
130
30
13
65
72
R7
460
430
25
416
30
36
388
36
43
70
6570
421
615
32
430
50
70
30
65
450
460
430
352
25
40
36
358
36

俯视图

主视图

左视图

餐桌七件套

俯视图

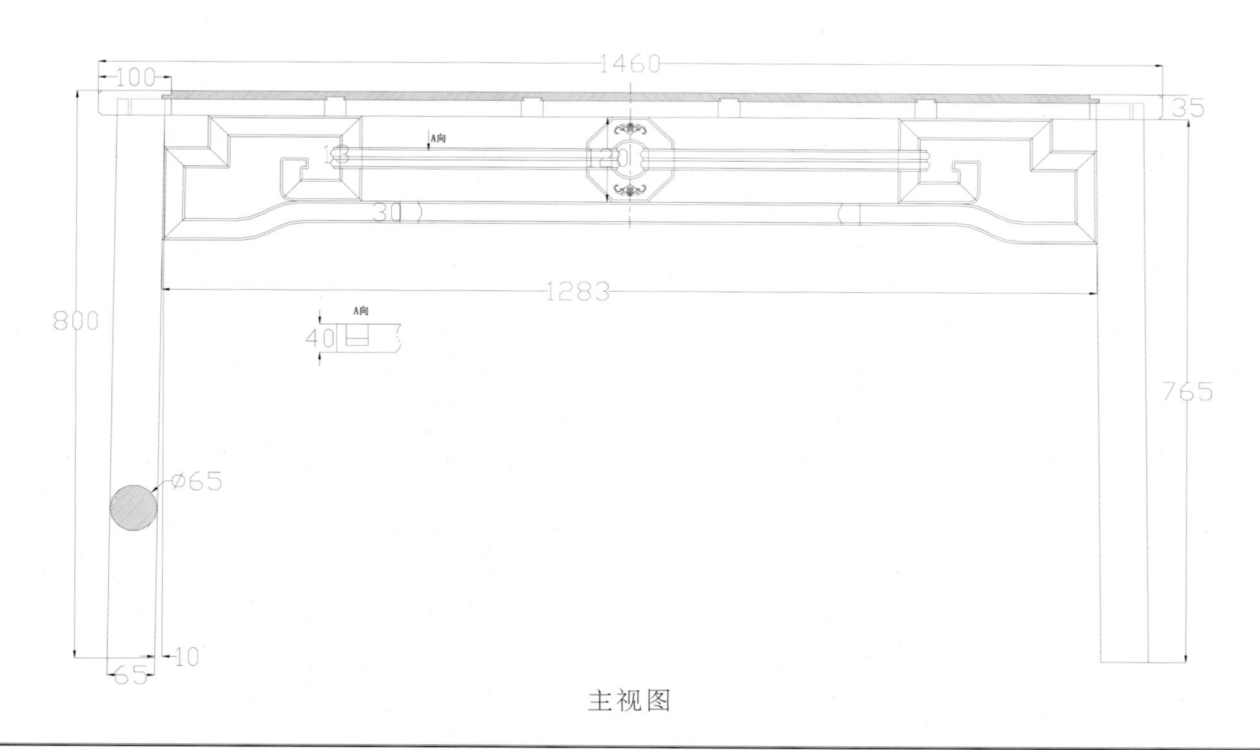

主视图

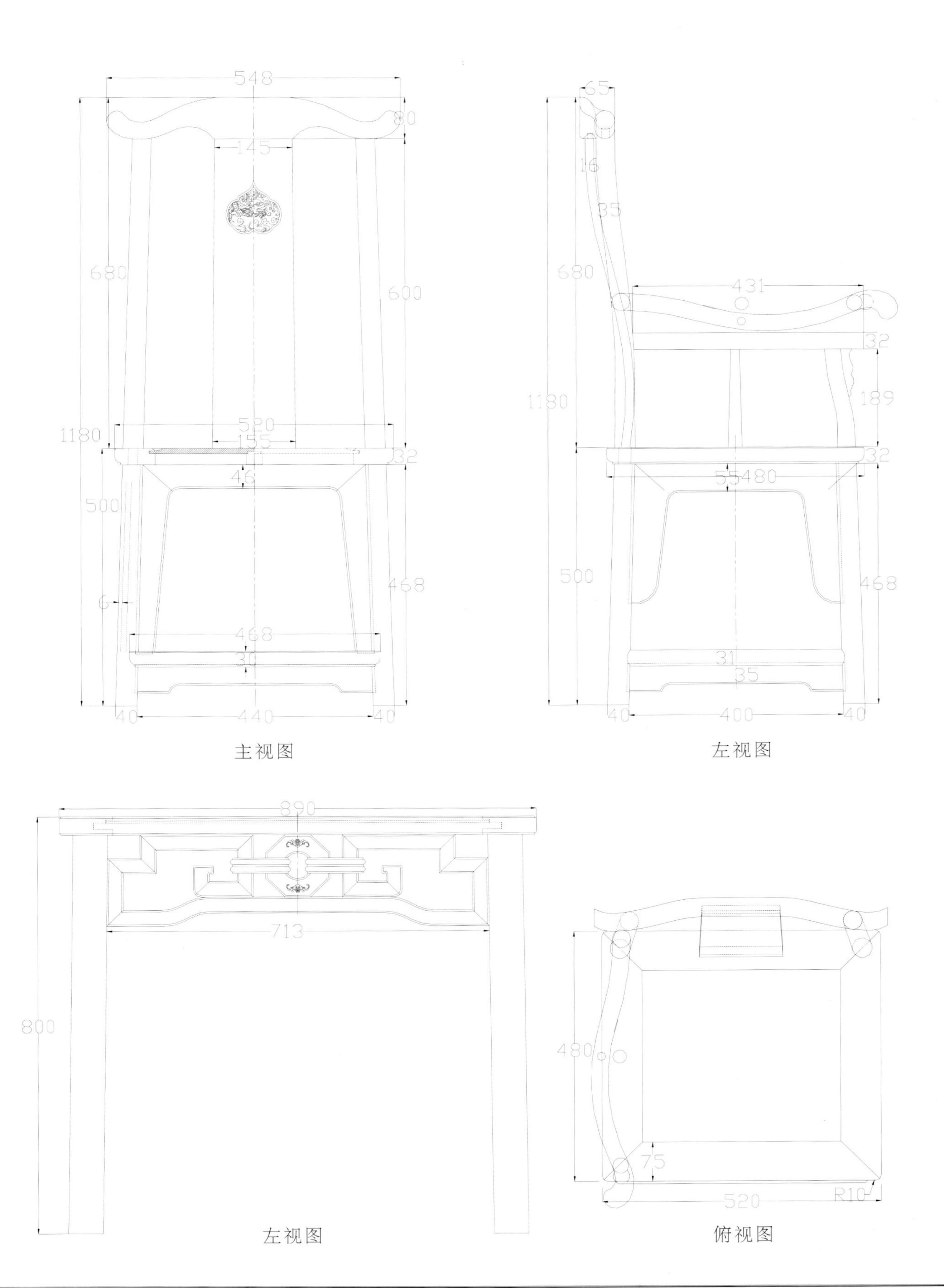

主视图

左视图

左视图

俯视图

笔杆餐台

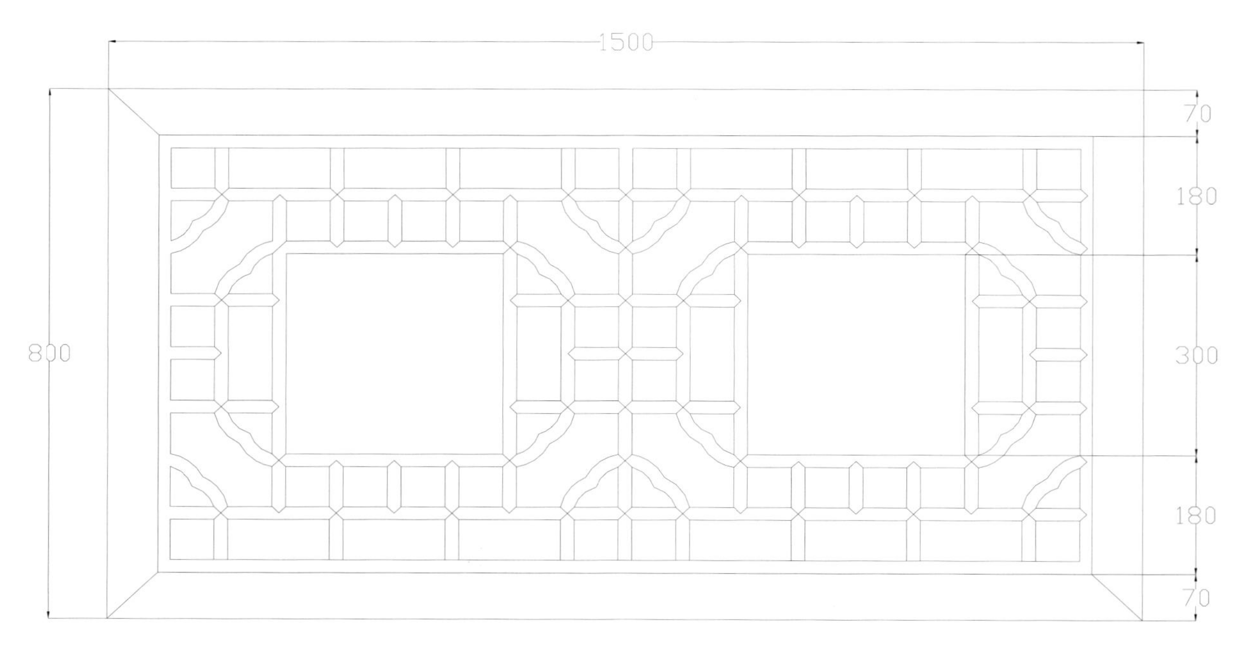

俯视图

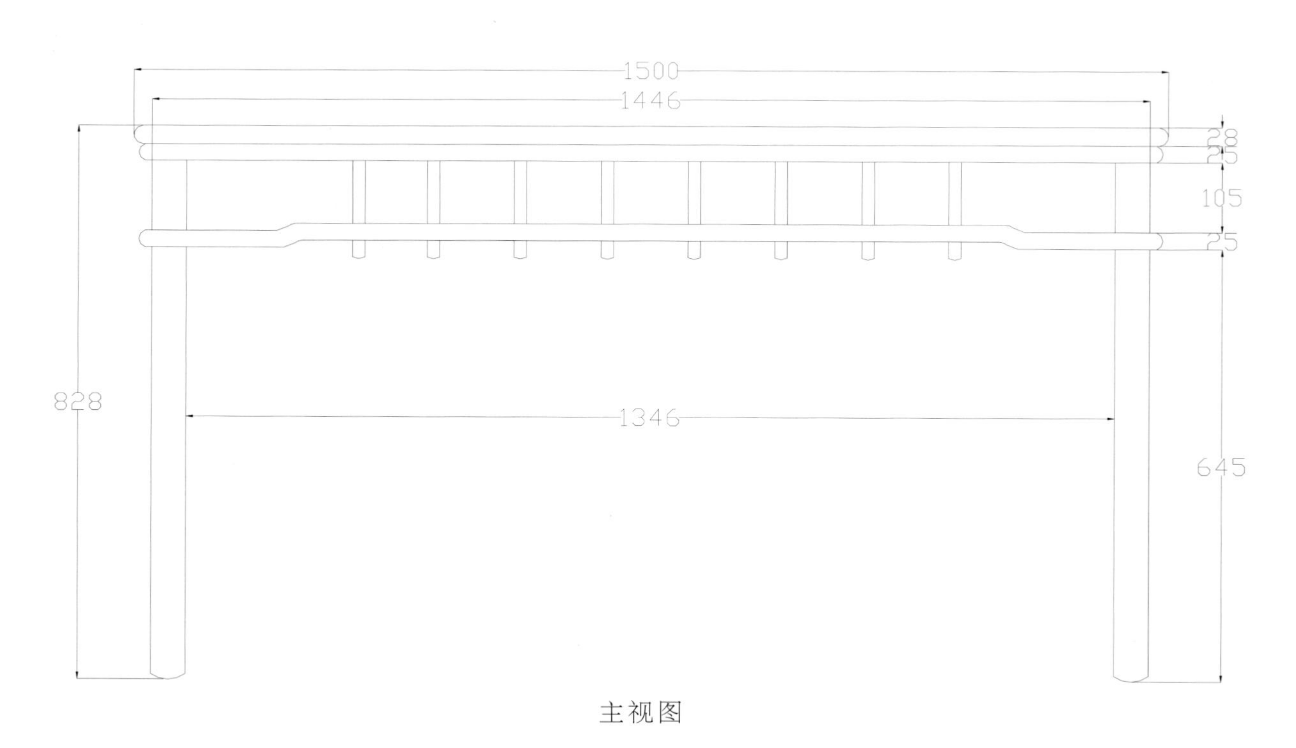

主视图

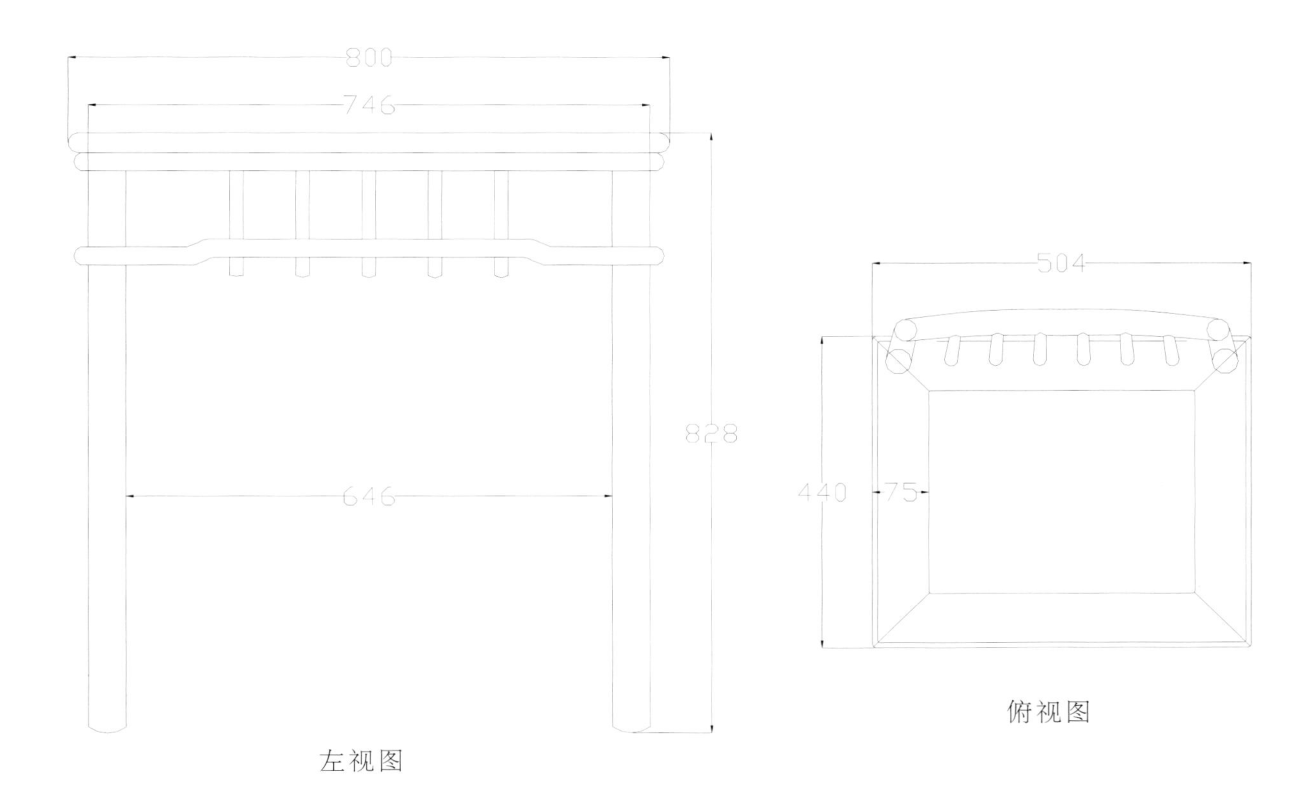

左视图

俯视图

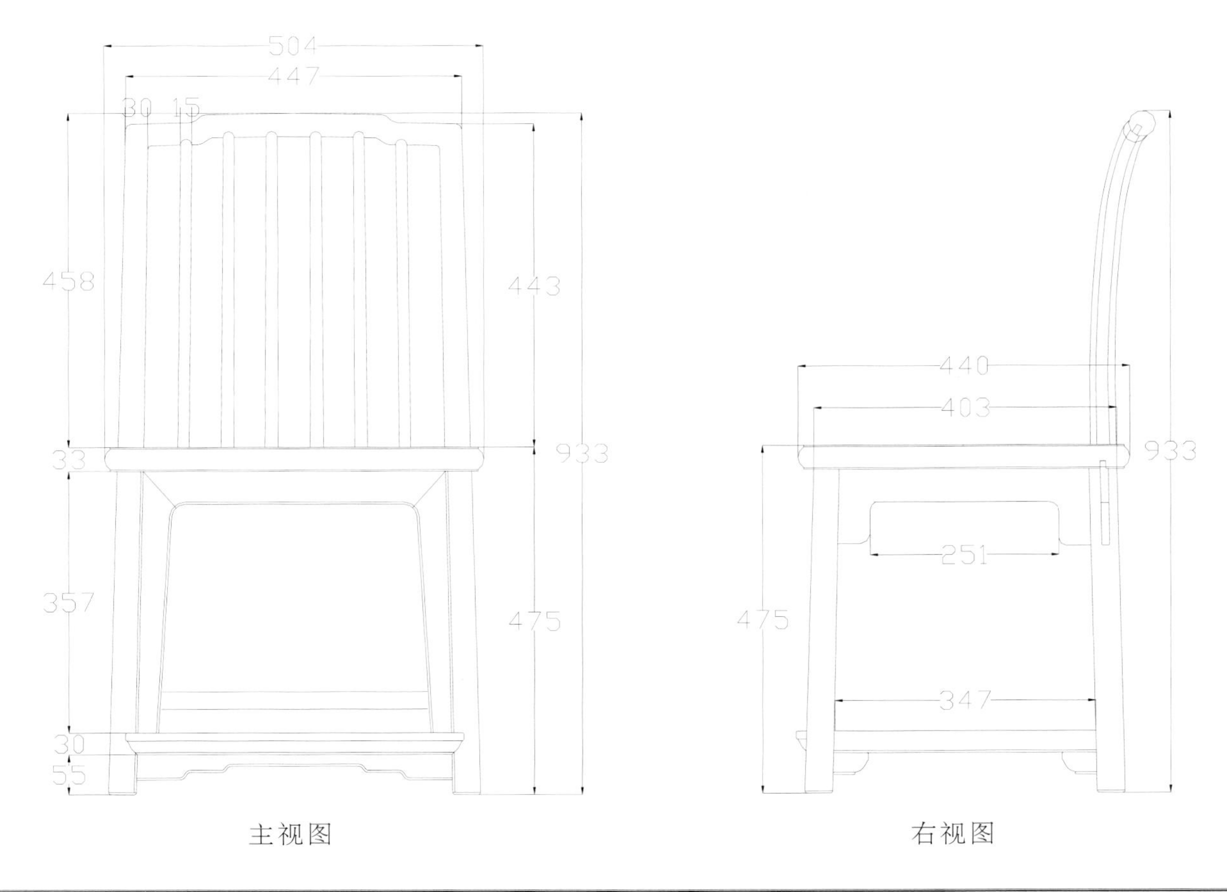

主视图

右视图

笔杆书桌

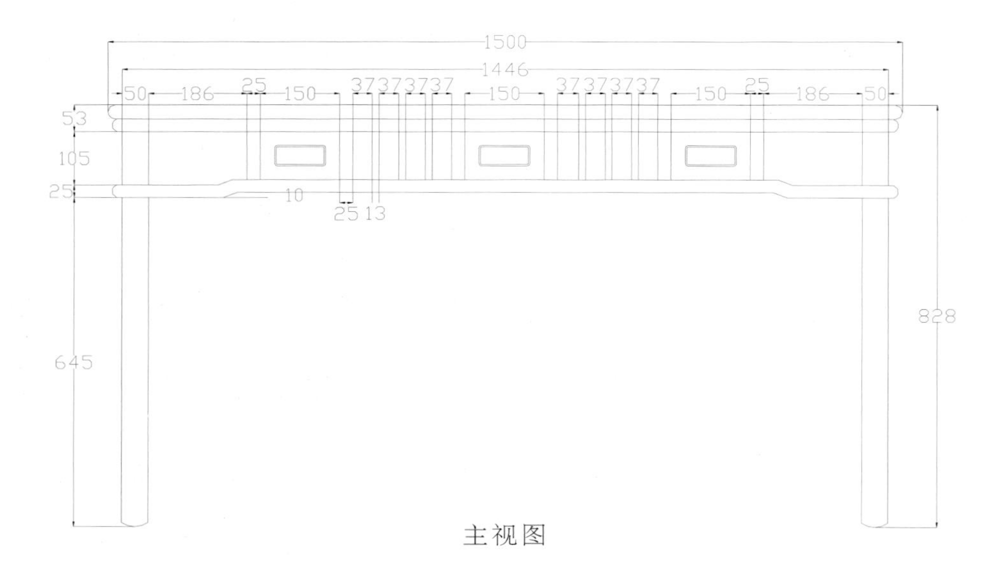
1500
1446
50
186
25
150
37373737
150
37373737
150
25
186
50
53
105
25
10
25
13
645
828
主视图

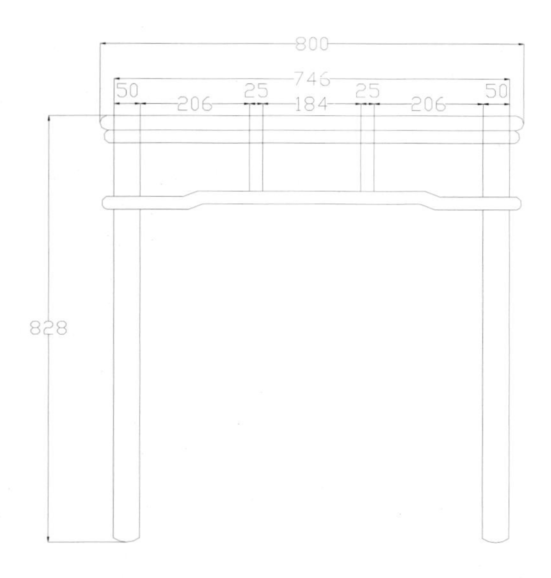
800
746
50
206
25
184
25
206
50
828
左视图

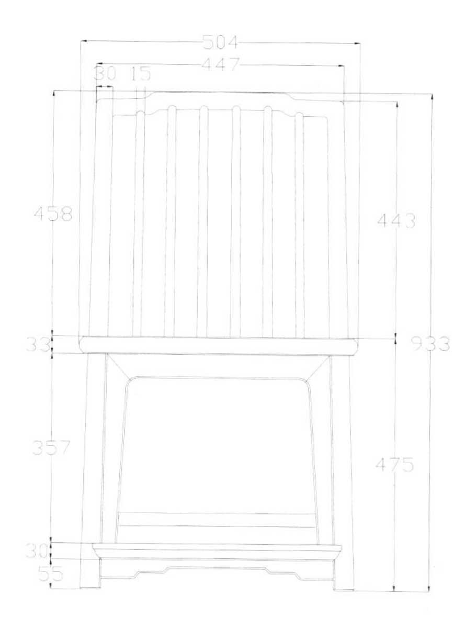
504
447
30 15
458
443
33
933
357
475
30
55

主视图

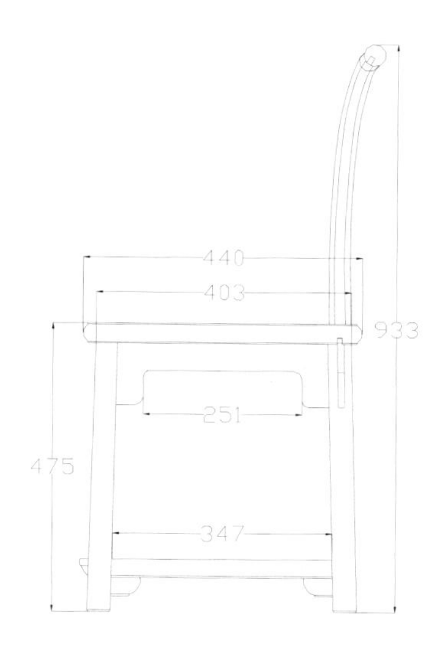
440
403
933
251
475
347

右视图

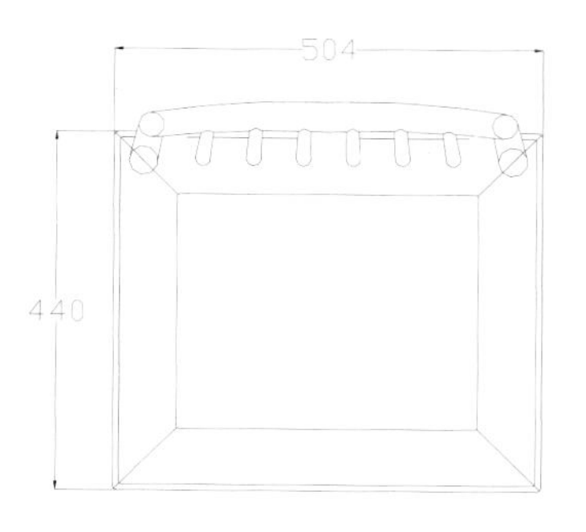
504
440

俯视图

和泰餐台椅

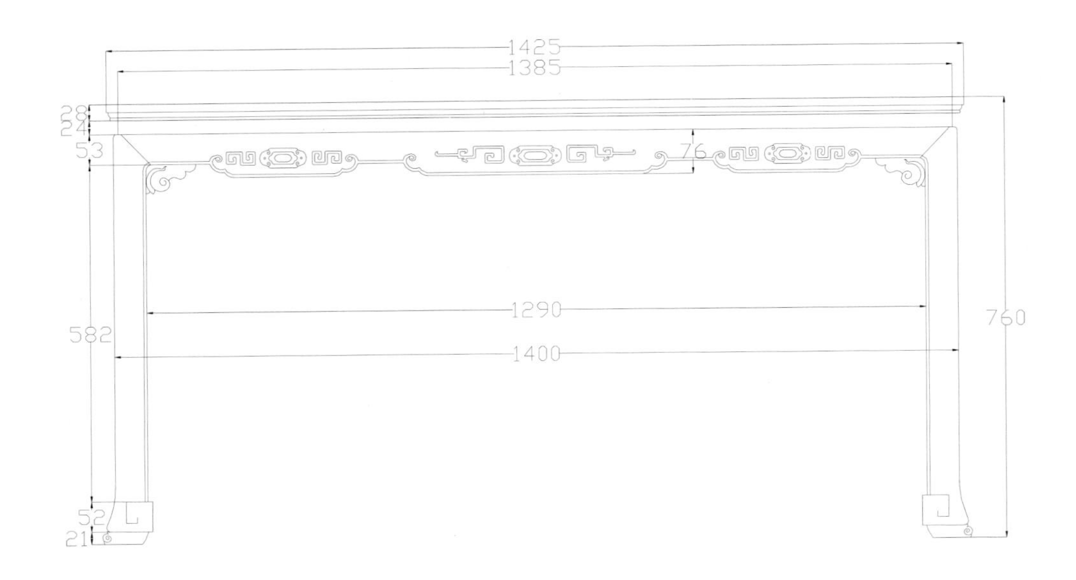

主视图

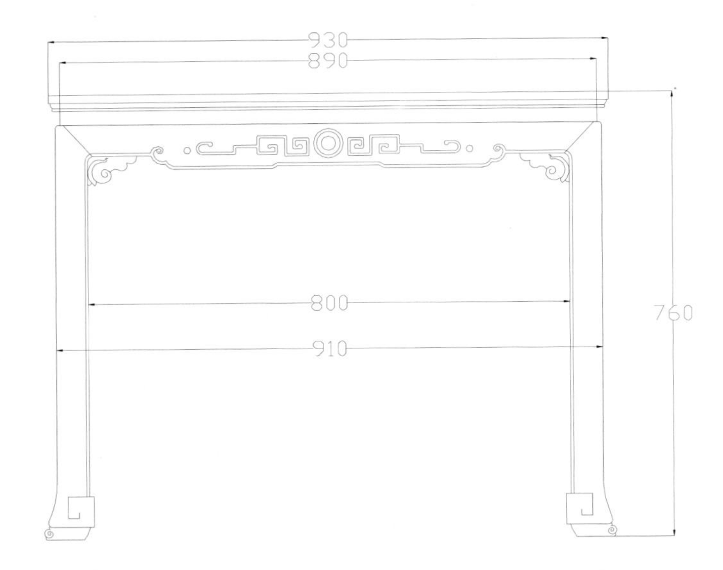

右视图

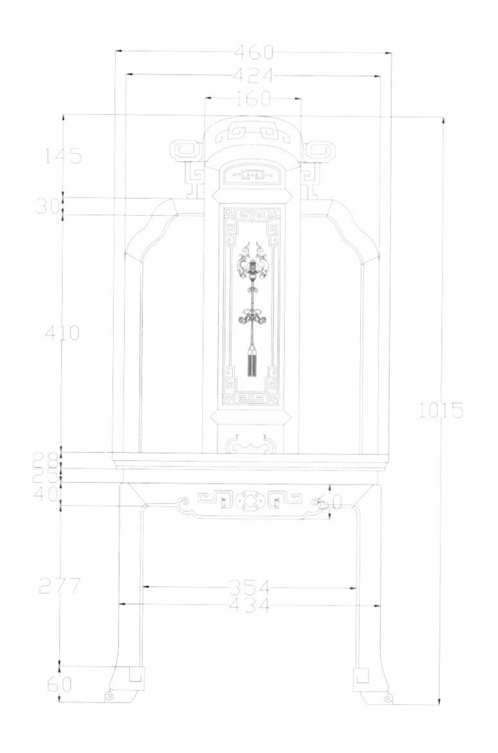
460
424
160
145
30
410
1015
28
25
40
60
277
354
434
60

主视图

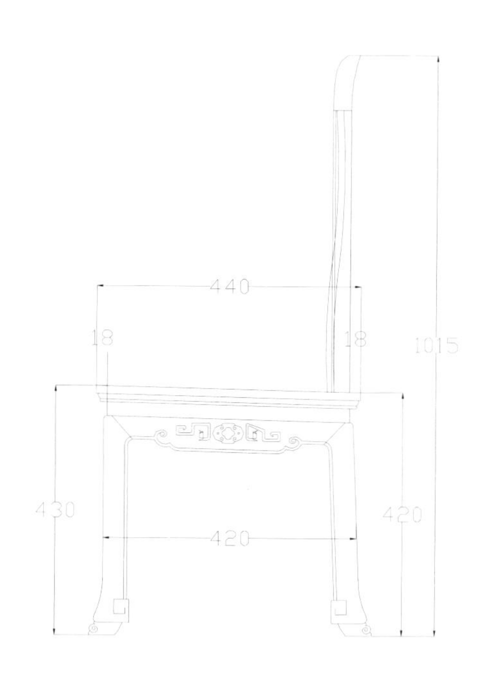
440
18
18
1015
430
420
420

右视图

百福书桌椅

主视图

后视图

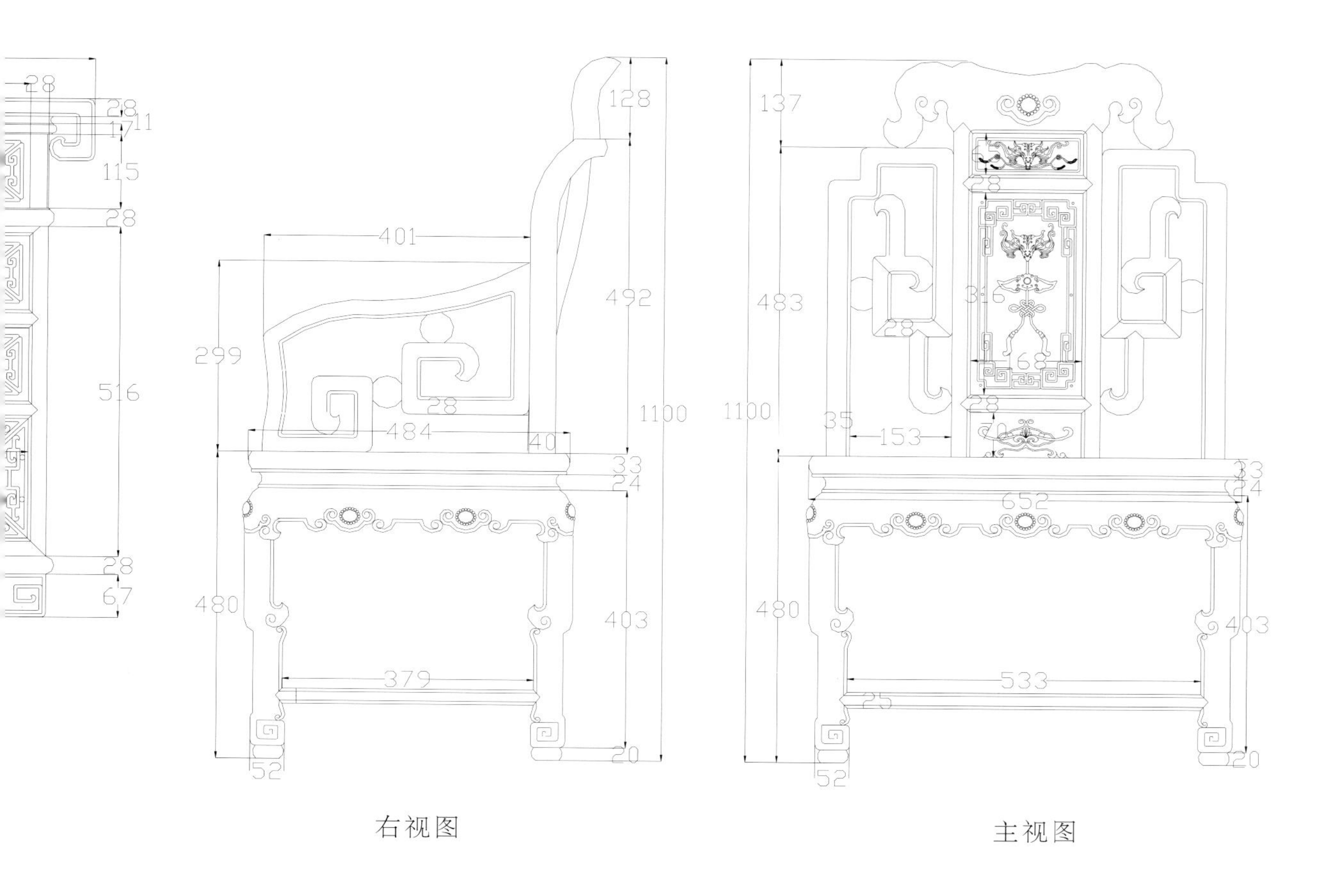
28
28
17
11
115
28
516
28
67
128
401
492
299
484
40
1100
33
24
480
403
379
52
20
137
483
316
168
35
153
652
533
25

右视图　　主视图

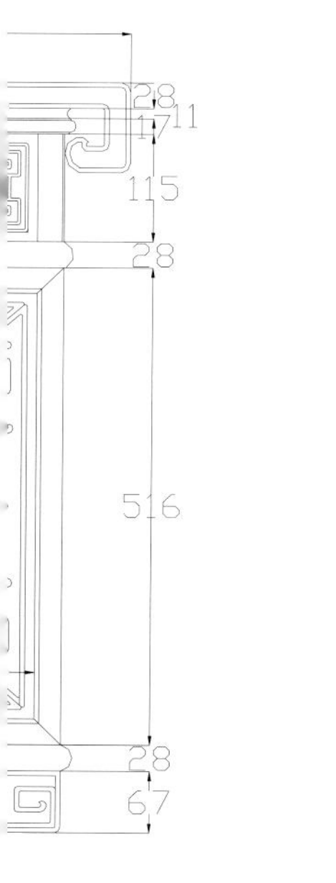
28
17
11
115
28
516
28
67

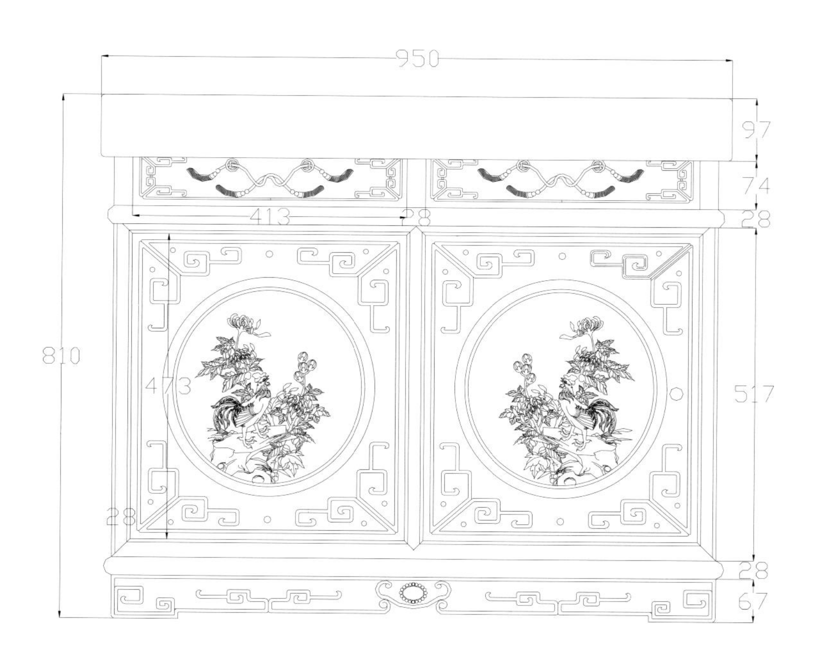
950
97
74
413
28
810
473
517
28
67

左视图

八仙大班台

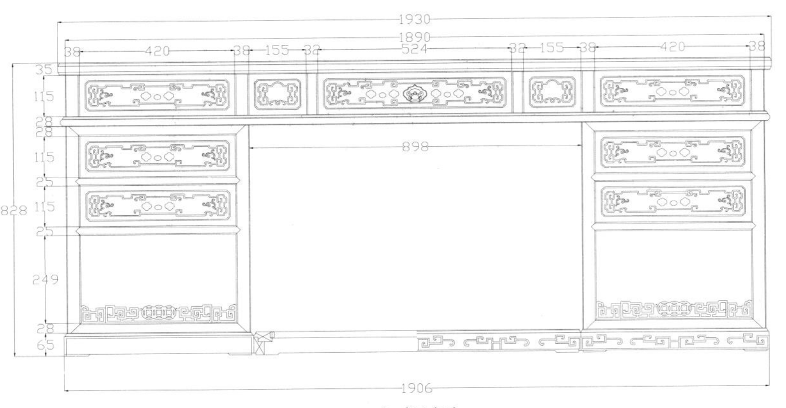

主视图

细节图

后视图

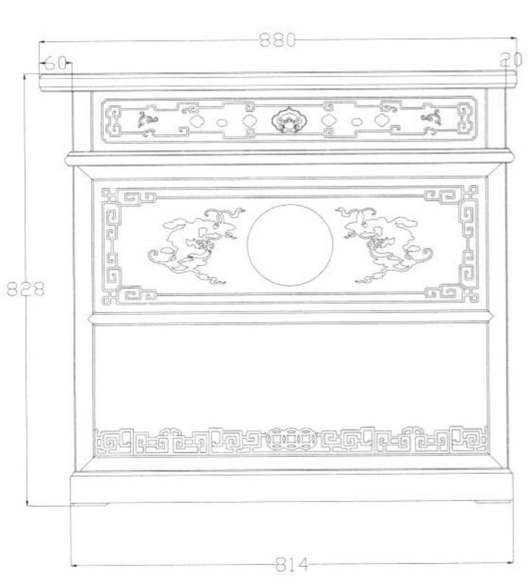

左视图

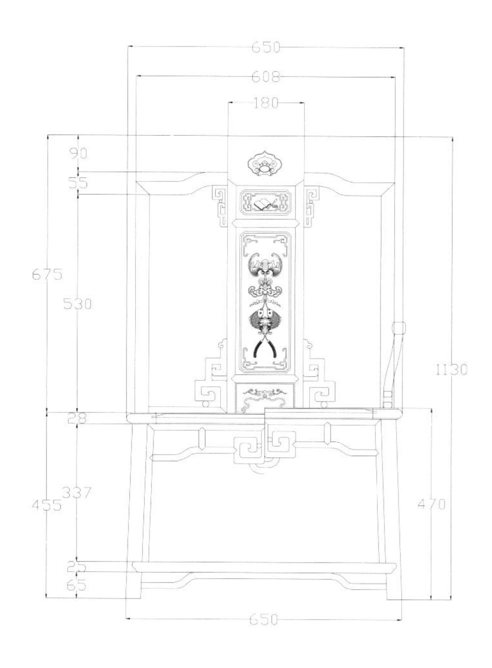
650
608
180
90
55
675
530
1130
28
455
337
470
25
65
650

主视图

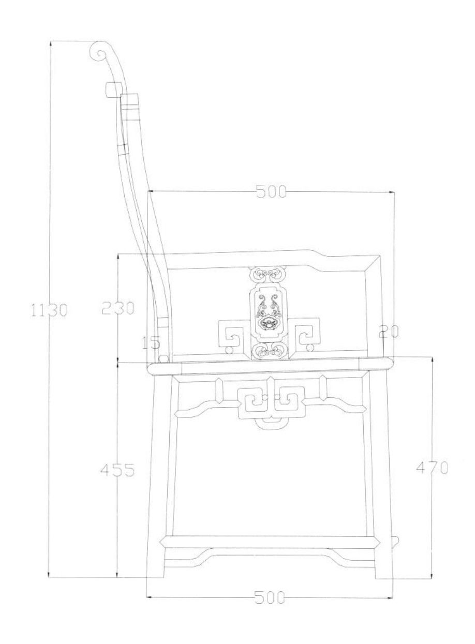
500
1130
230
15
20
455
470
500

左视图

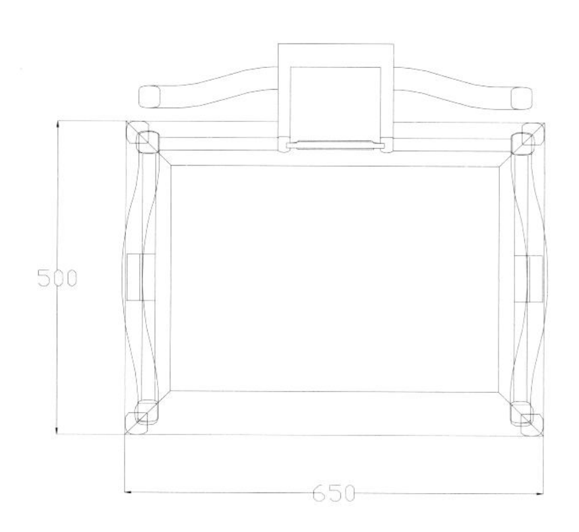
500
650

俯视图

画案两件套

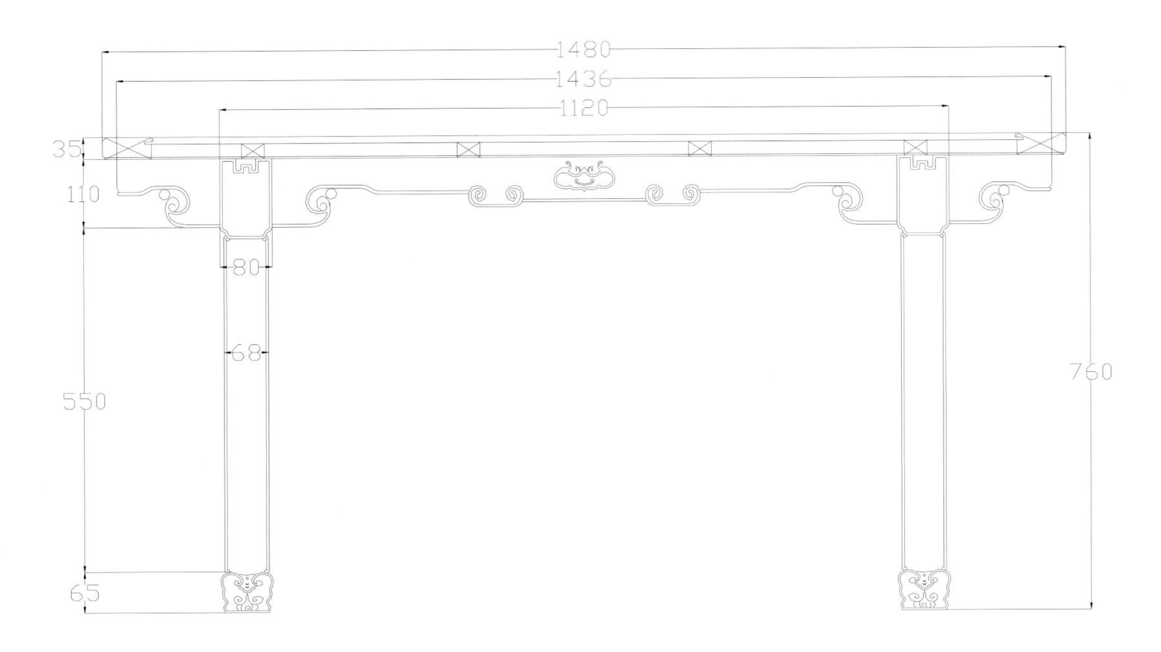

主视图

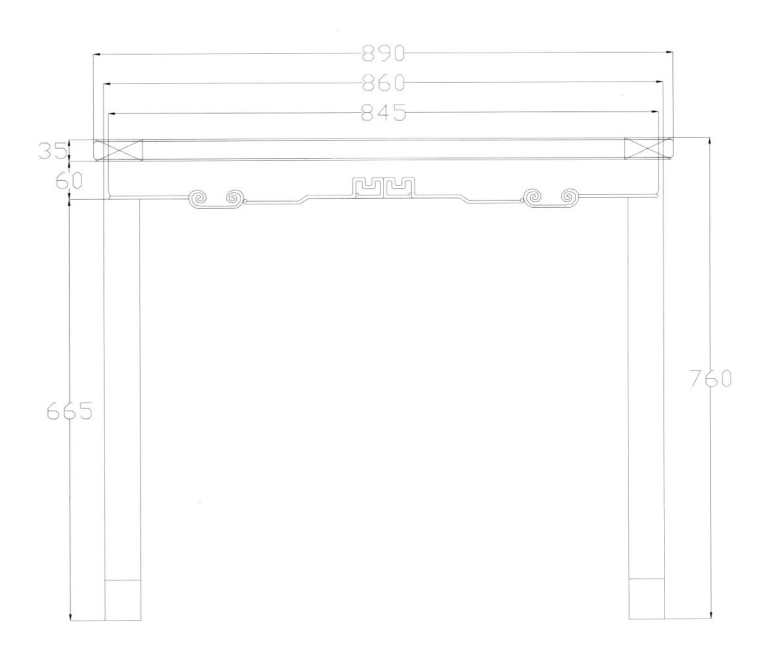

左视图

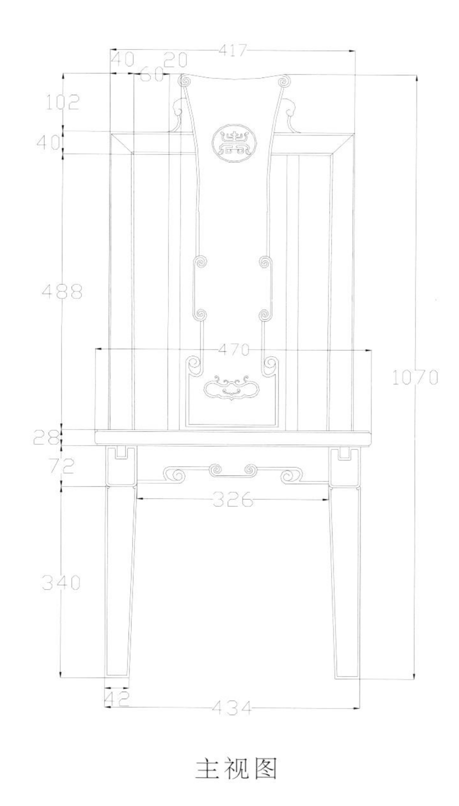
417
40
20
60
102
40
488
470
1070
28
72
326
340
42
434

主视图

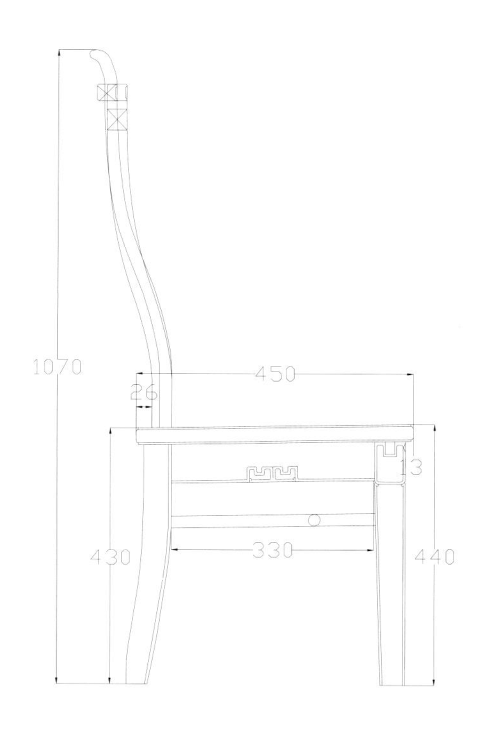
1070
450
26
13
430
330
440

左视图

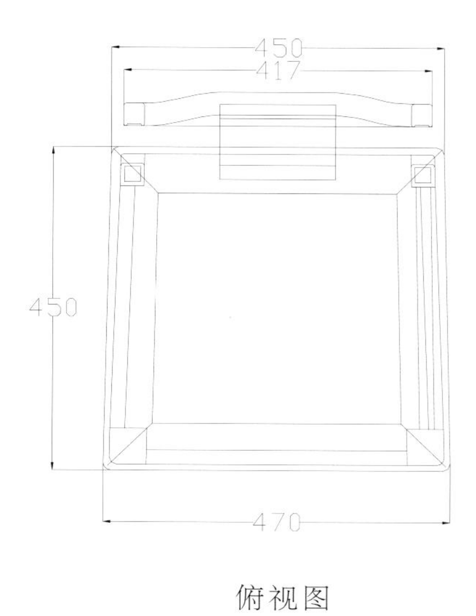
450
417
450
470

俯视图

古韵书桌

1980
38
420
73
420
38
420
73
420
38
35
115
28
28
115
25
115
25
249
28
67
830
38
255
249
420
910
46
404
46
46
902
46
404
46

主视图

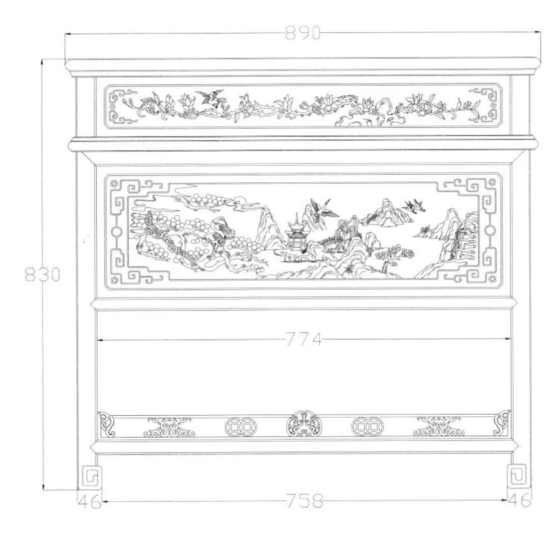
890
830
774
46
758
46

左视图

630
606
218
180
73
215
1020
28
25
35
22
427
546
48
524
48

主视图

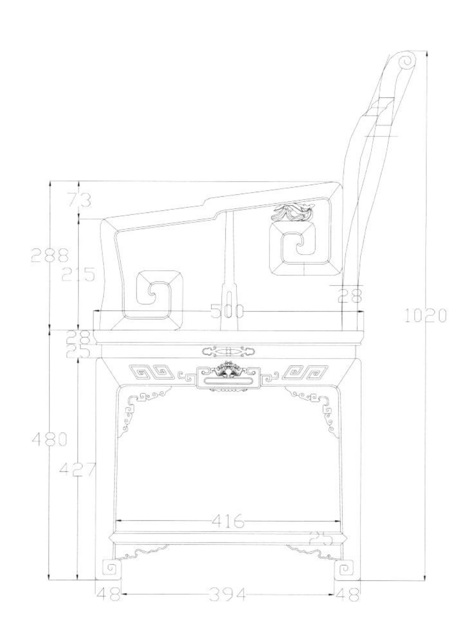
73
288
215
28
500
1020
28
25
480
427
416
25
48
394
48

左视图

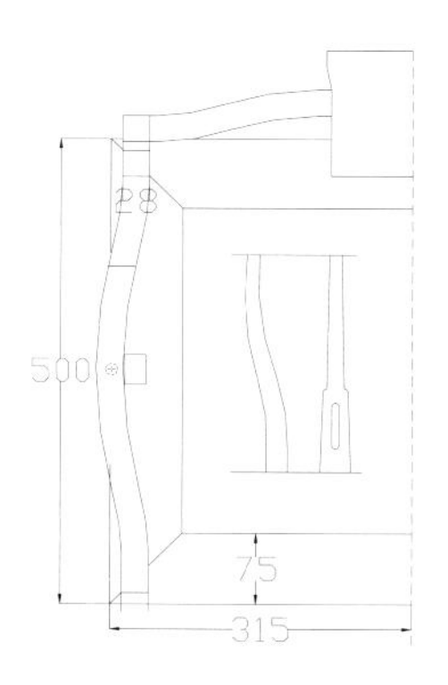
28
500
75
315

俯视图

冰心茶桌五件套

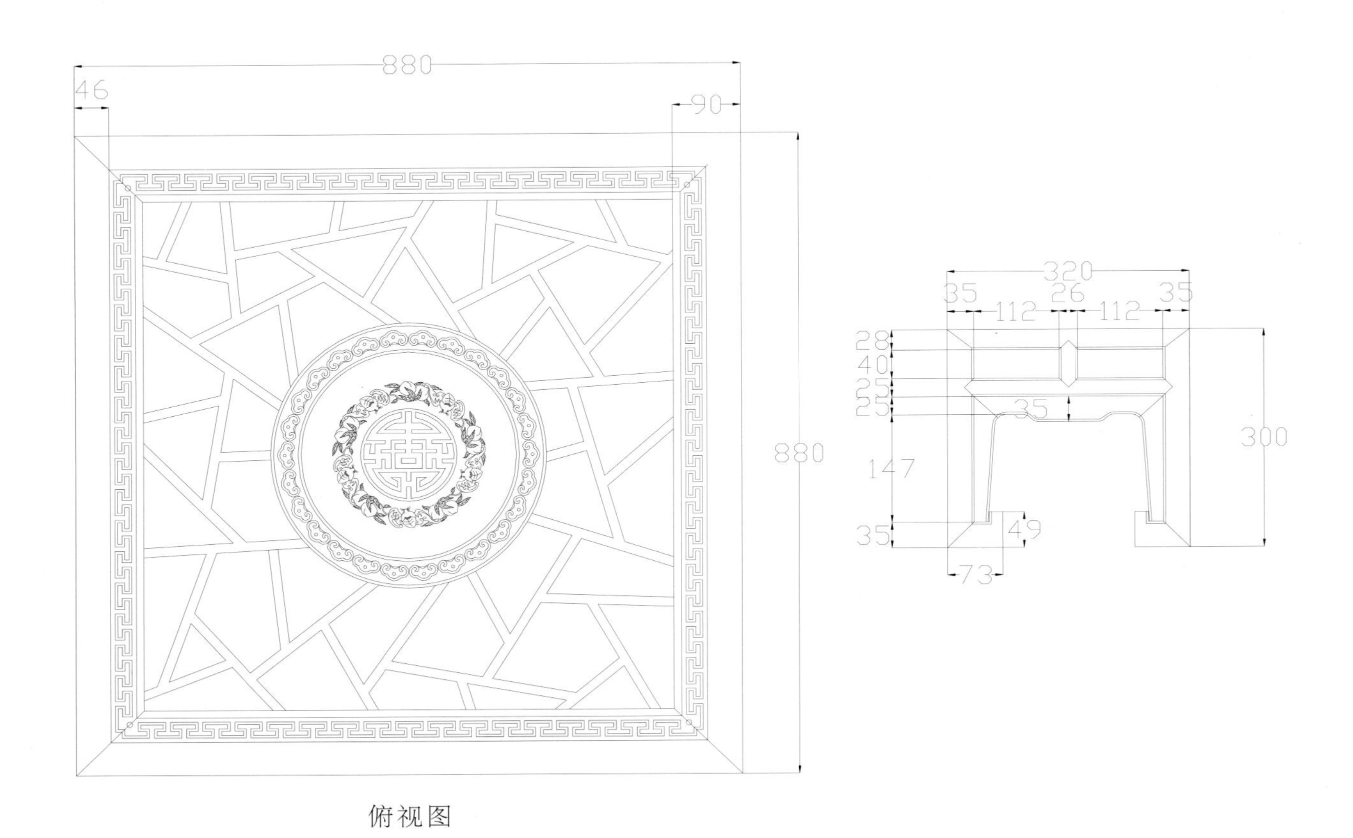

俯视图

主视图

清式灵芝太师椅

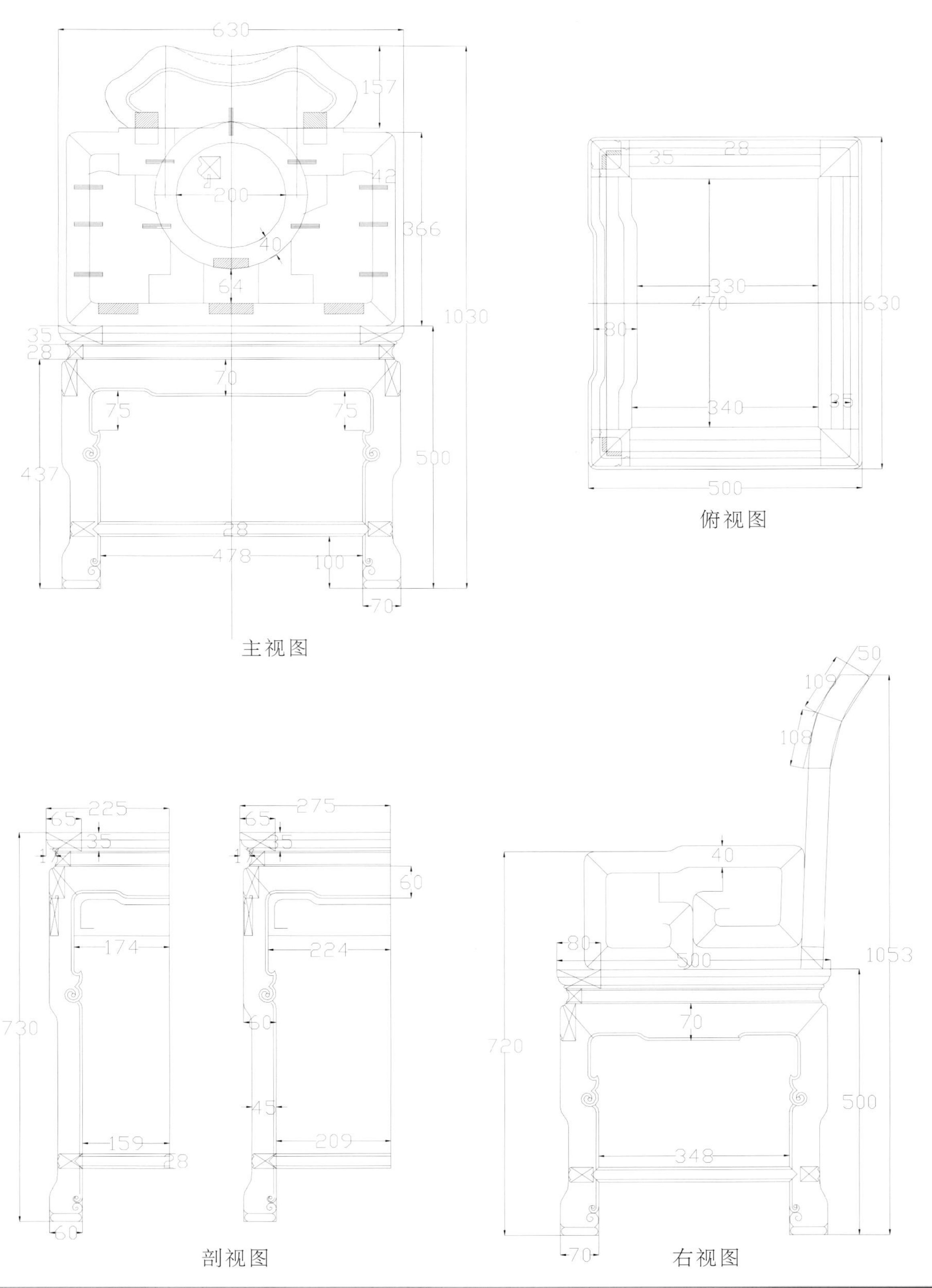

630
157
1030
366
42
200
40
64
35
28
70
75
75
437
500
28
478
100
70
主视图
35
28
330
470
630
80
340
35
500
俯视图
50
109
108
225
65
35
17
730
174
159
28
60
275
65
35
17
60
224
60
45
209
40
80
500
1053
720
70
500
348
70
剖视图
右视图

清式绳壁纹茶几

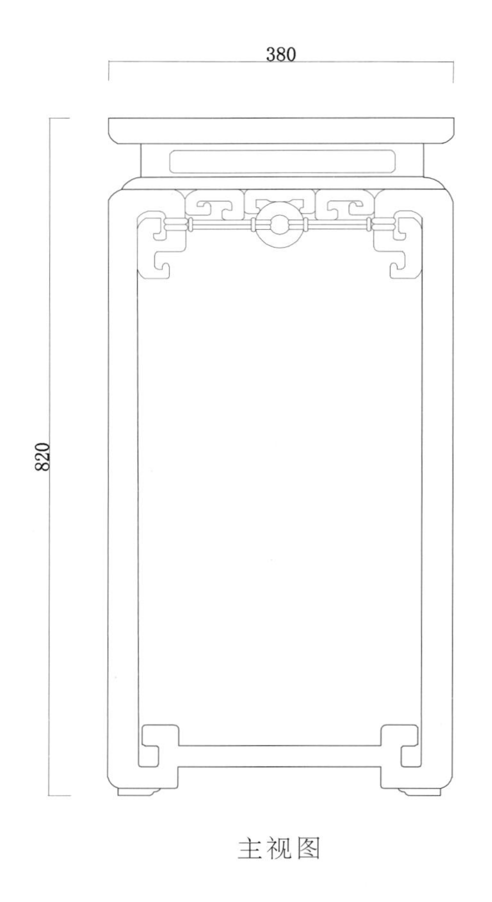

主视图

380

820

左视图

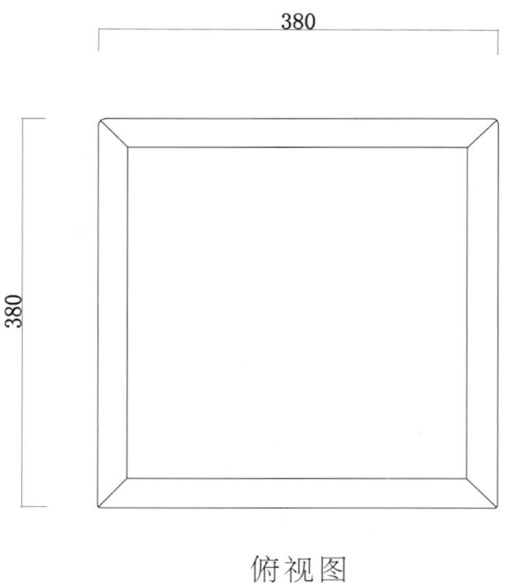

俯视图

清式卷草纹茶几

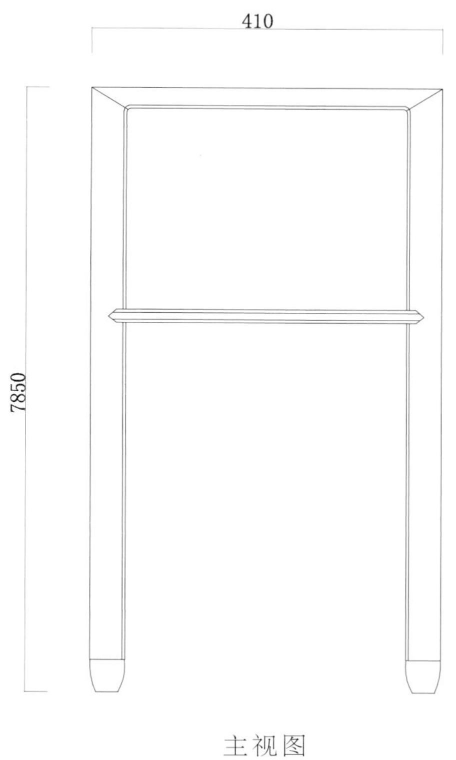

主视图

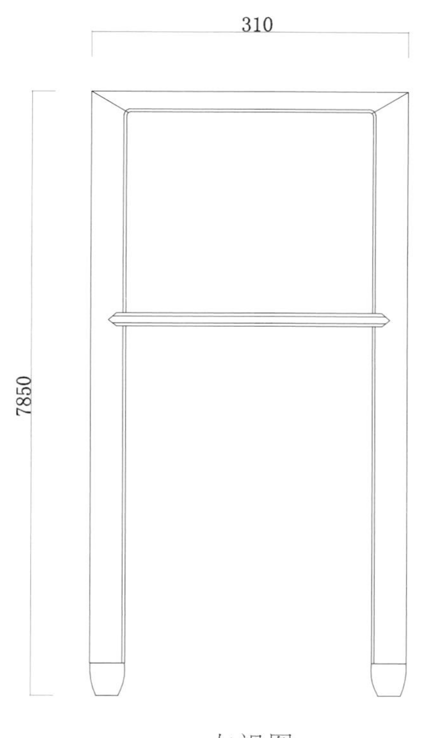

左视图

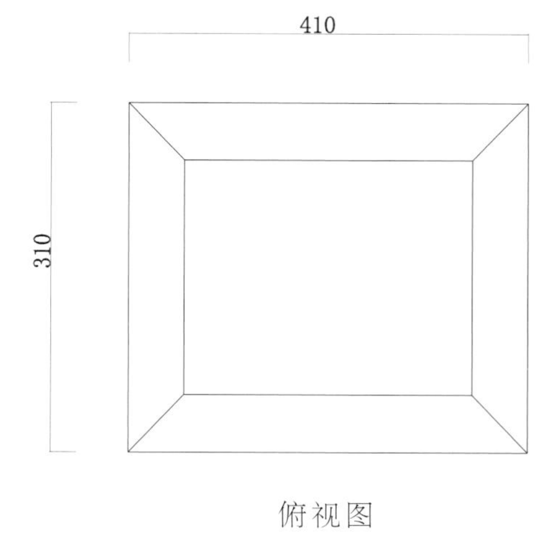

俯视图

清式桃蝠纹茶几

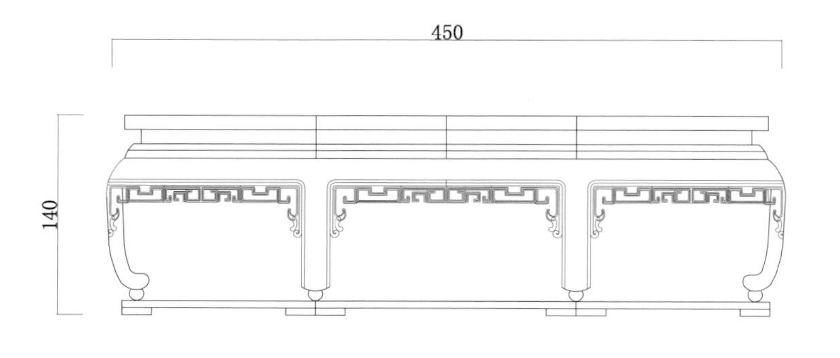

主视图

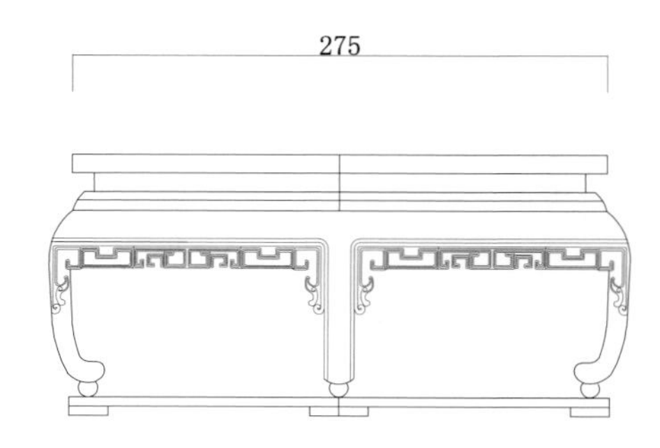

左视图

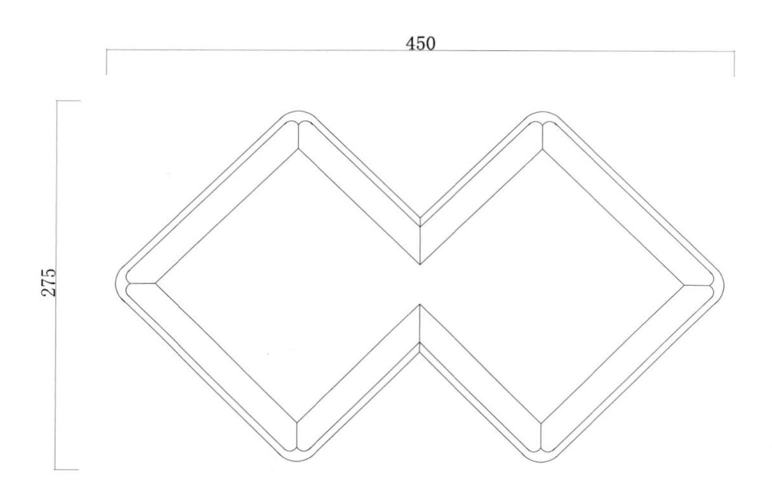

俯视图

清式长方草纹茶几

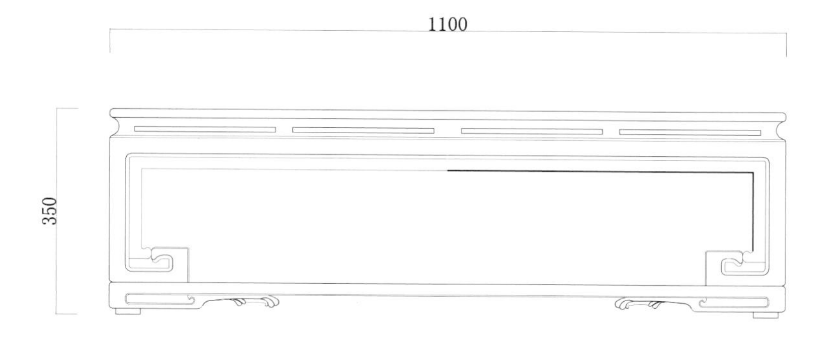

主视图

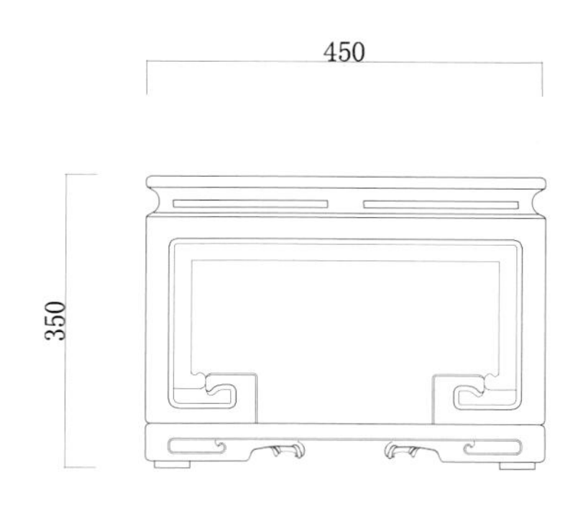

左视图

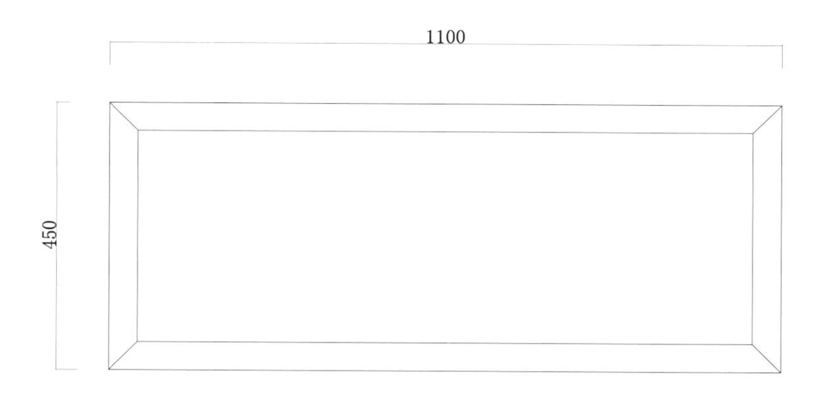

俯视图

清式桃蝠纹茶几

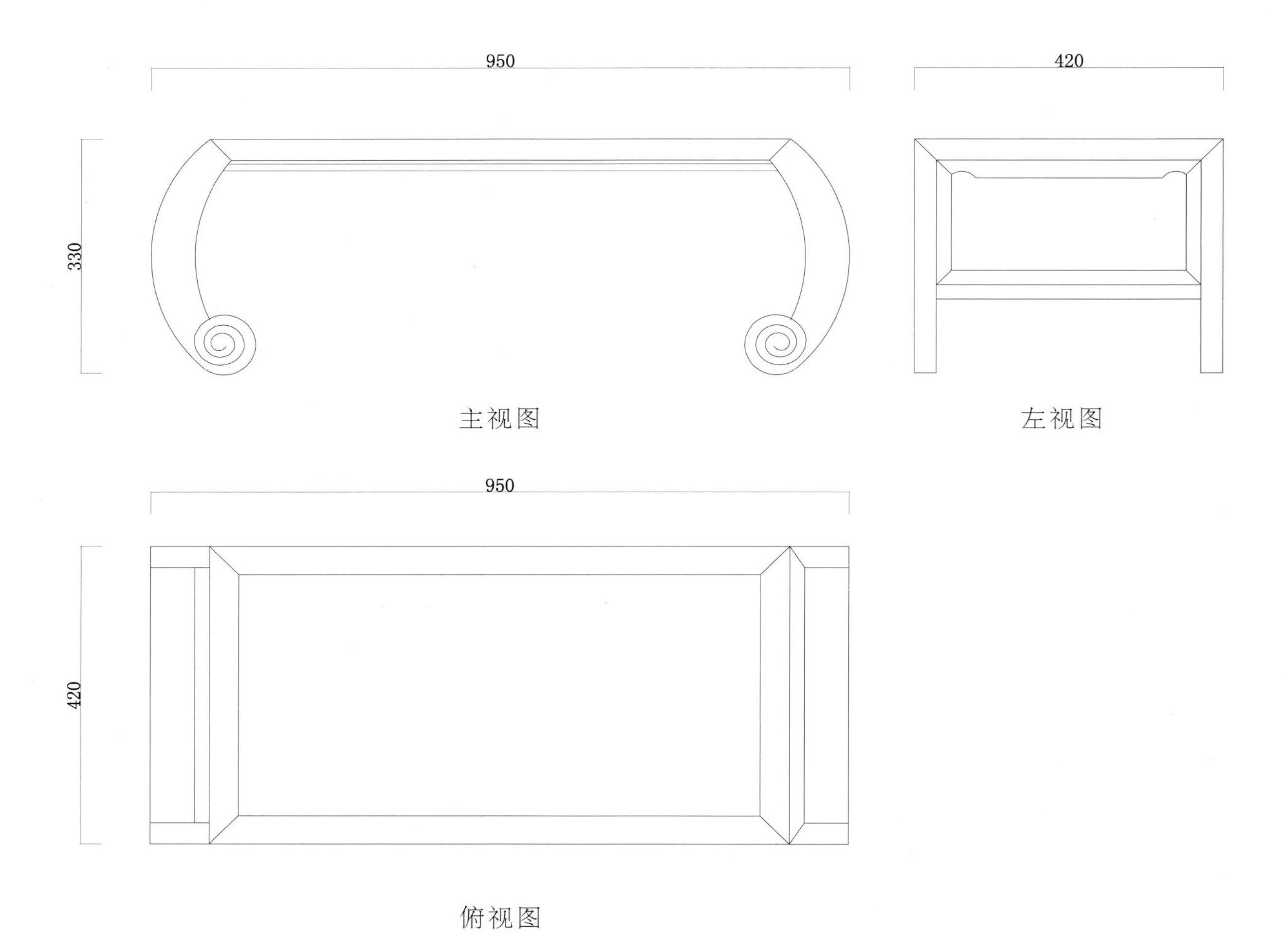

清式草纹炕几

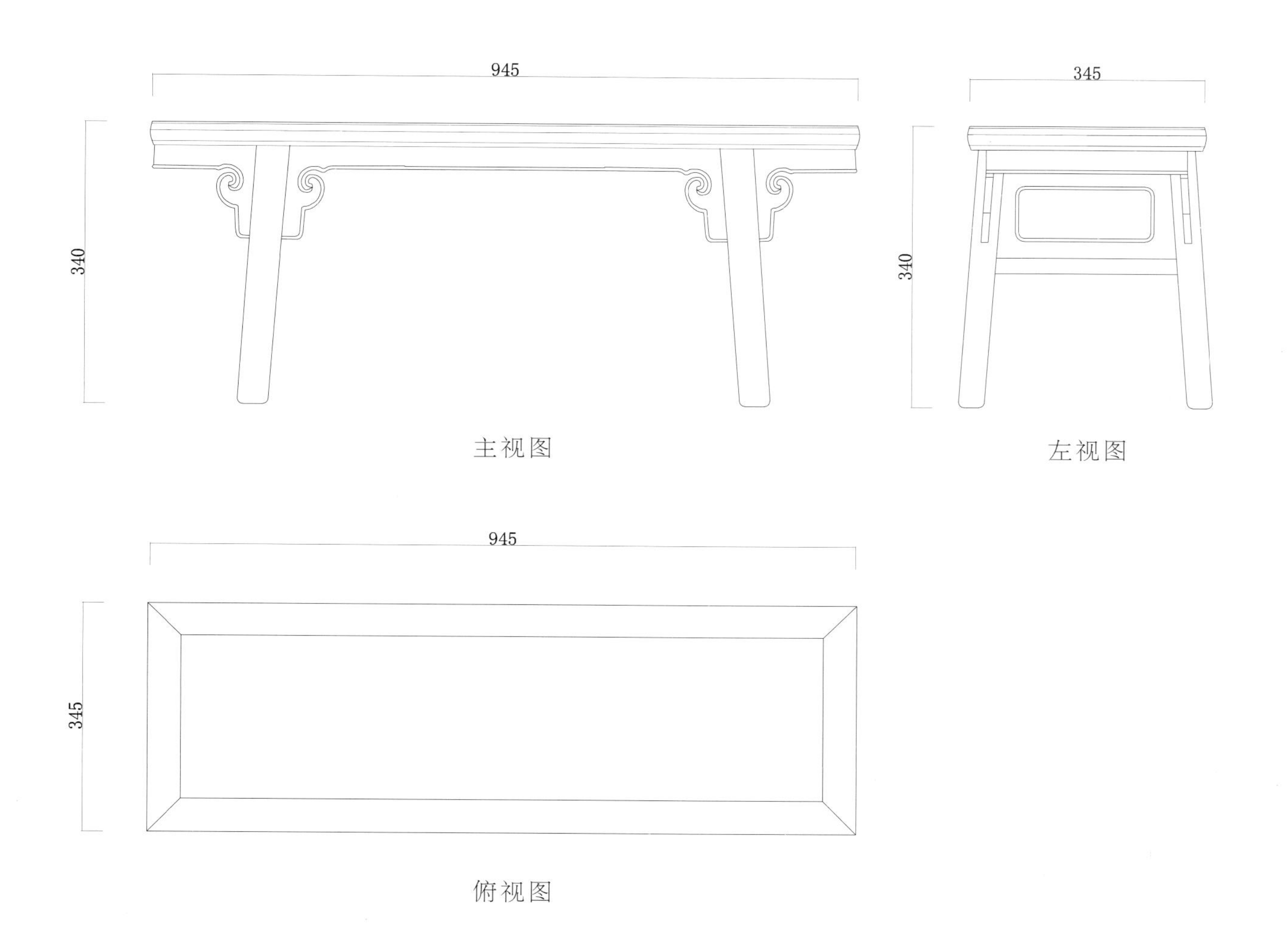

清式方炕几木面炕几

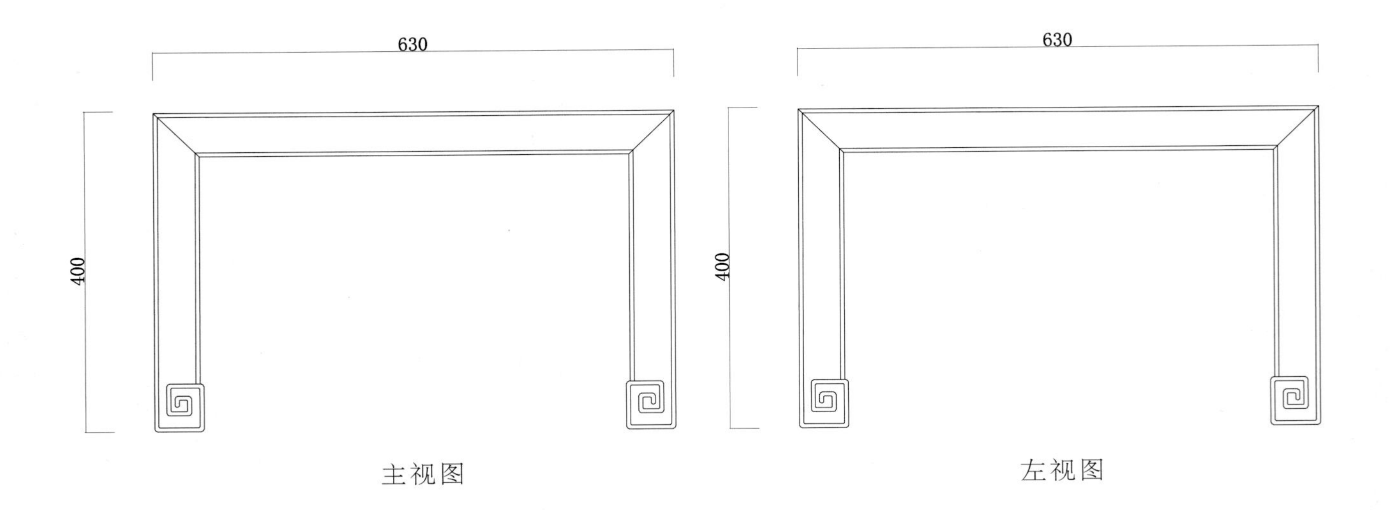

主视图　　　　左视图

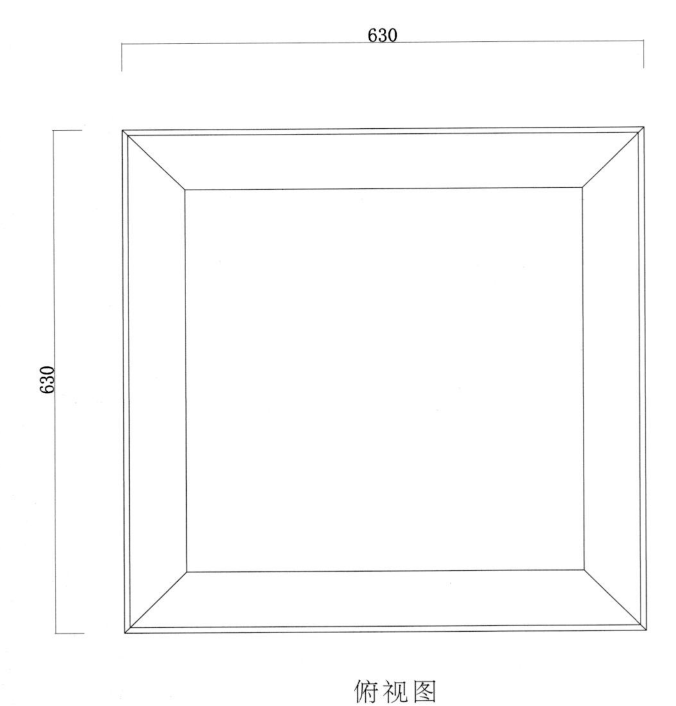

俯视图

清式大理石炕几

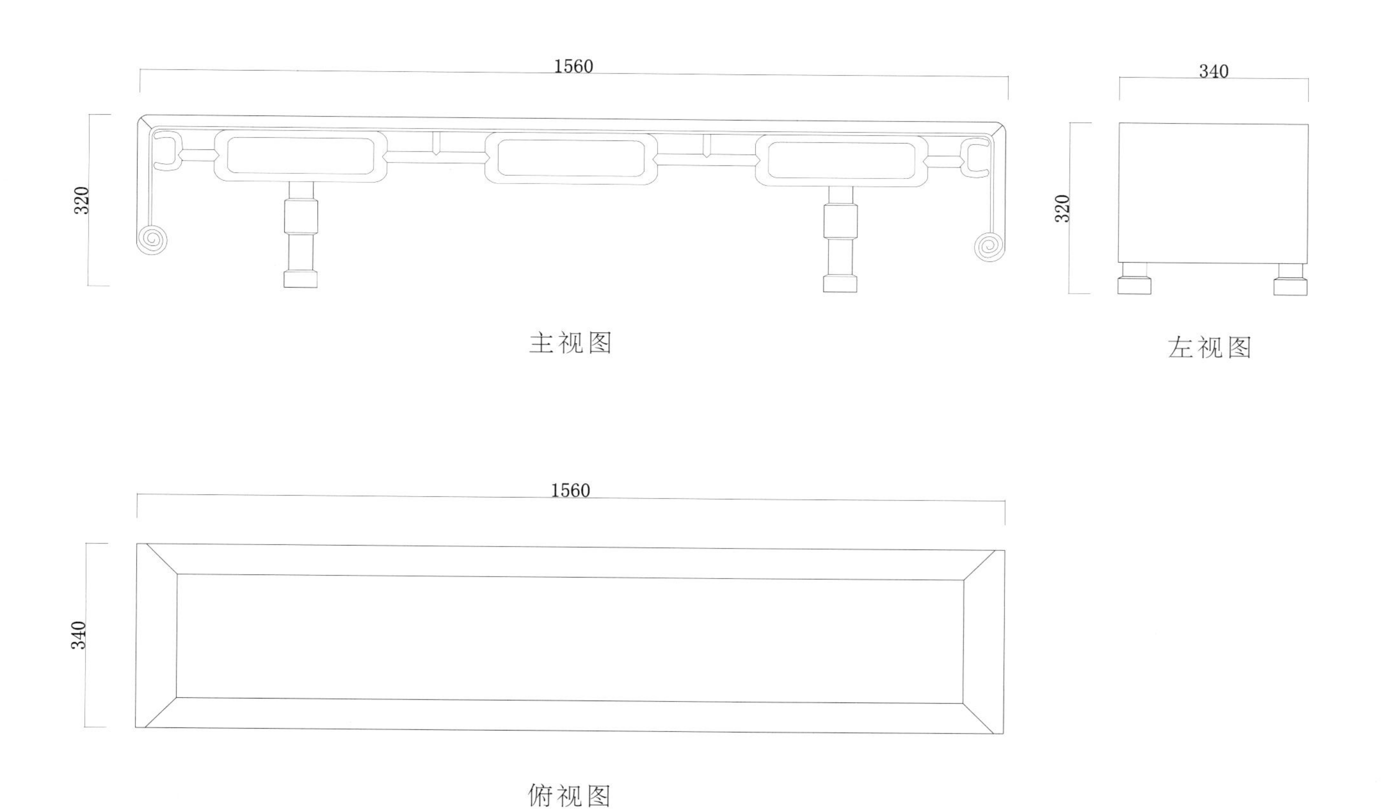

明式透雕云纹炕几

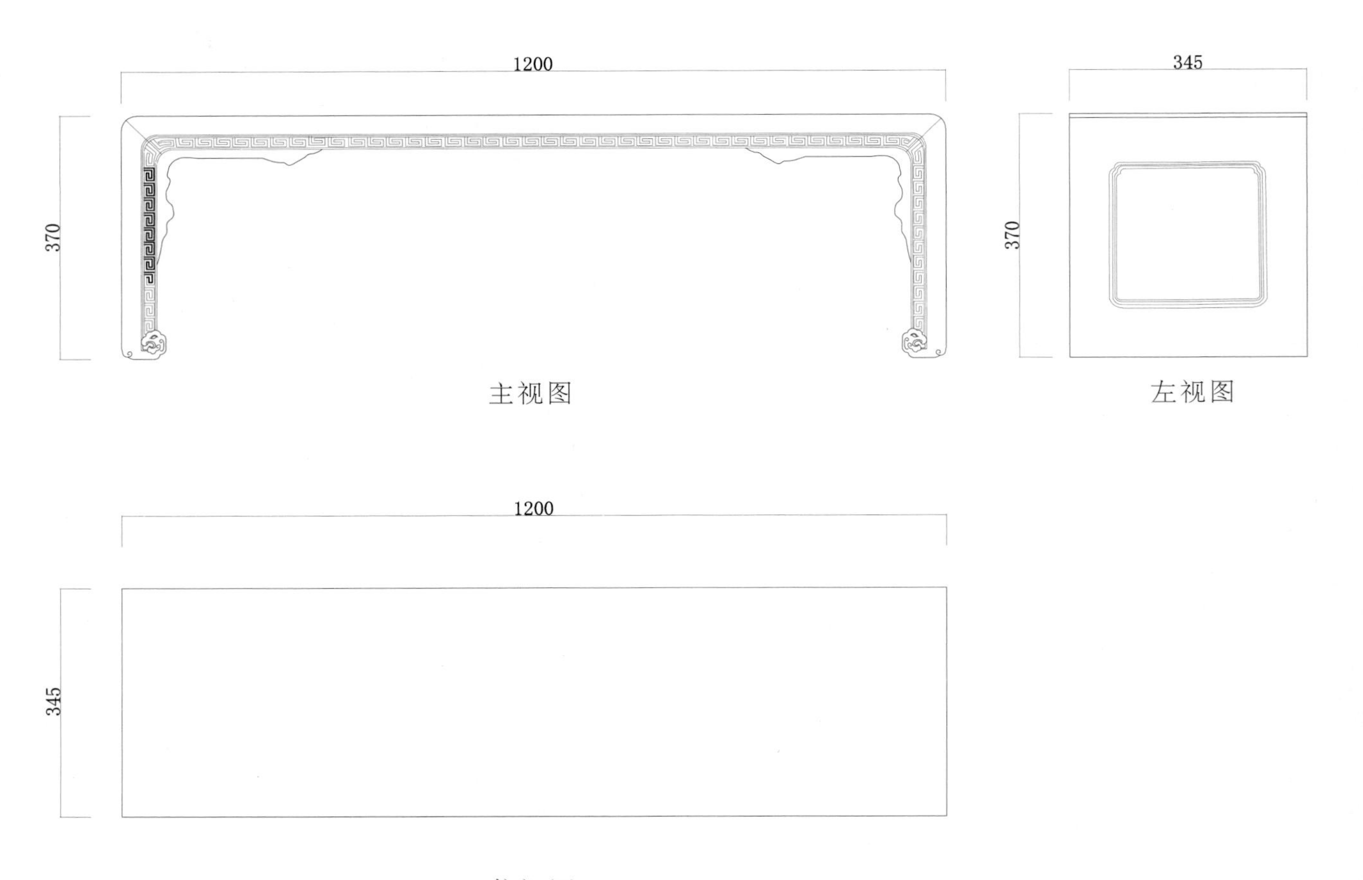

清式书卷式炕几

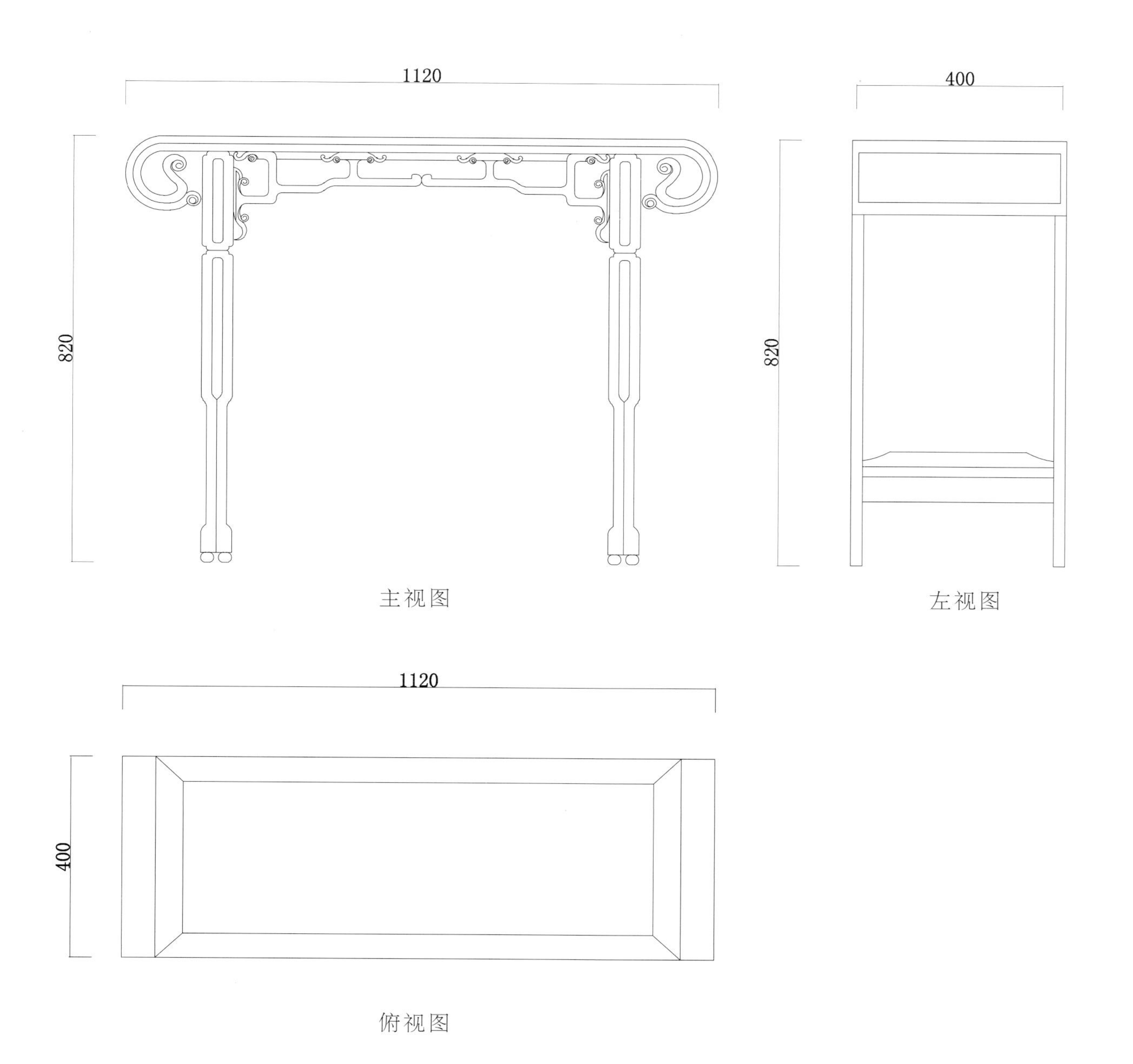

主视图

左视图

俯视图

清式拐子龙下卷雕云纹炕几

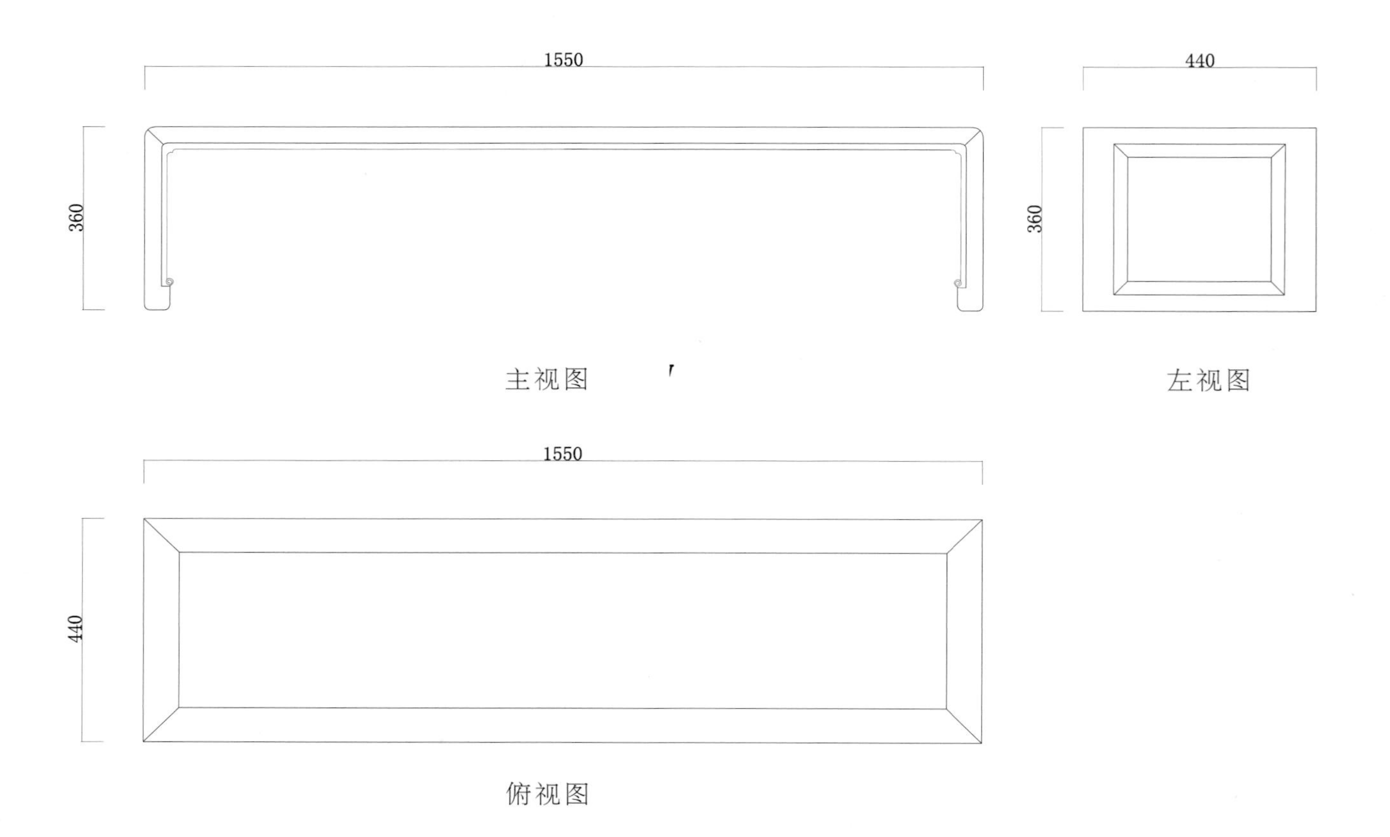

清式紫檀灯笼

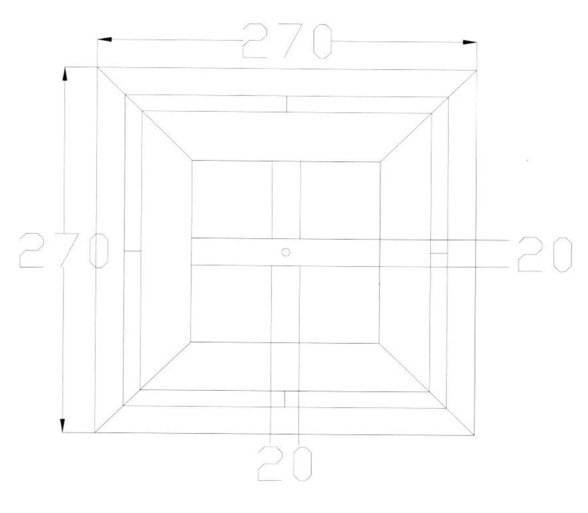

俯视图

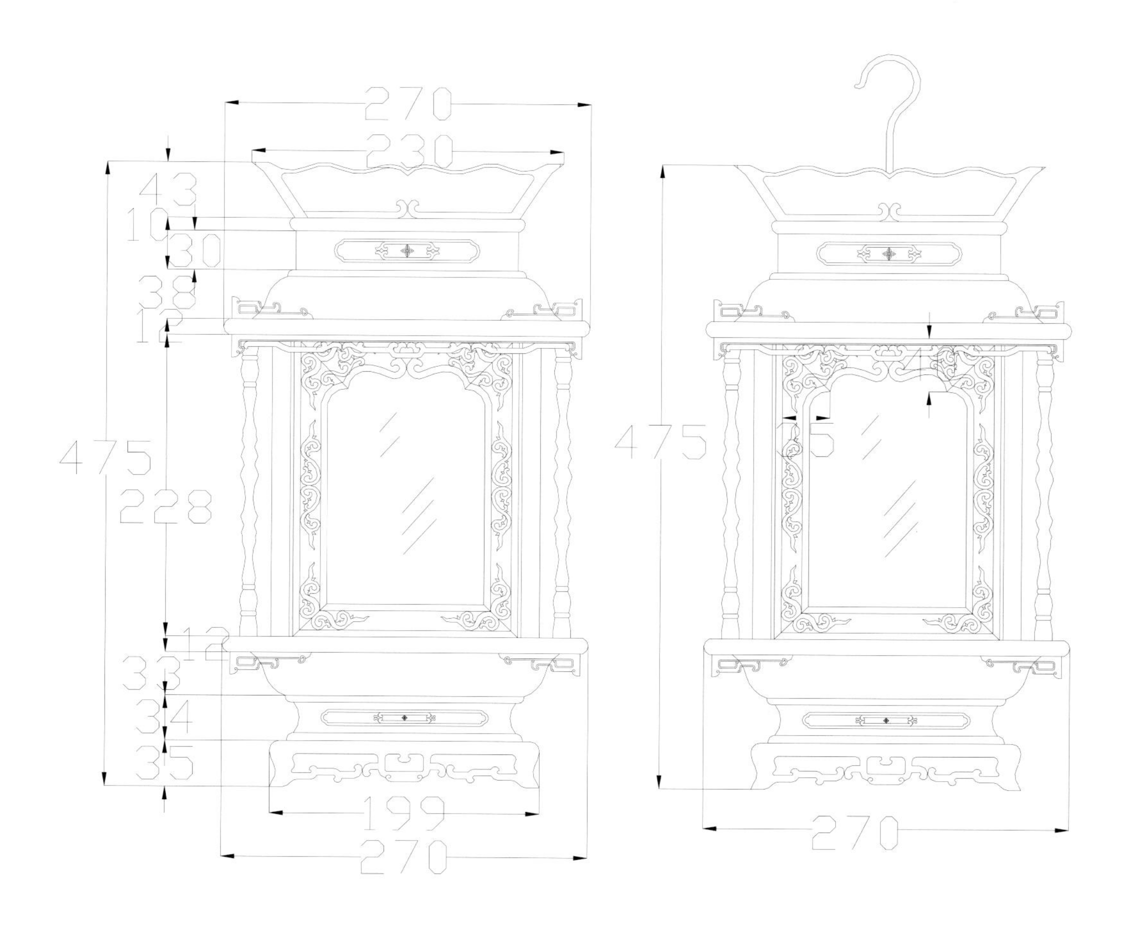

主视图　　　　左视图

清式云纹紫檀灯笼

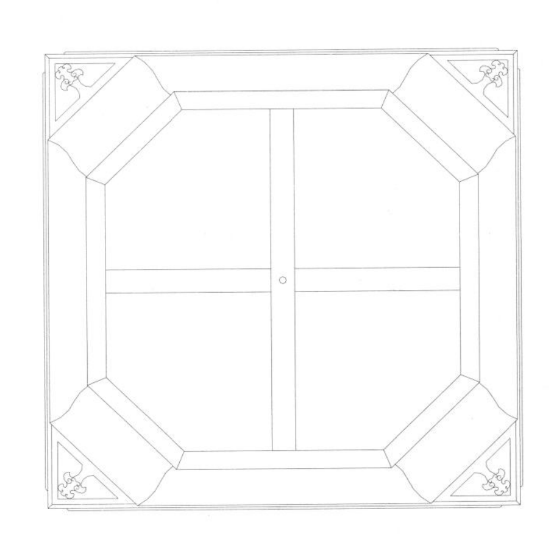

俯视图

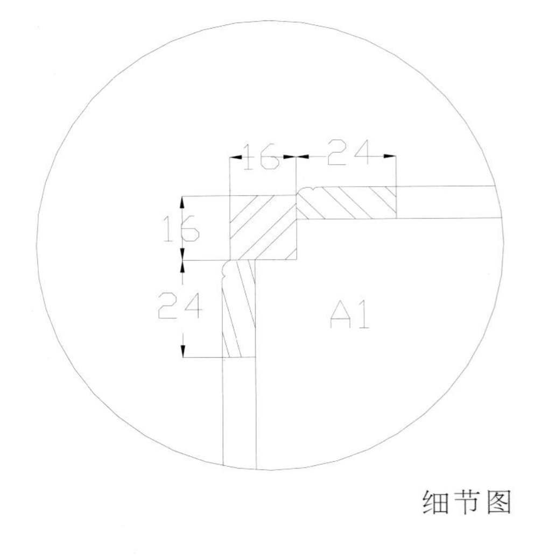

细节图

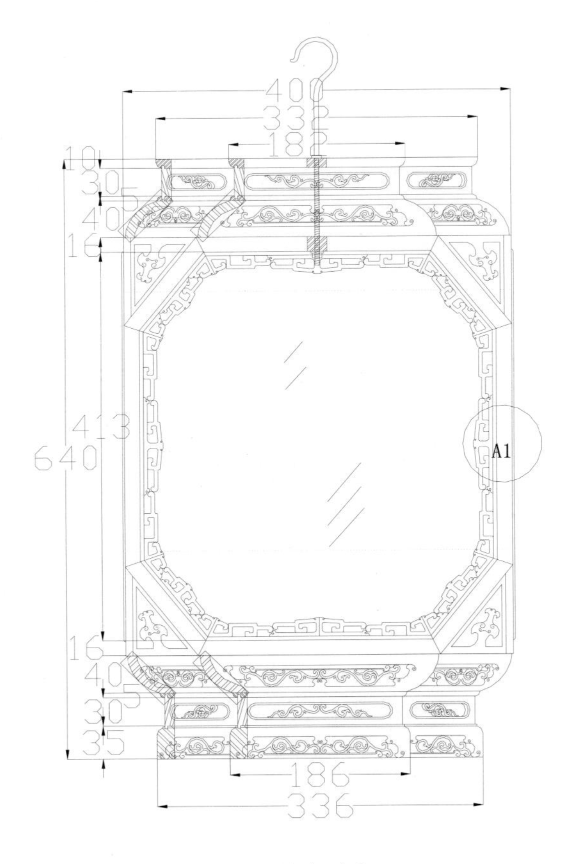

主视图

左视图

笔架

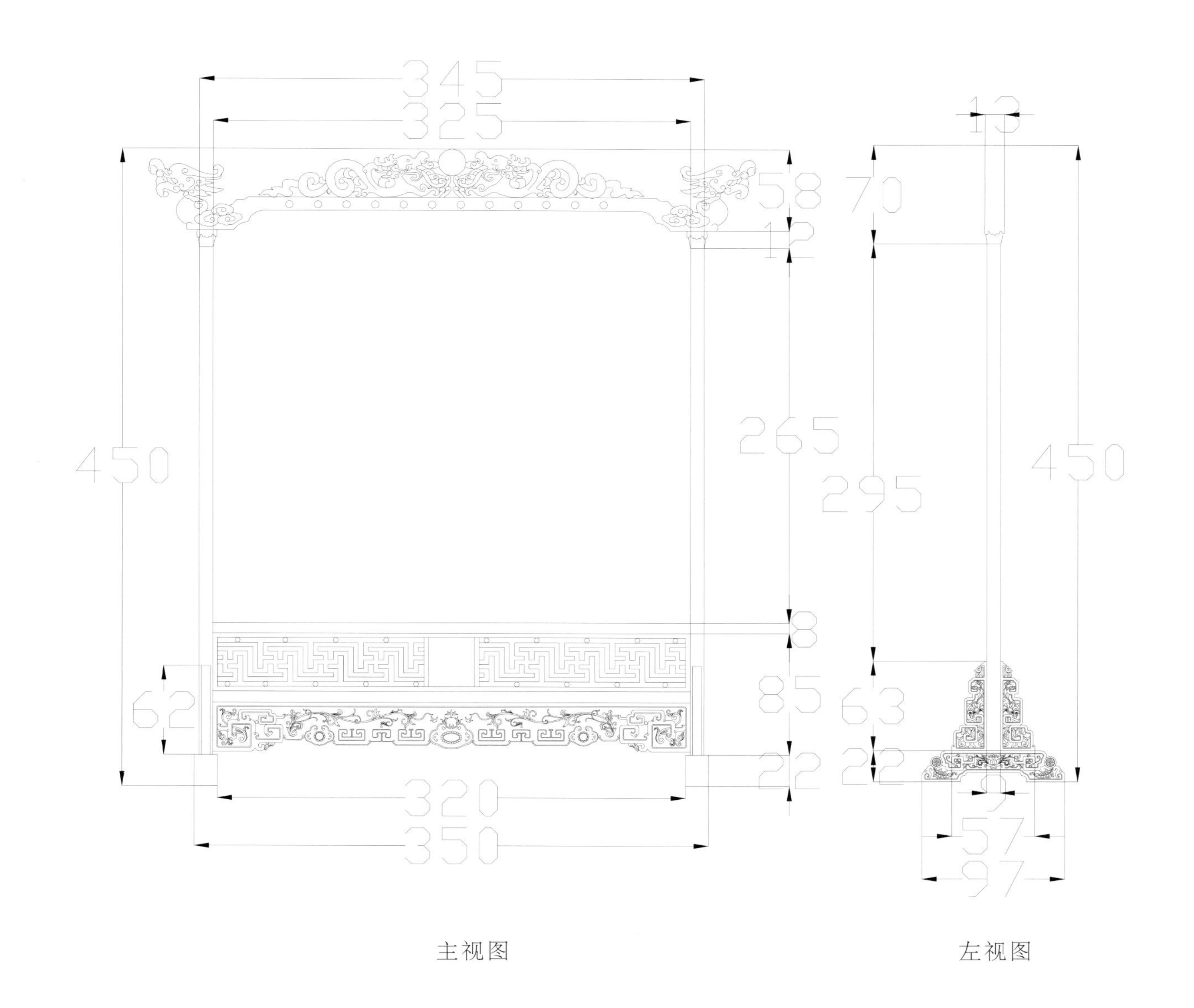

主视图　　　　左视图

六角宫灯

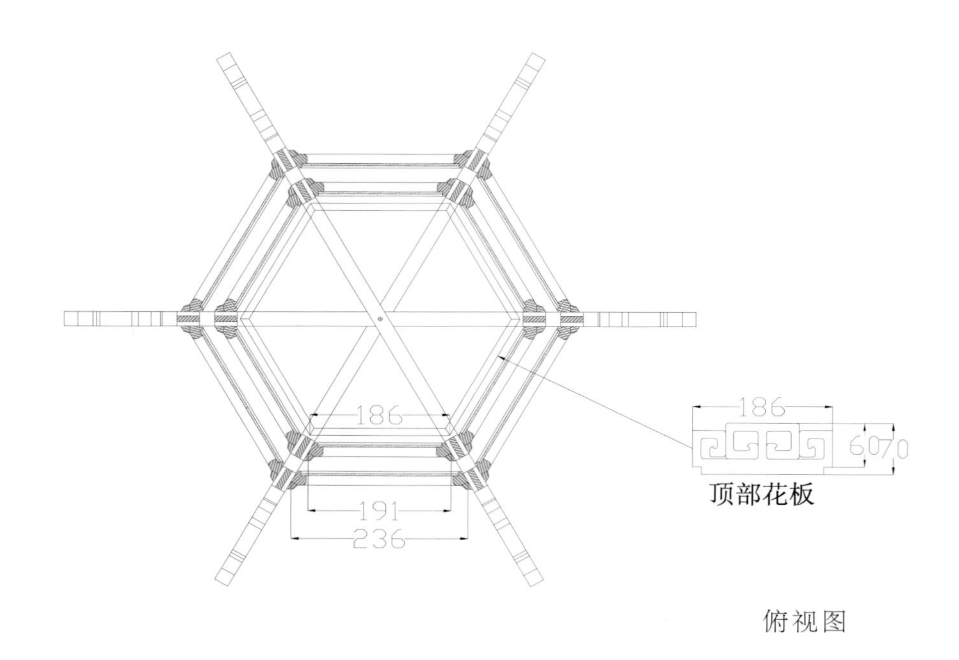
186
186
60
70
顶部花板
191
236

俯视图

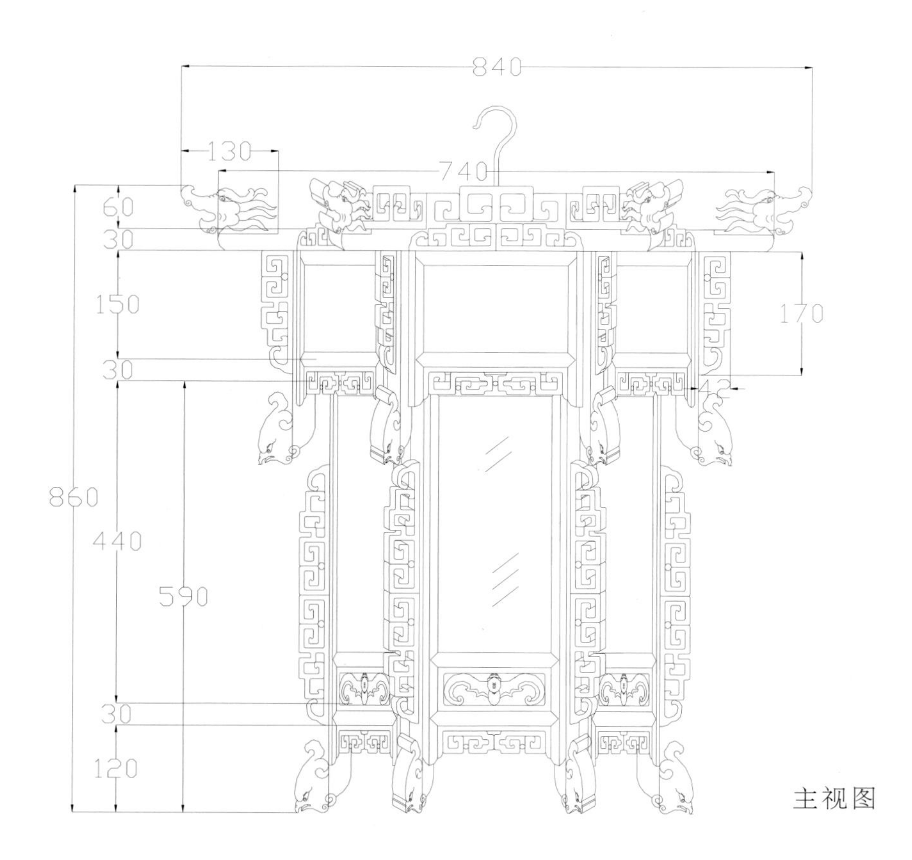
840
130
740
60
30
150
170
30
42
860
440
590
30
120

主视图

灯架

330
380
380
100
170
32
170 10
15
170
32
20
170
55
2040
1660
480
480
32
15
42
910
1660
150
450
50
42
60
298
480

主视图　　左视图

花瓶架

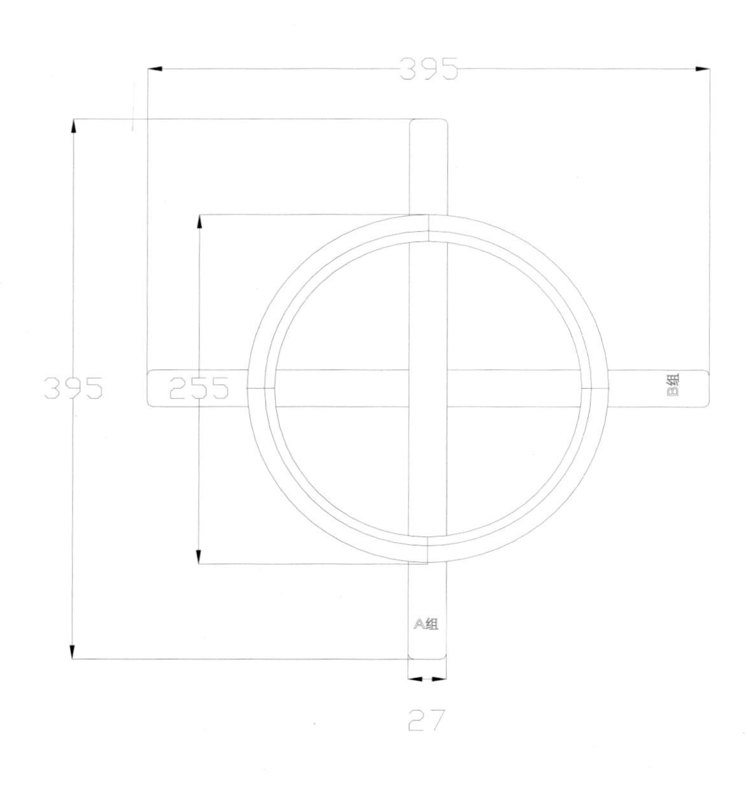

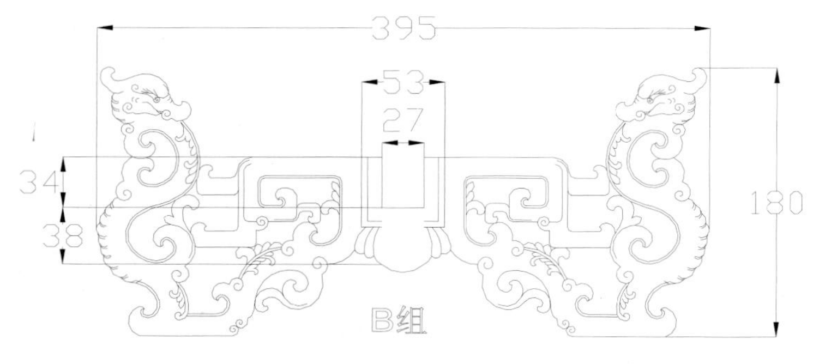

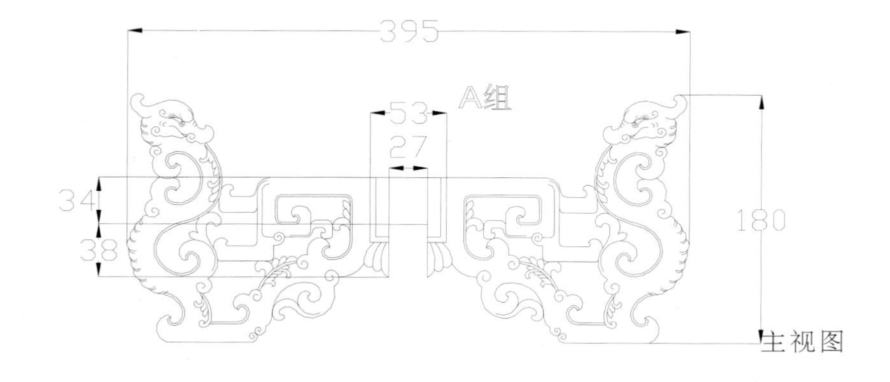

主视图

衣帽架 1

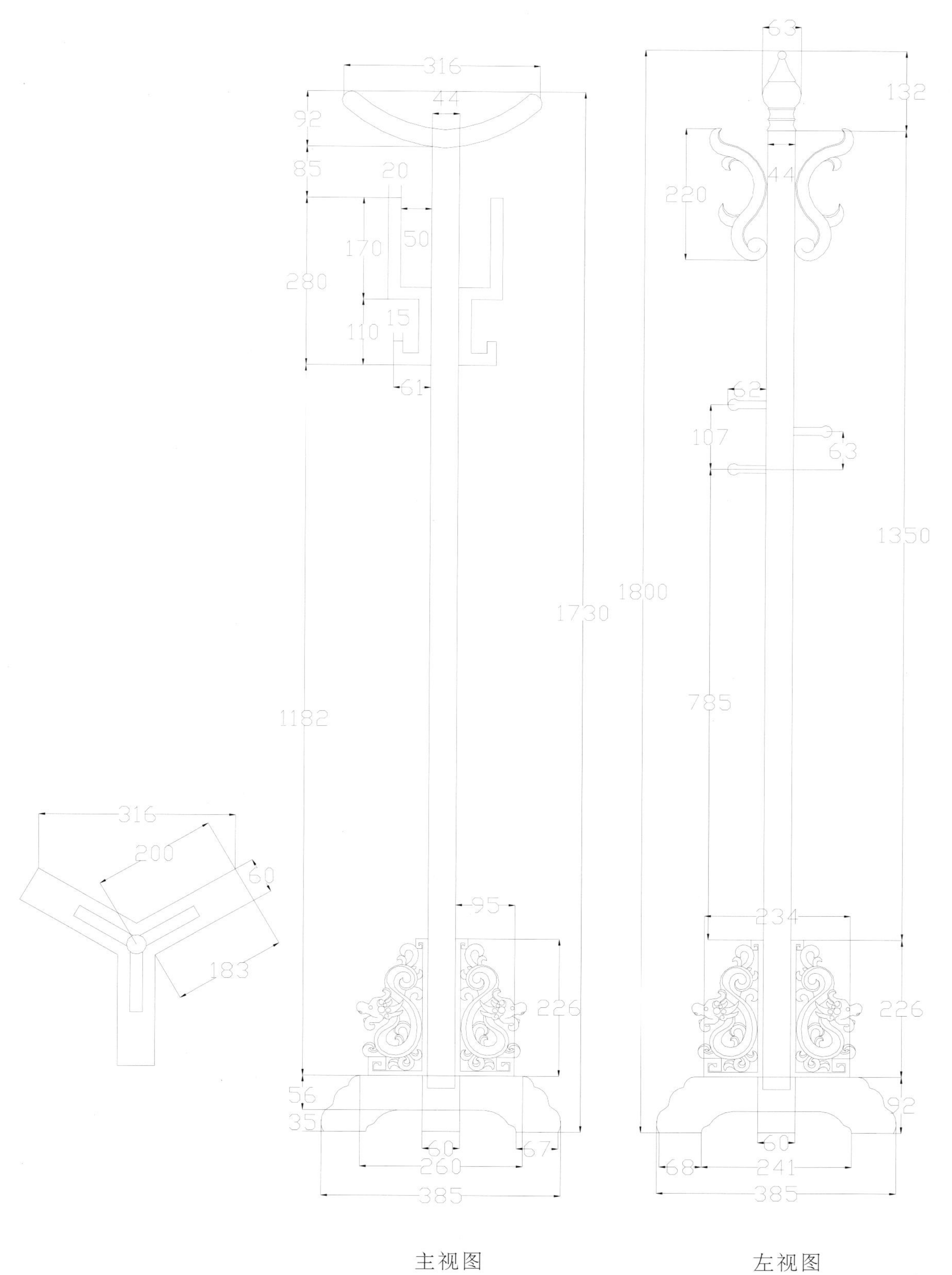
316
44
92
85
20
50
170
280
15
110
61
1730
1182
95
226
56
35
60
67
260
385
200
60
183
63
132
220
44
62
107
63
1350
1800
785
234
226
92
60
68
241
385

主视图　　左视图

云龙衣帽架

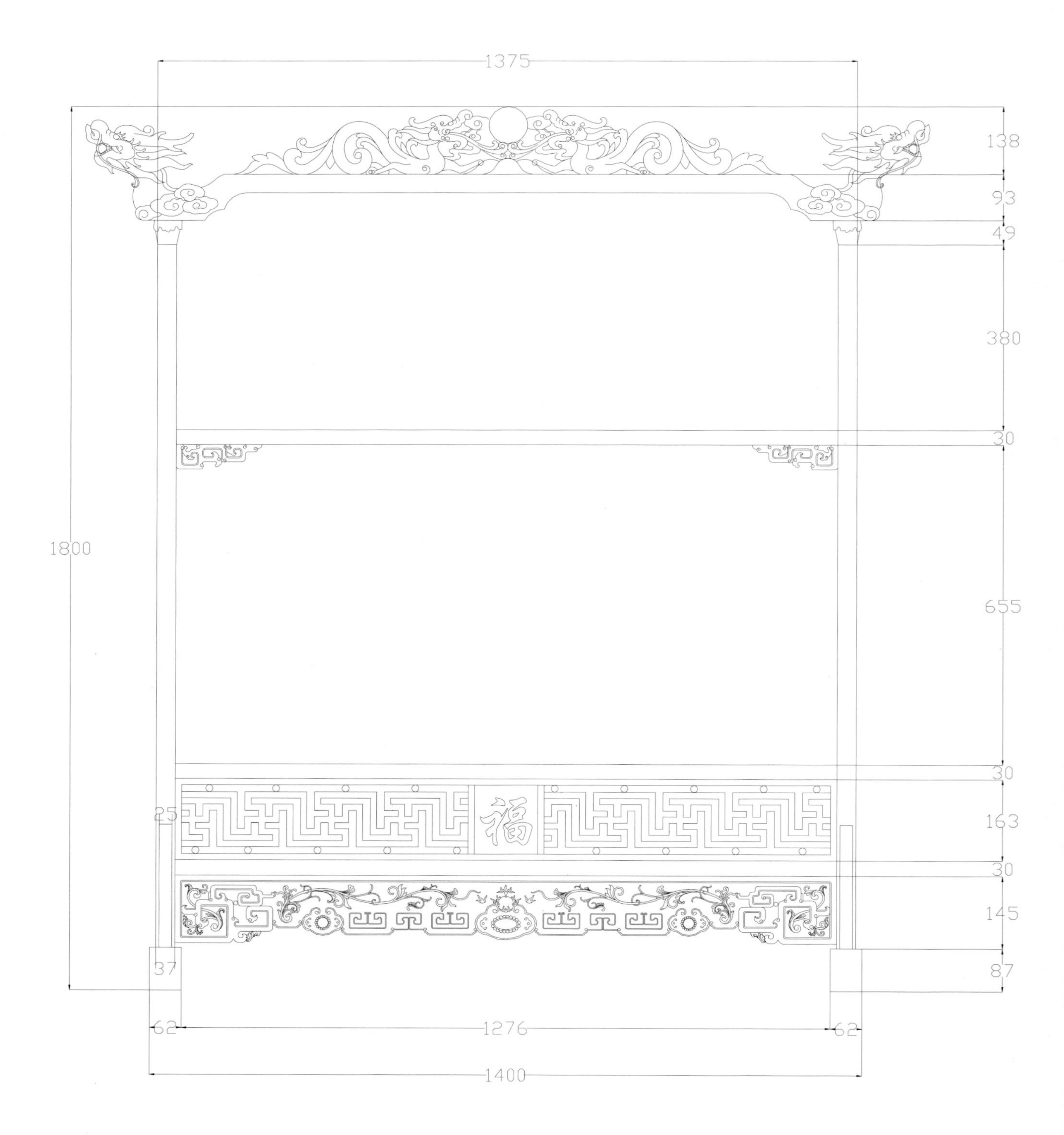
1375
138
93
49
380
30
1800
655
30
25
福
163
30
145
37
87
62
1276
62
1400

主视图

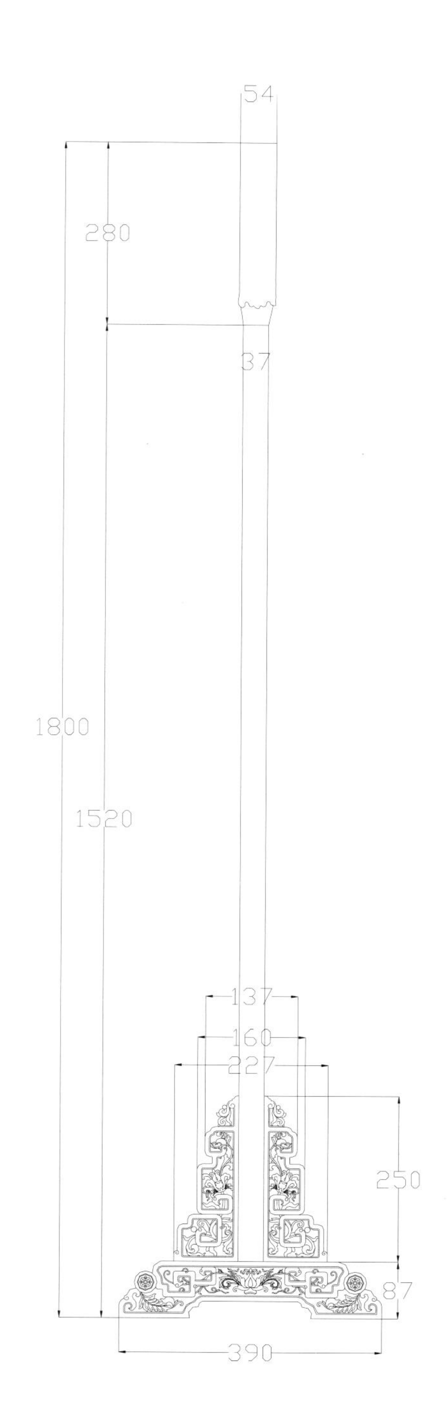

左视图

衣帽架 2

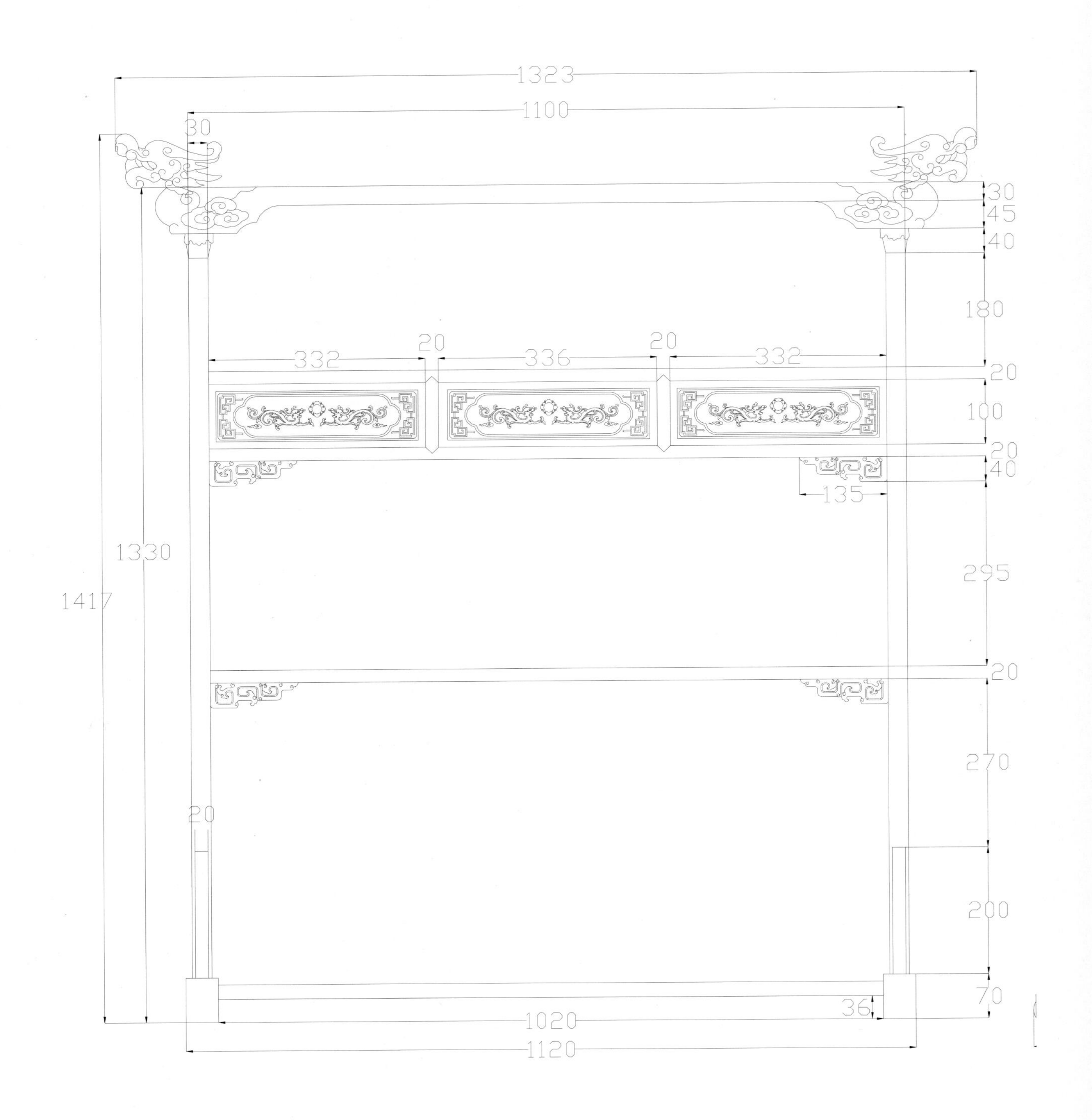
1323
1100
30
30
45
40
180
20
332
20
336
20
332
20
100
20
40
135
1330
1417
295
20
270
20
200
70
36
1020
1120

主视图

左视图

衣帽架 3

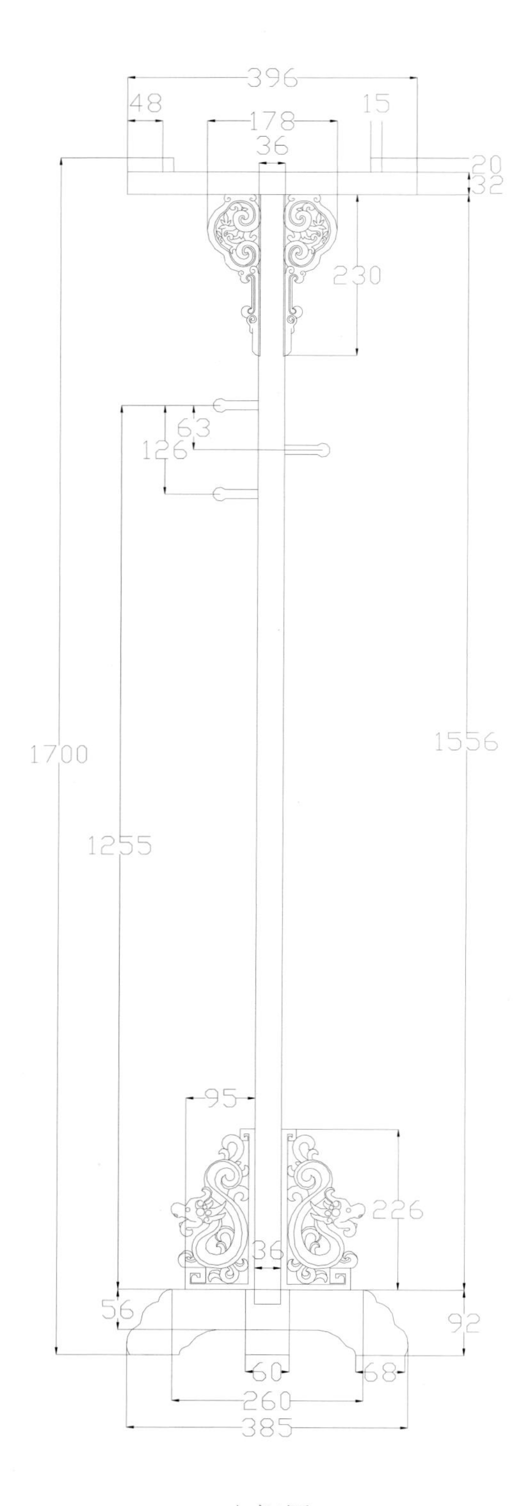
396
48
15
178
36
20
32
230
63
126
1700
1556
1255
95
226
36
56
92
60
68
260
385

主视图

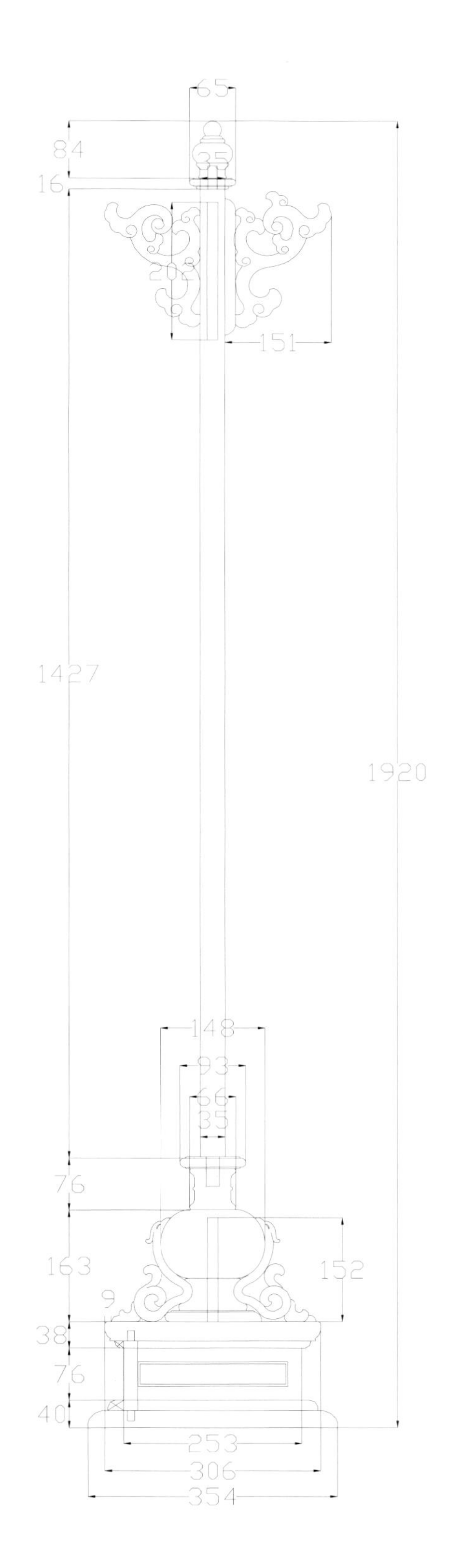
65
84
35
16
203
151
1427
1920
148
93
66
35
76
163
152
9
38
76
40
253
306
354

左视图

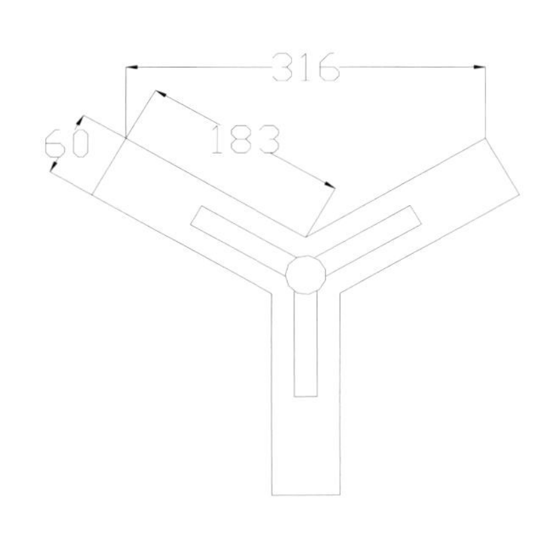
316
60
183

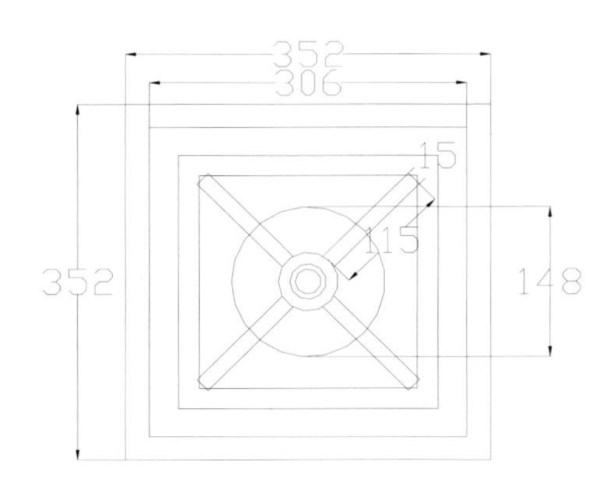
352
306
15
352
115
148

俯视图

衣架

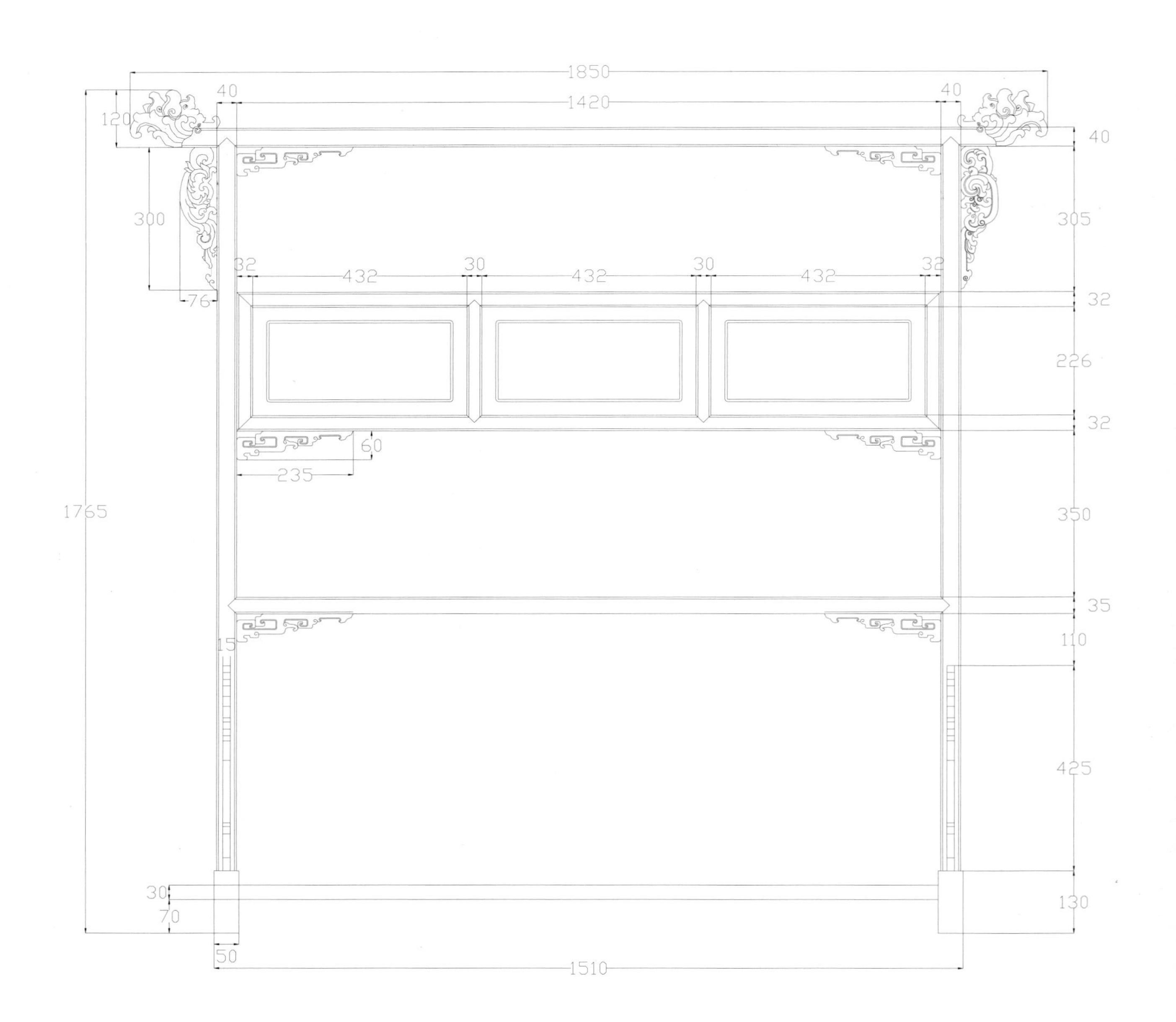
1850
40
1420
40
120
40
300
305
32
432
30
432
30
432
32
76
32
226
32
60
235
1765
350
35
15
110
425
30
70
130
50
1510

主视图

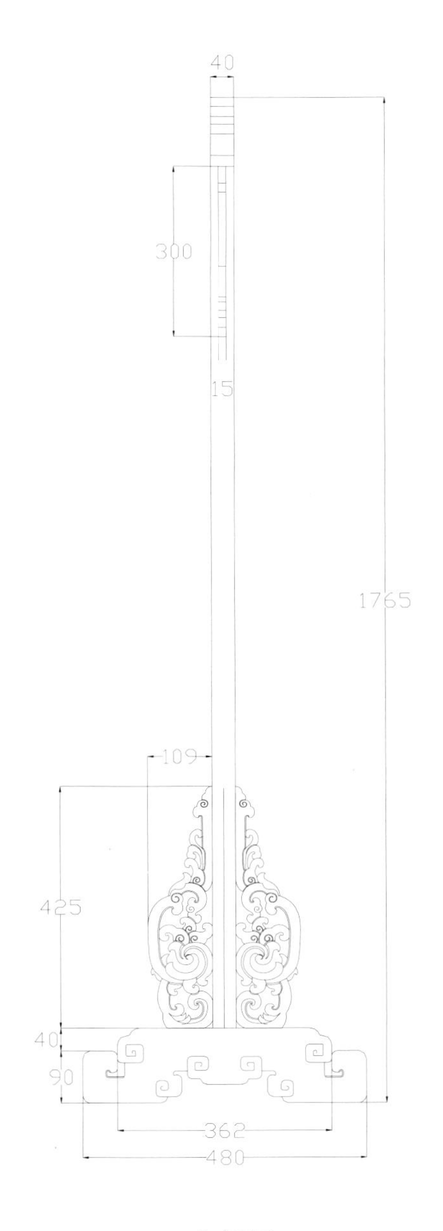

左视图

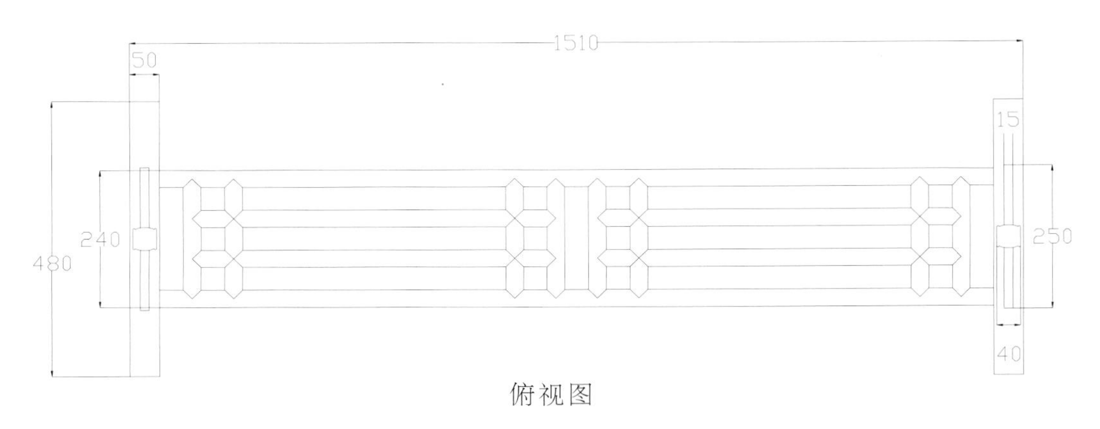

俯视图

凤首纹衣架

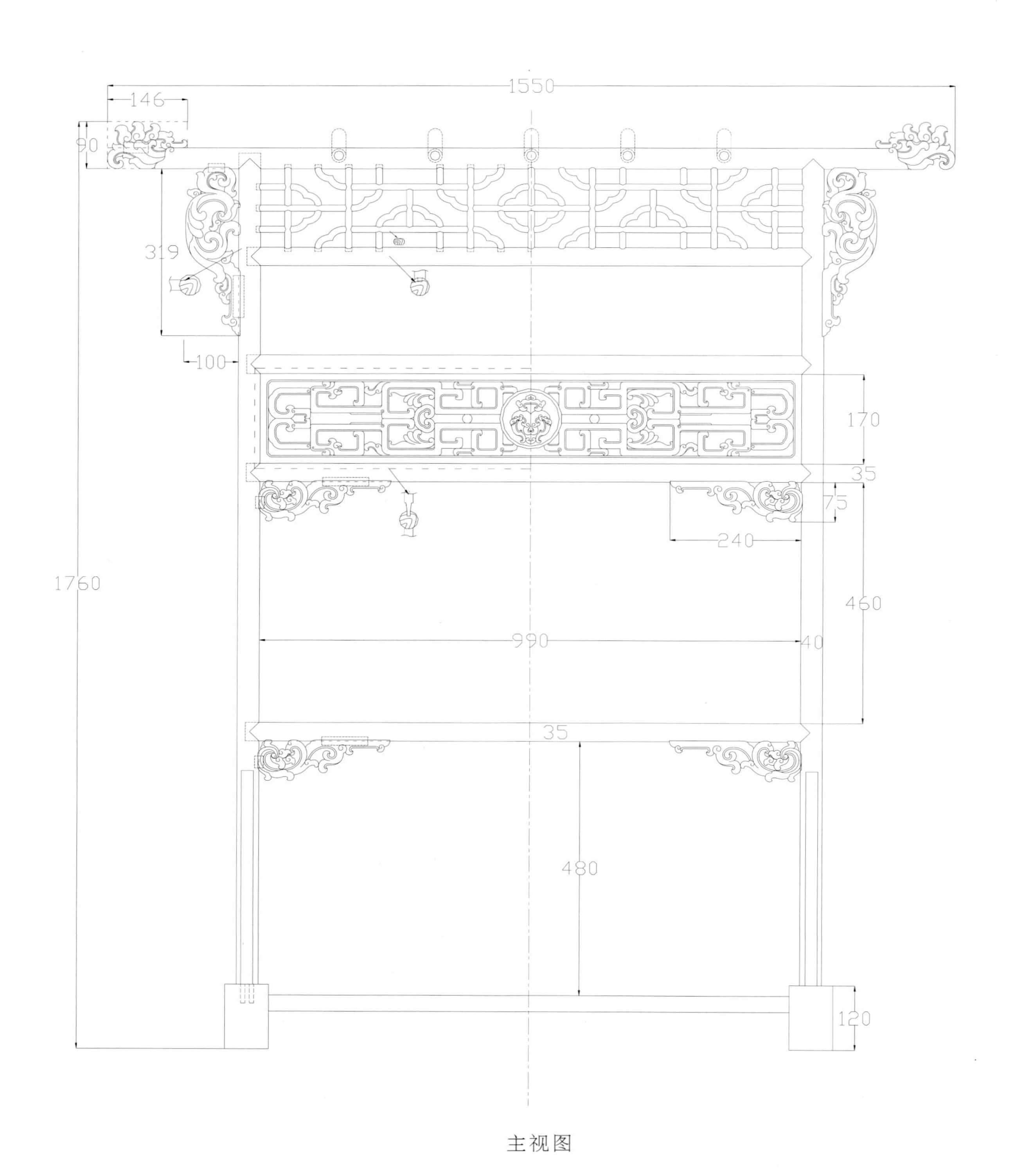

主视图

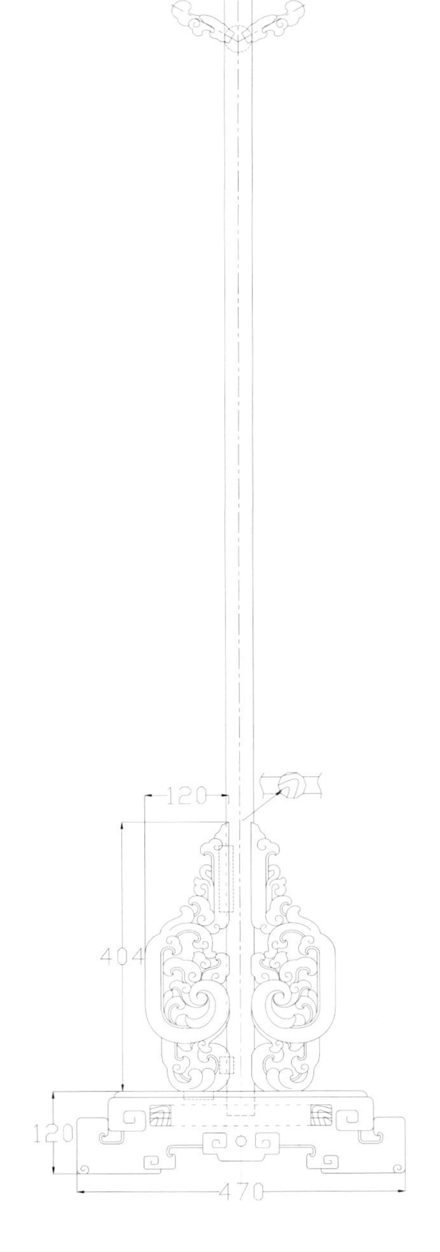

左视图

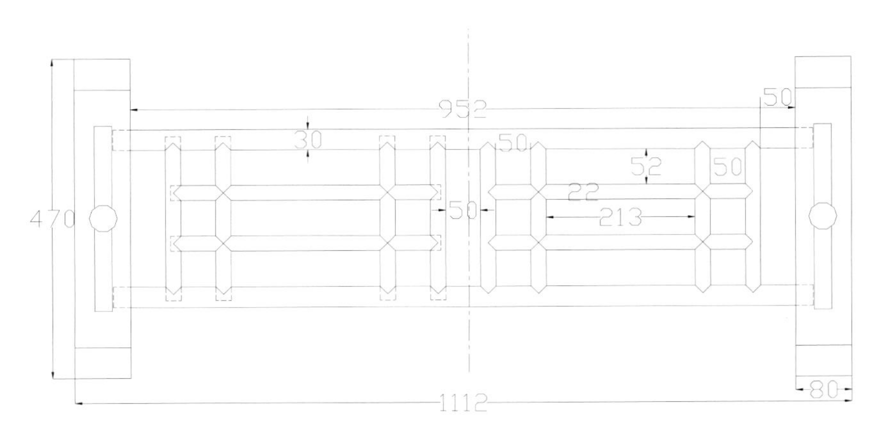

俯视图

衣帽镜

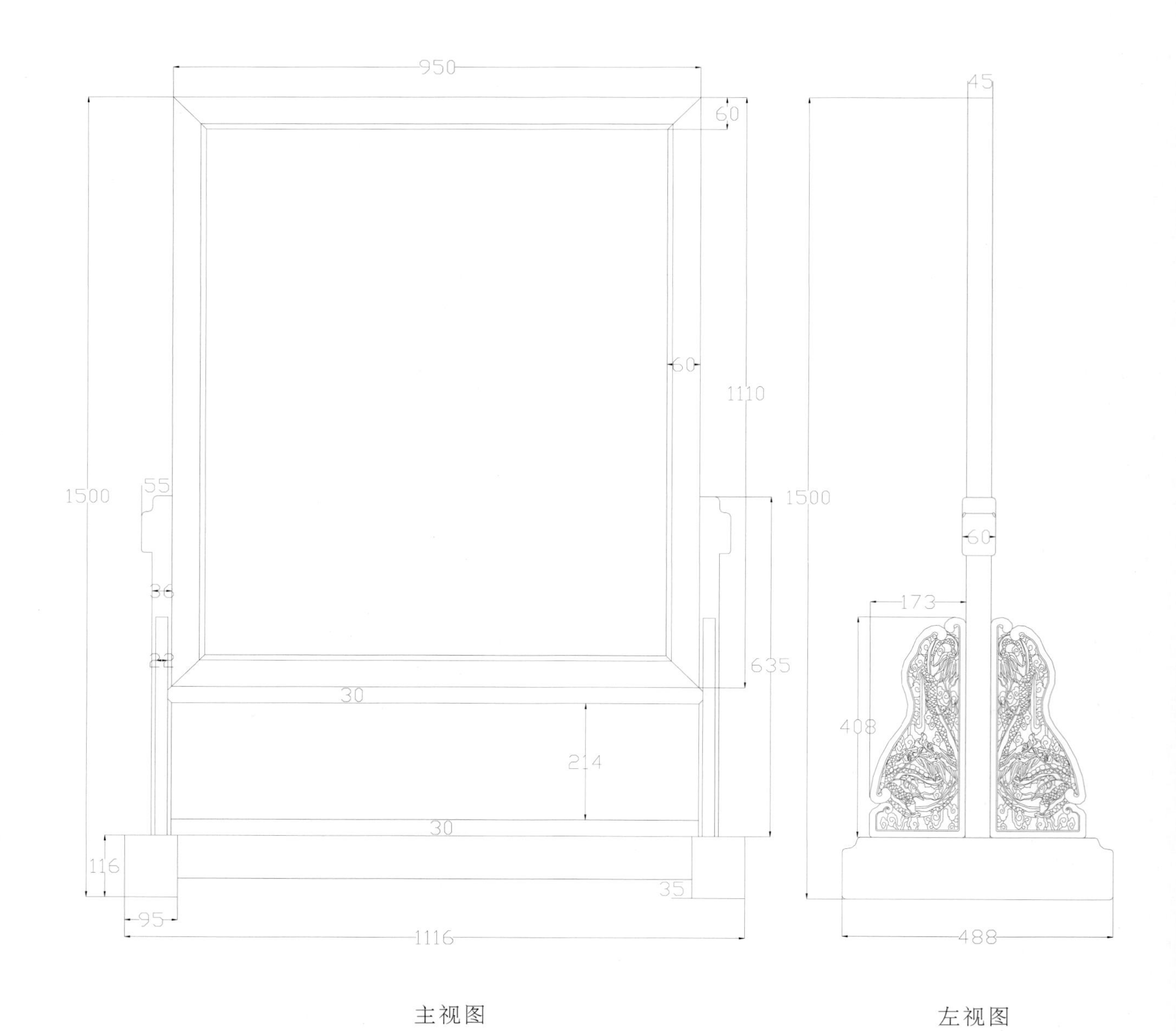
950
60
60
1110
1500
55
36
22
635
30
214
30
116
35
95
1116
1500
45
60
173
408
488

主视图　　　　左视图

如意双钱花架

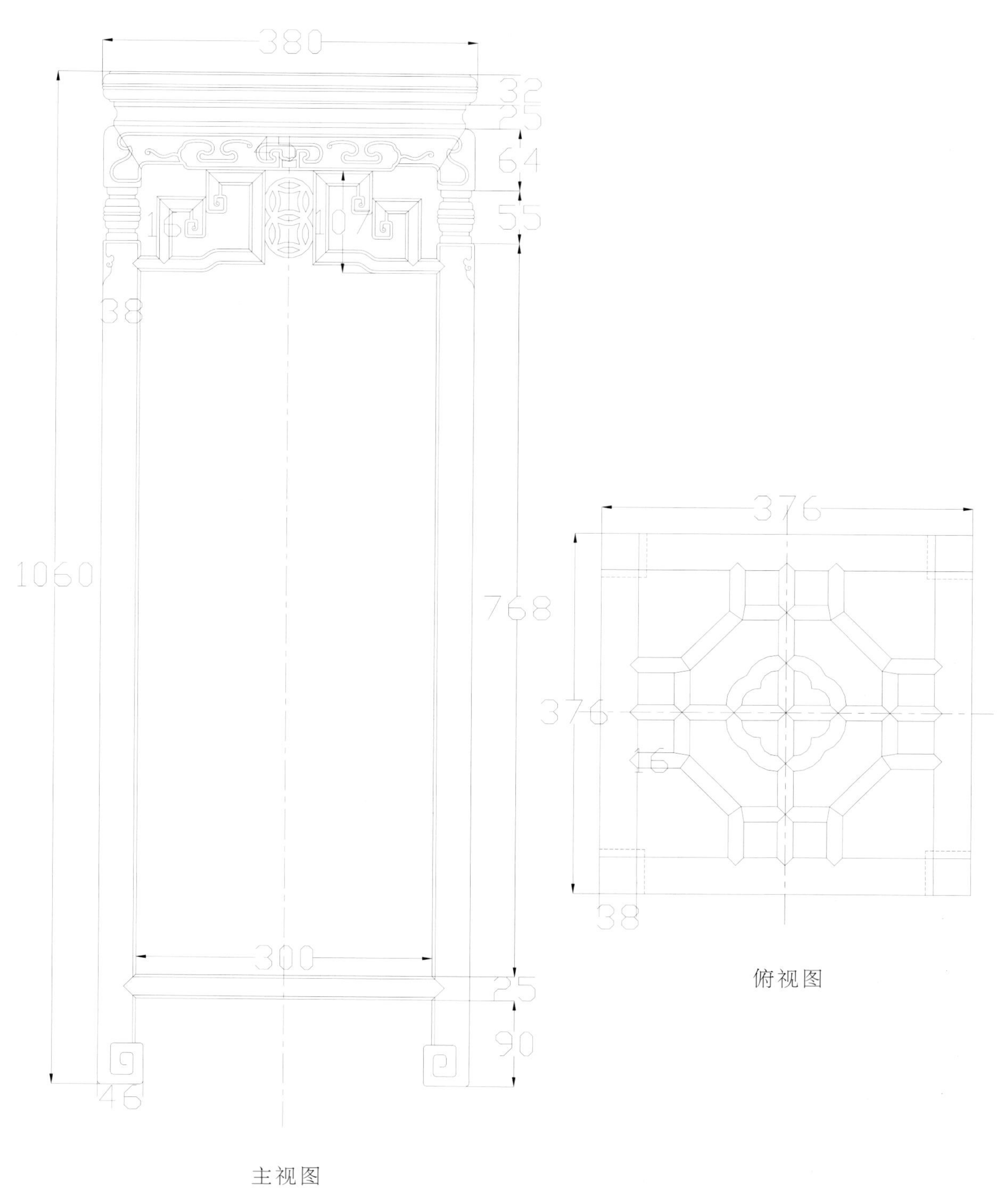

主视图

俯视图

花架 1

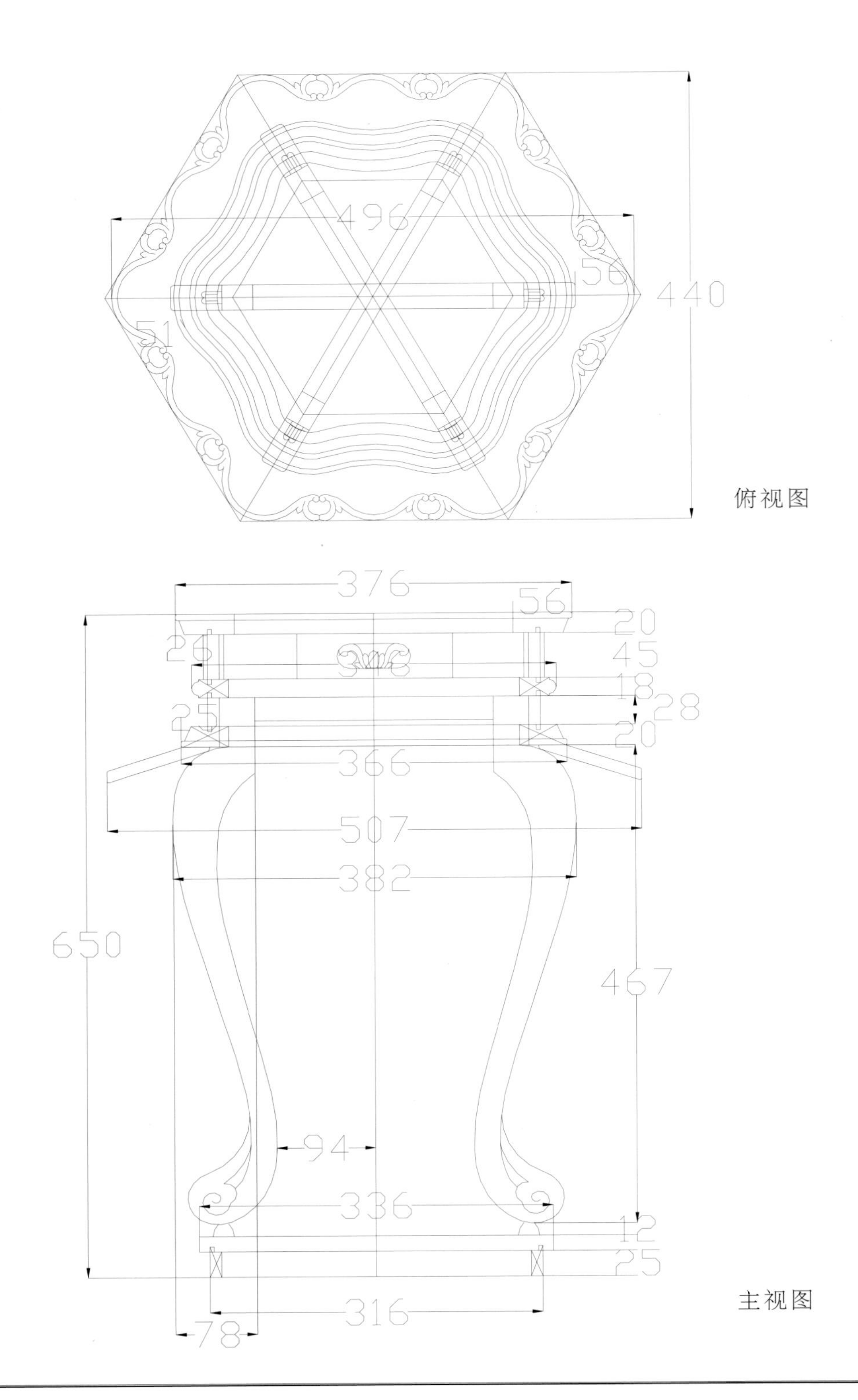
496
440
56
51
俯视图
376
56
20
25
45
348
18
28
25
20
366
507
382
650
467
94
336
12
25
316
78
主视图

花架 2

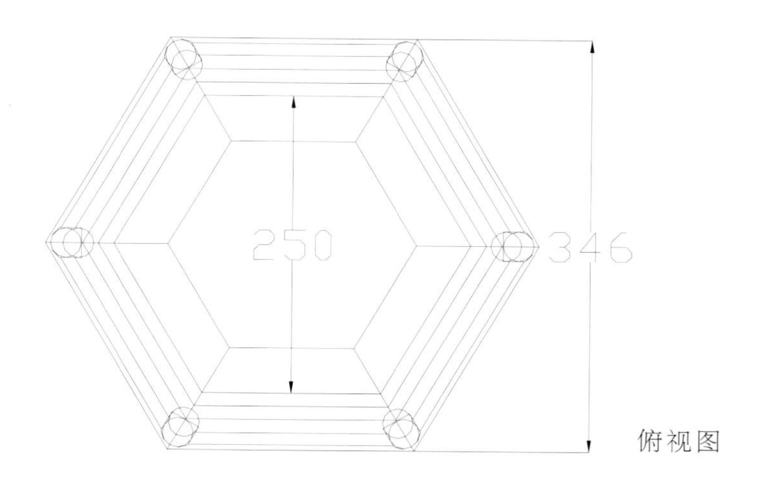

俯视图

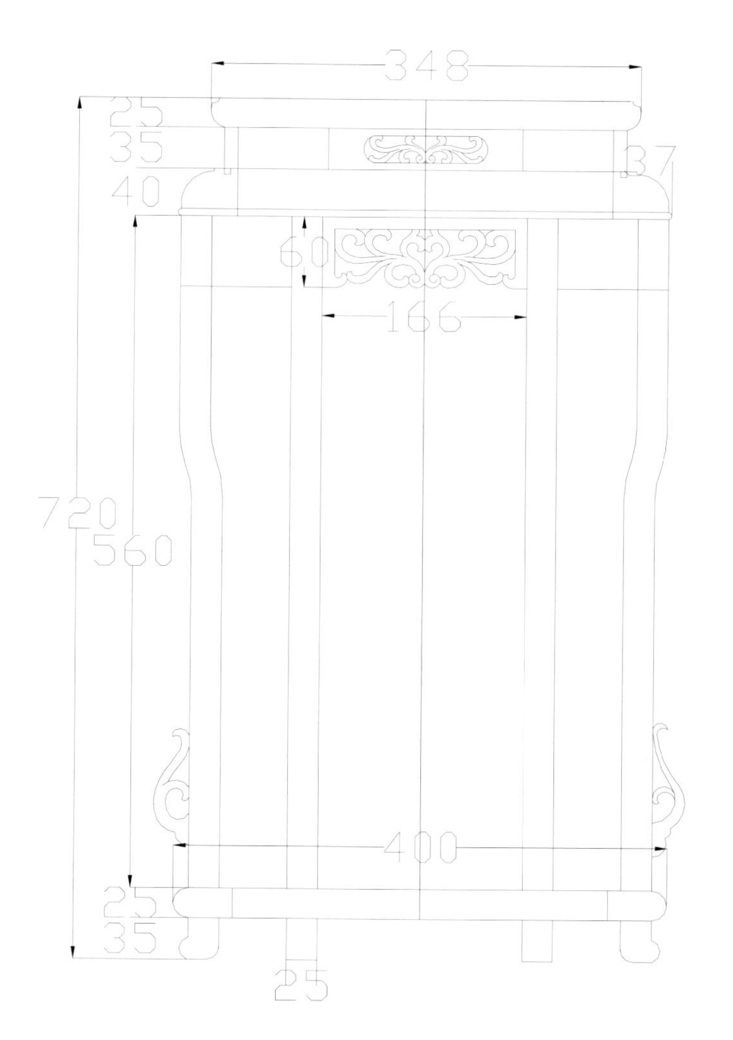

主视图

丹青方花架

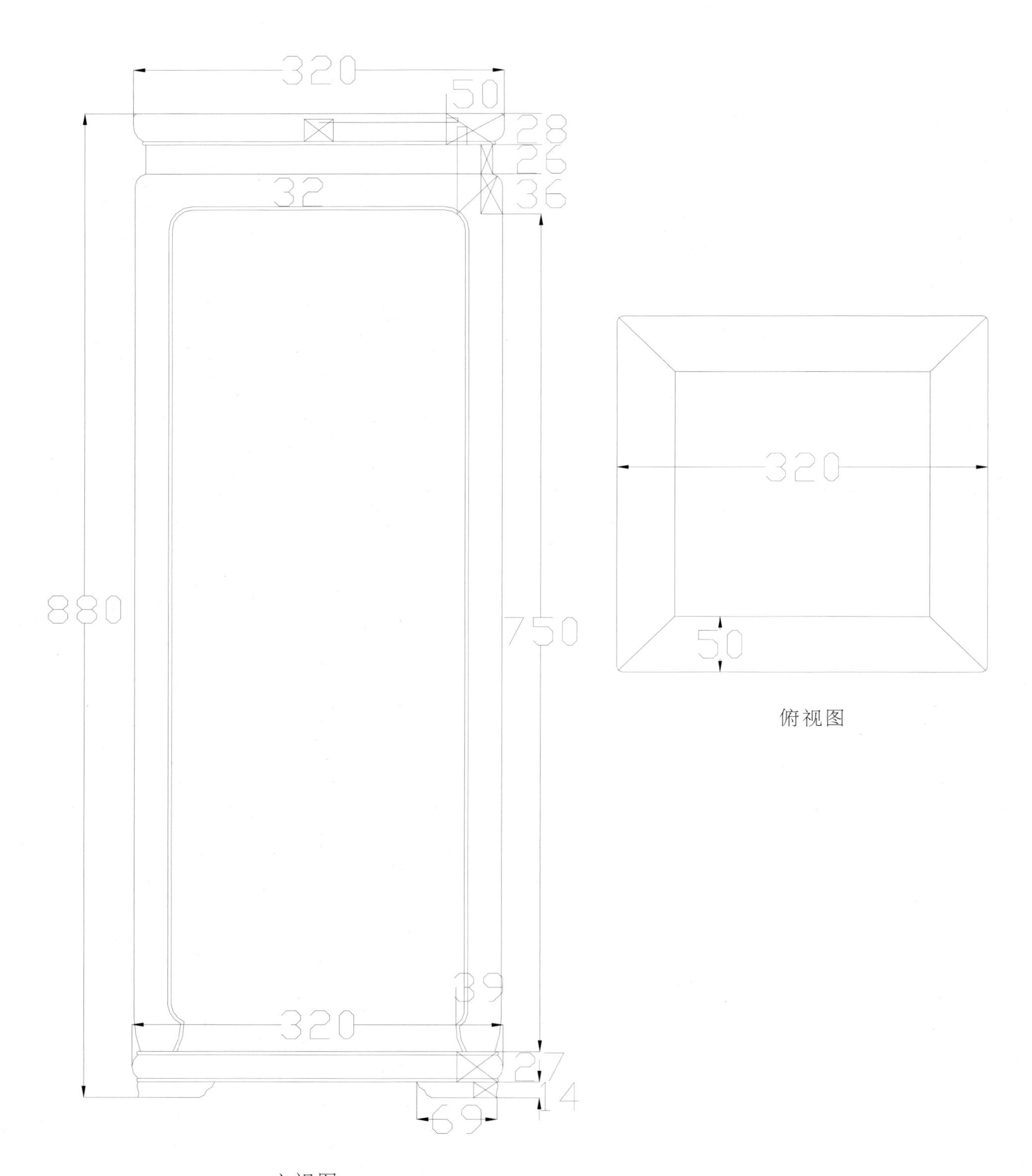

主视图

俯视图

明式花架

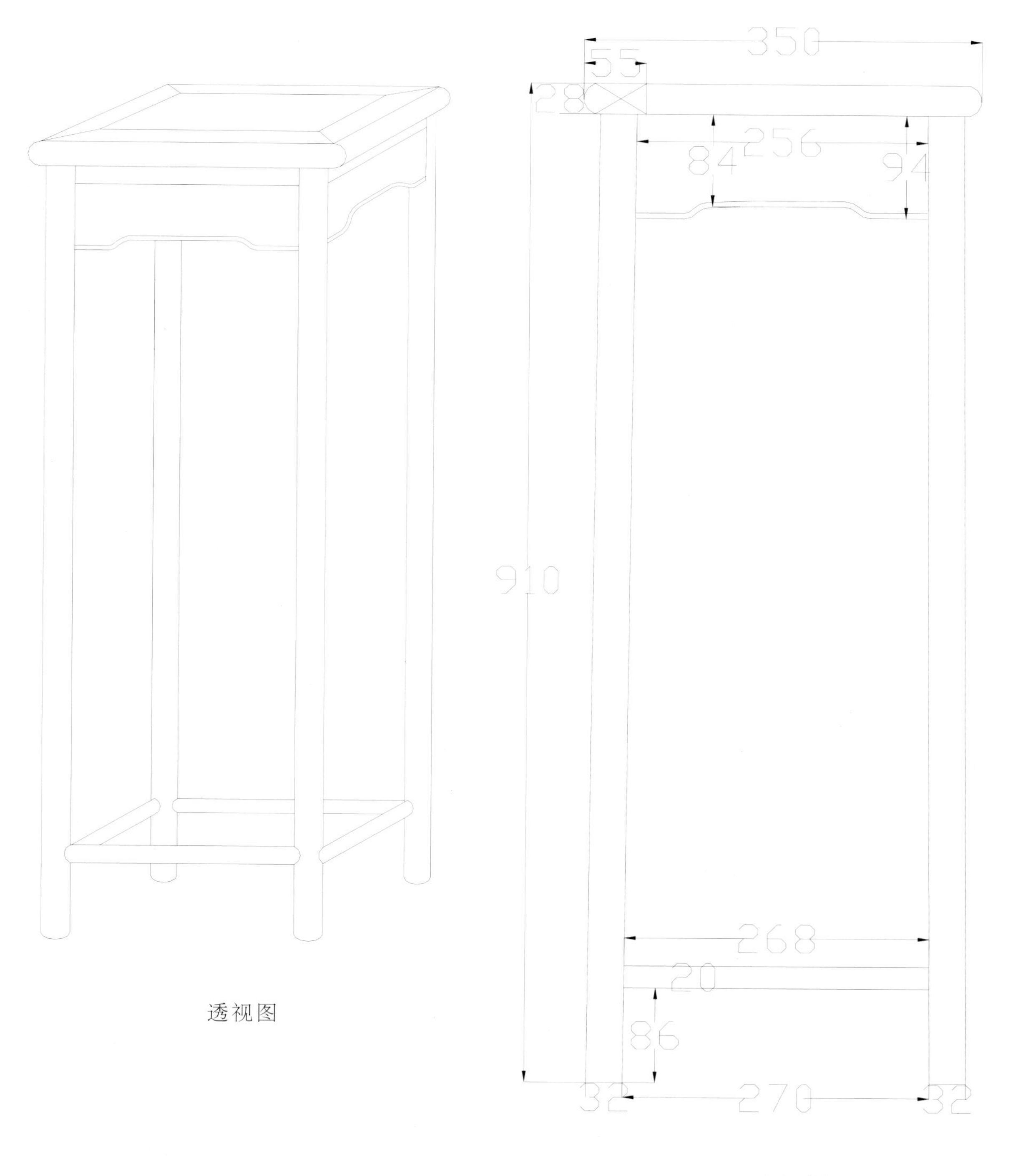

透视图

主视图

拐子纹花几

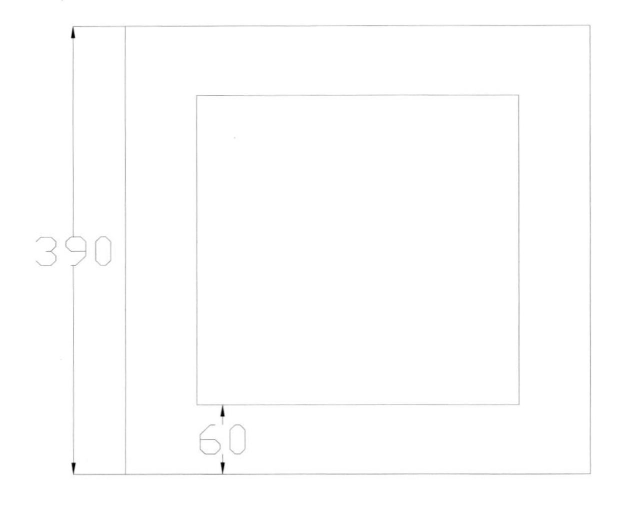

俯视图

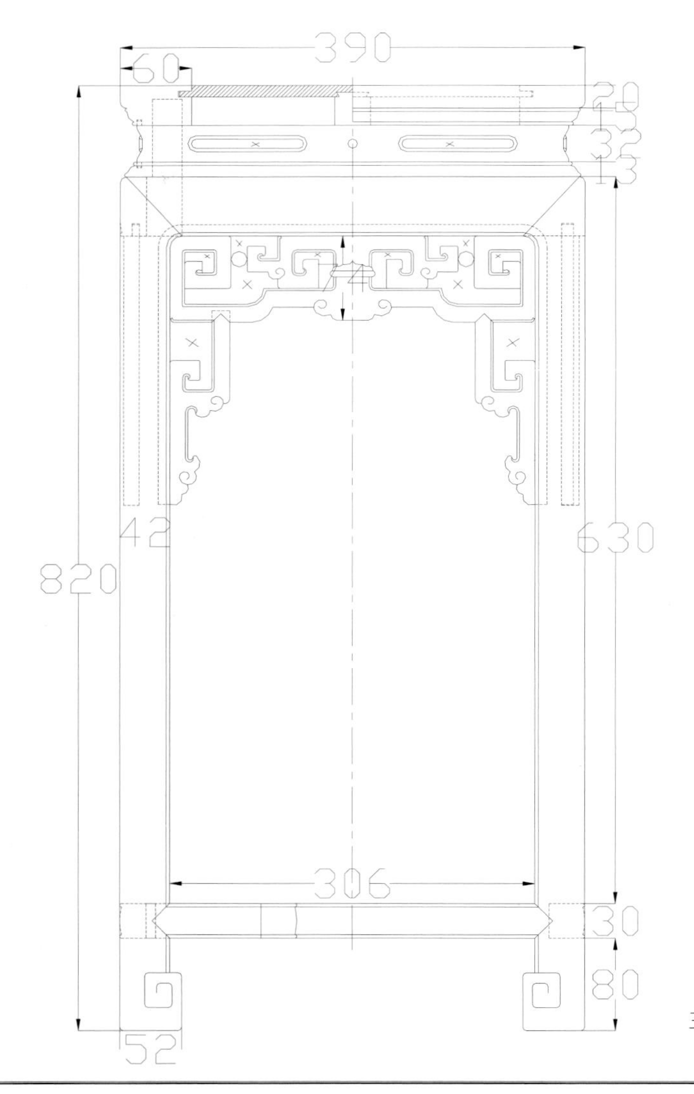

主视图

双龙戏珠花几

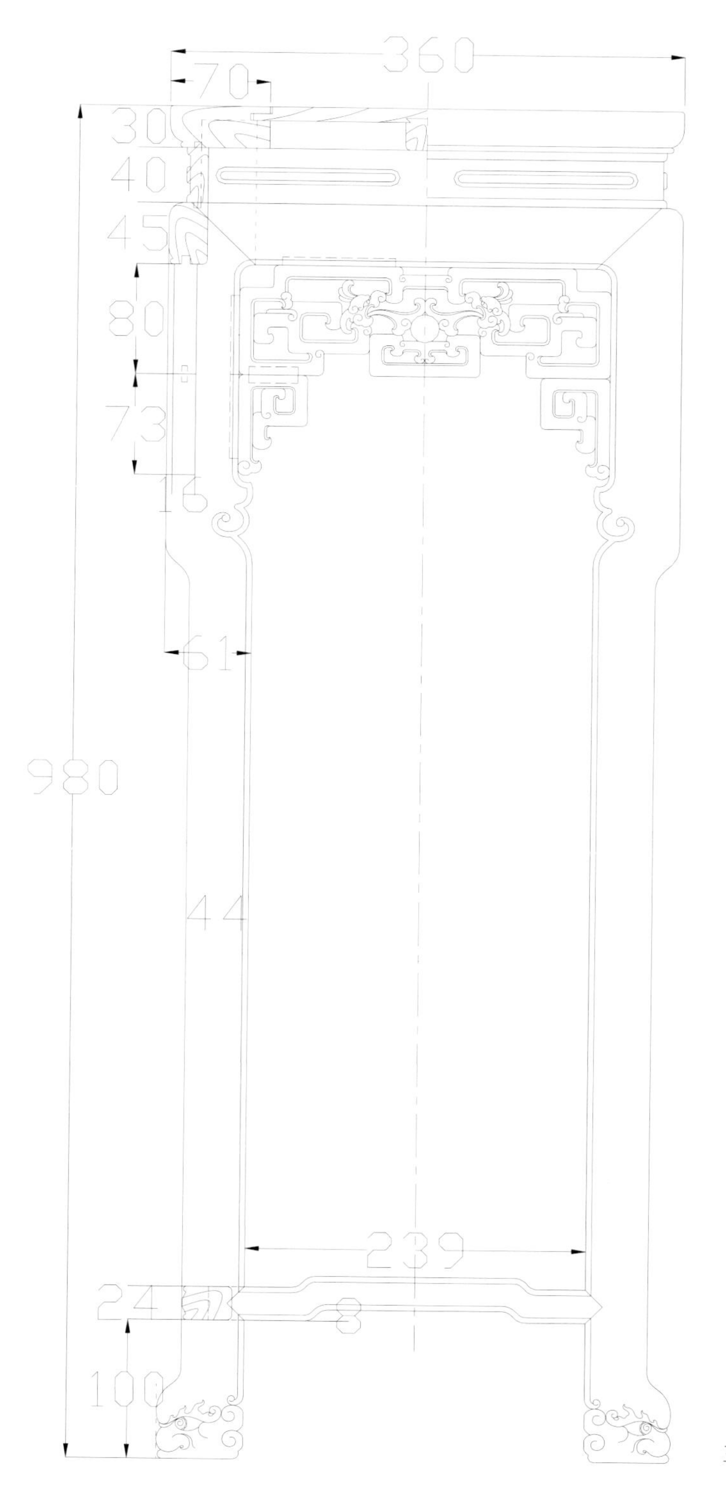

主视图

花几

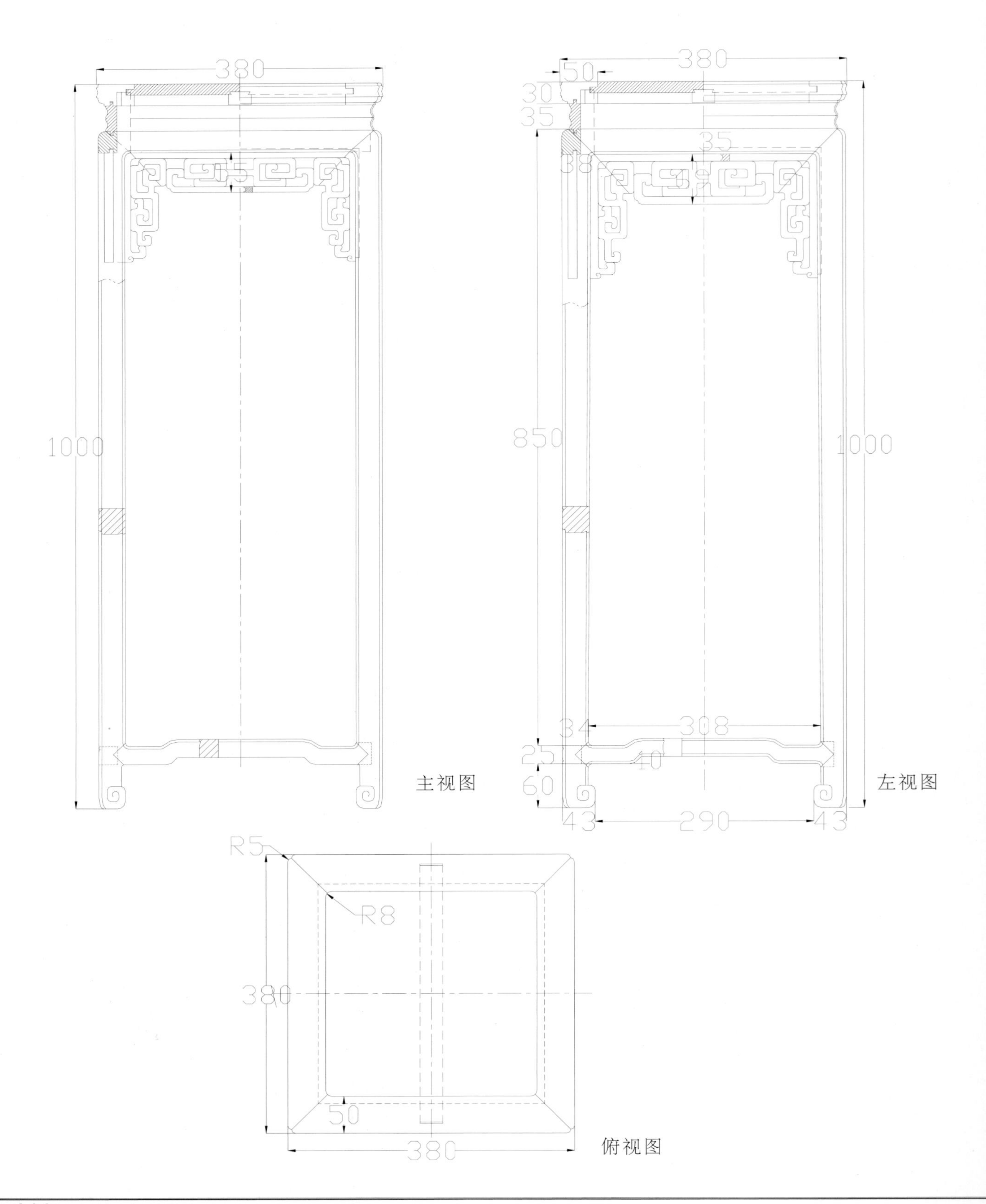
380
1000
主视图
380
50
30
35
35
38
850
1000
34
308
25
10
60
43
290
43
左视图
R5
R8
380
50
380
俯视图

荷叶式六足香几

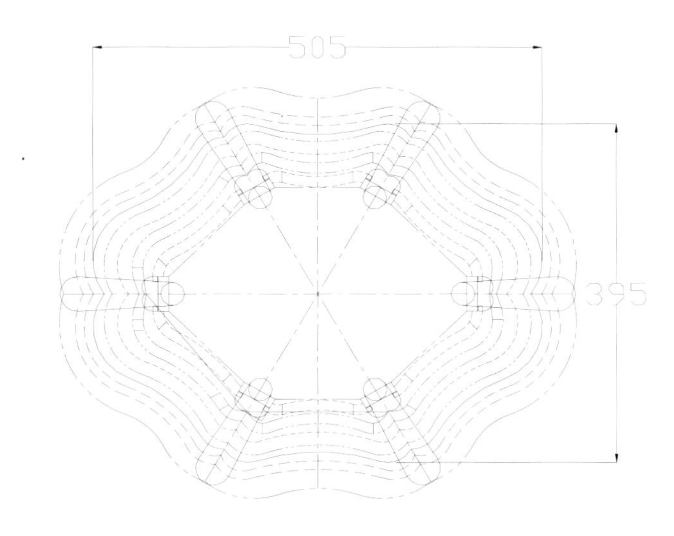

俯视图

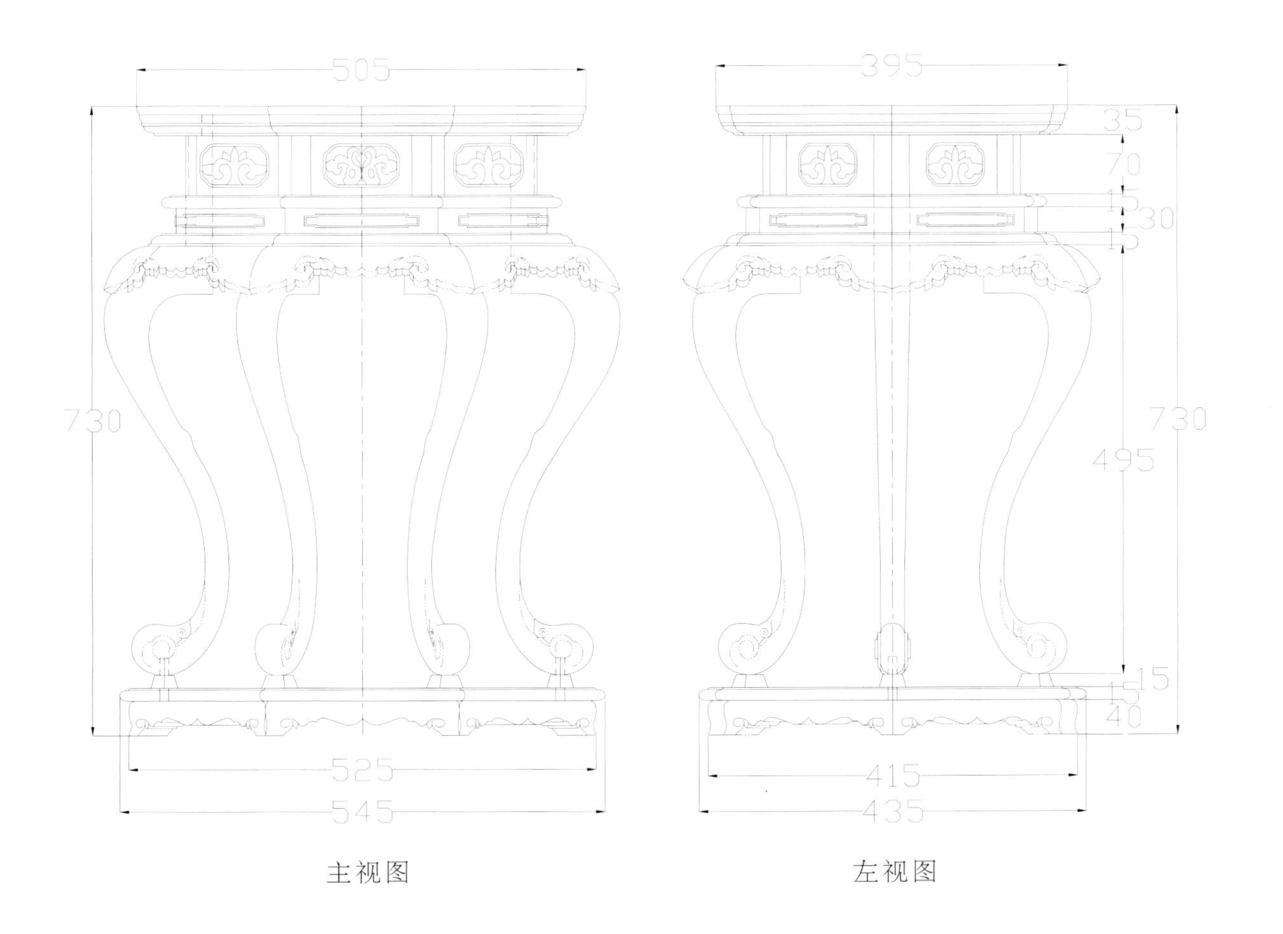

主视图　　左视图

立屏

80
100
150
60
921
110
60
150
125
146
838
1010
2360
250
1121
2360
100
110
70
900
170

左视图

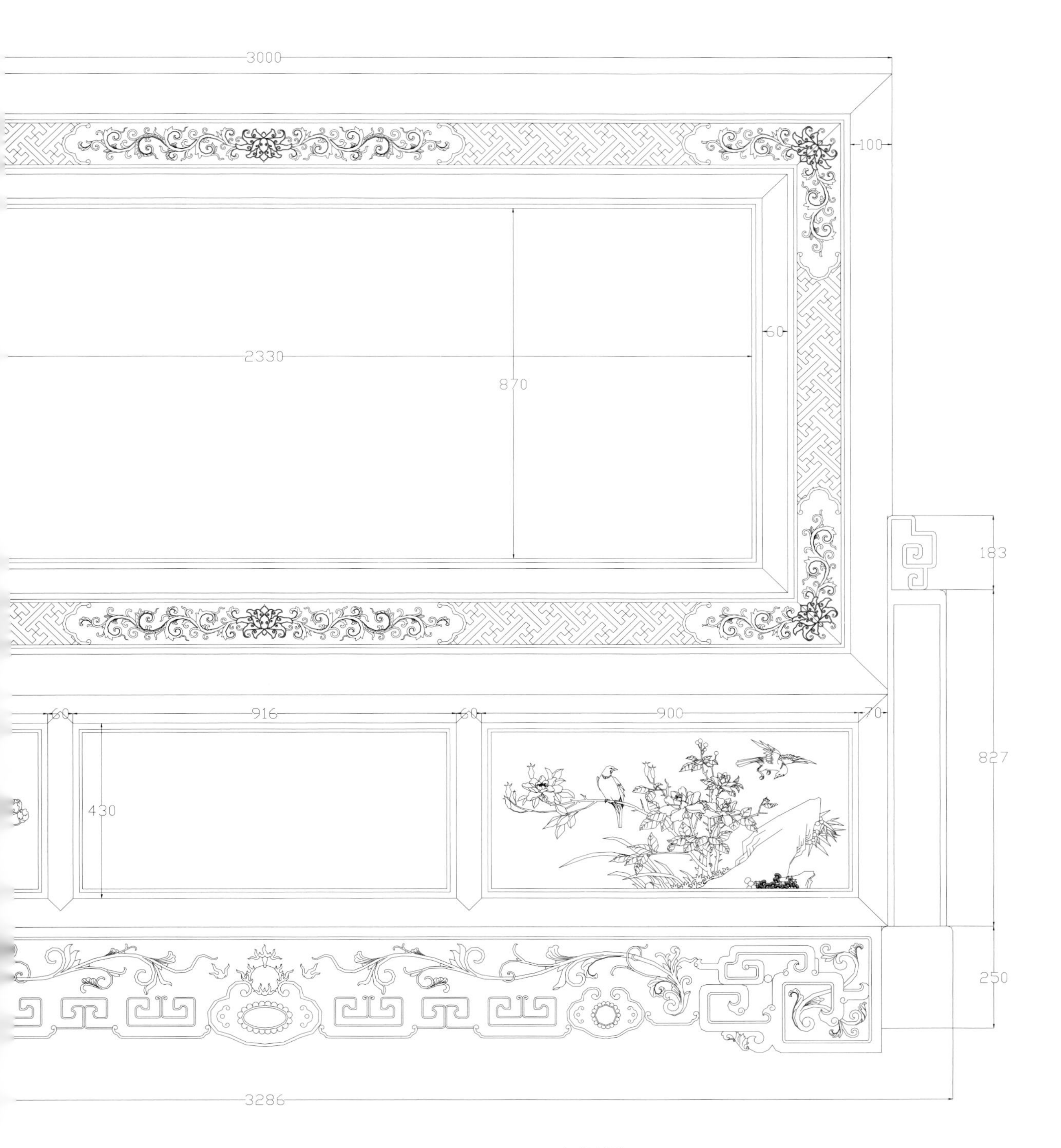

主视图

海屋添筹落地屏风 1

主视图

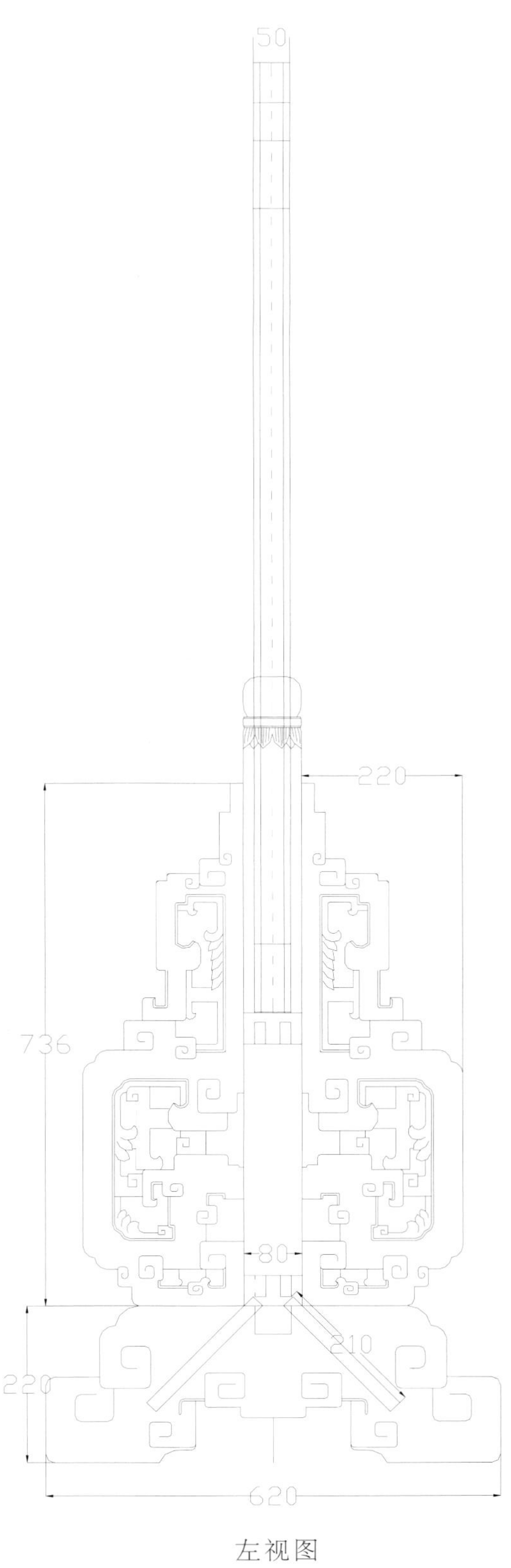

左视图

海屋添筹落地屏风 2

主视图

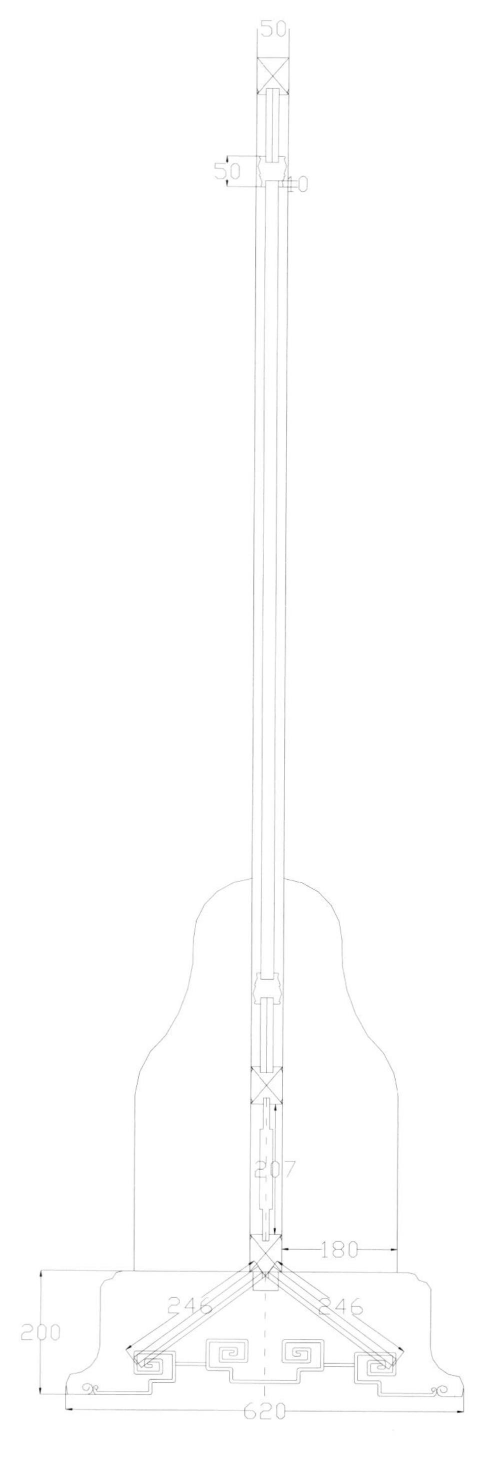

左视图

地屏

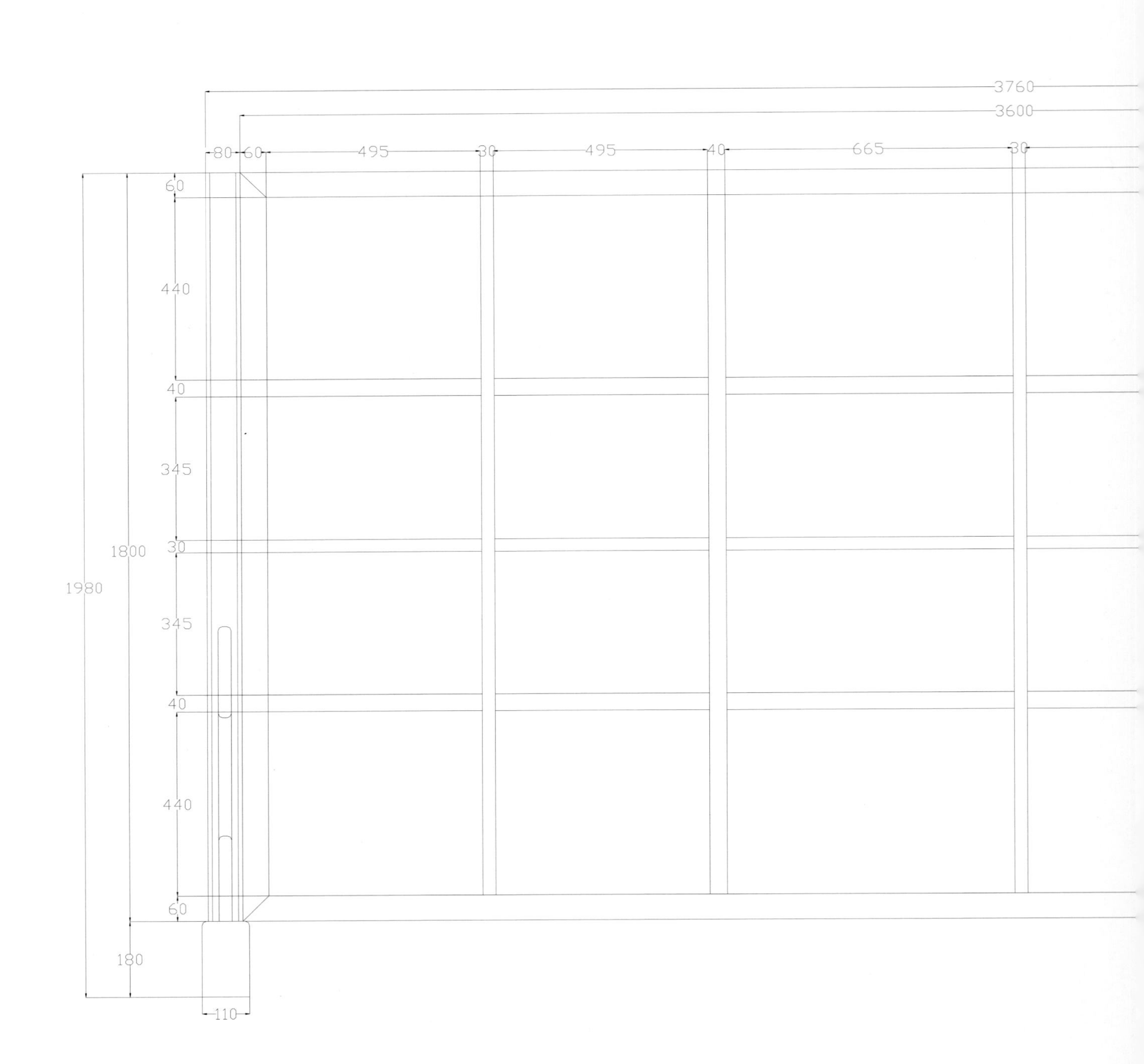
3760
3600
80
60
495
30
495
40
665
30
60
440
40
345
30
345
40
440
60
1800
1980
180
110

主视图

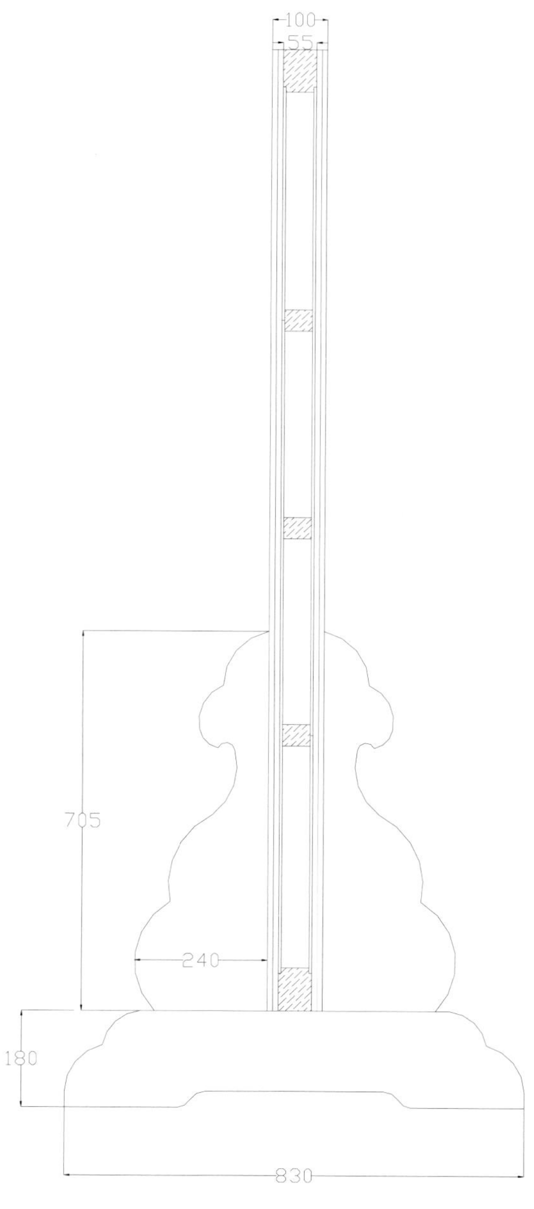

左视图

明式花架

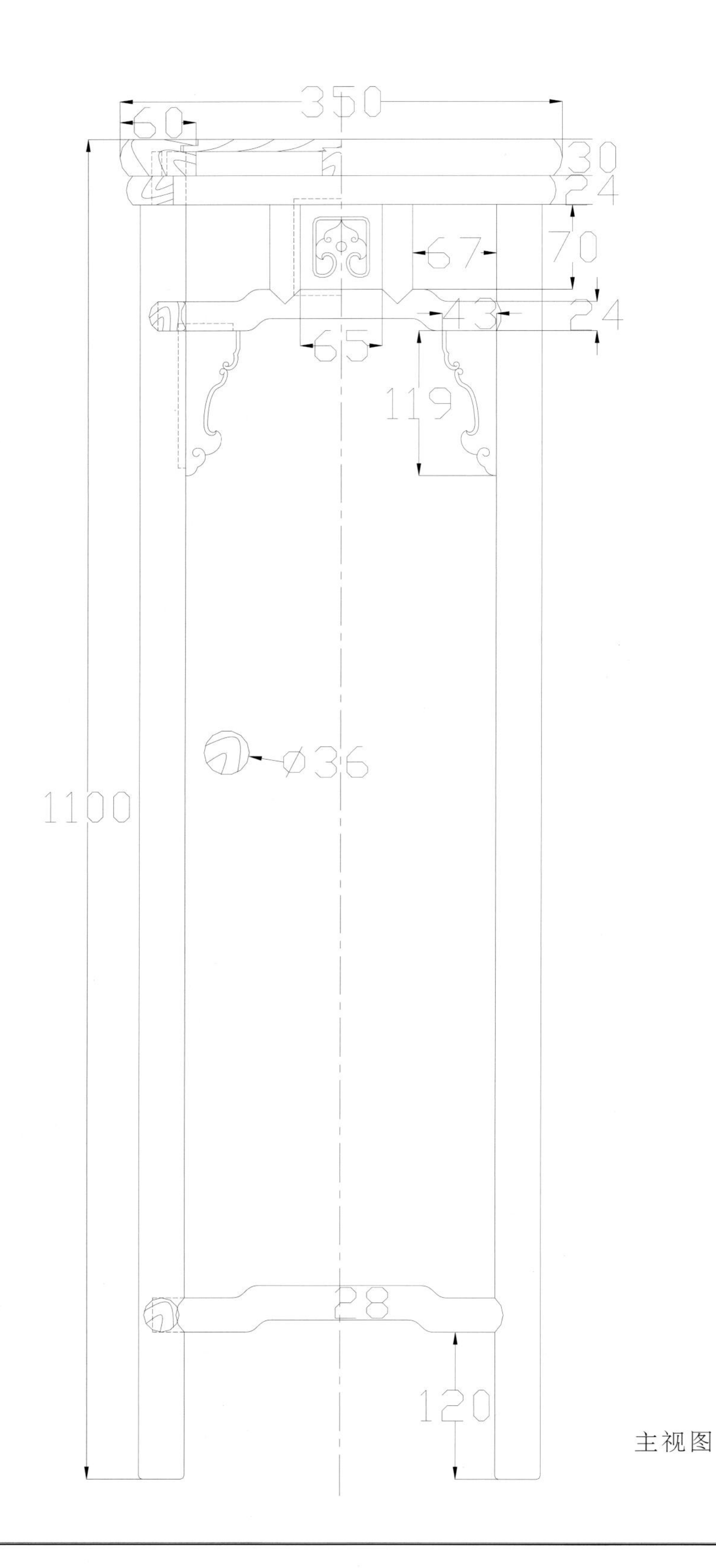

主视图

包脚

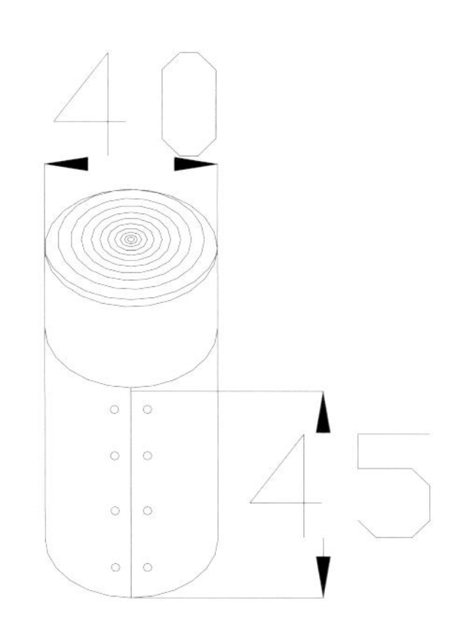

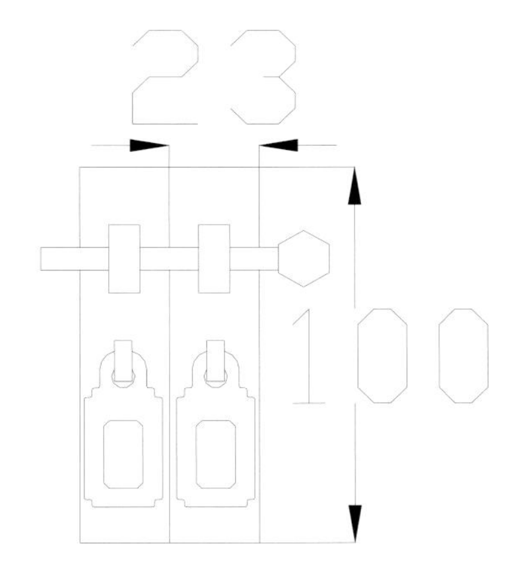

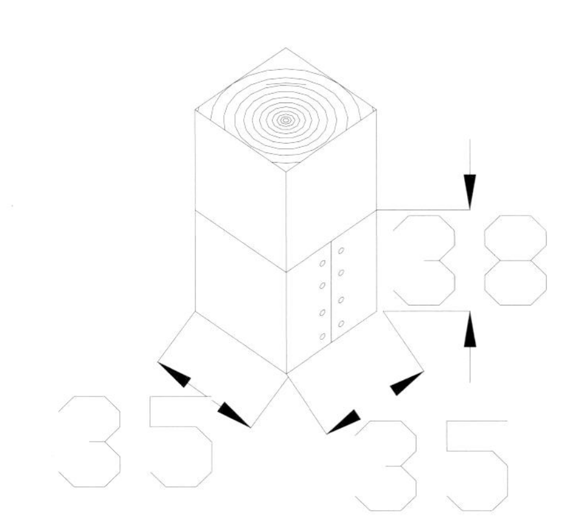

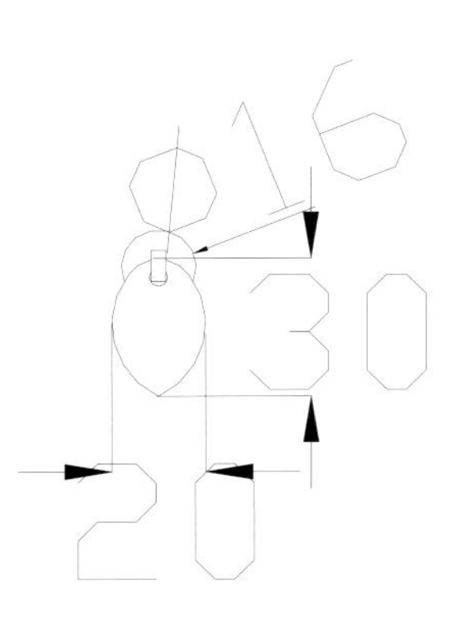

透视图

提盒

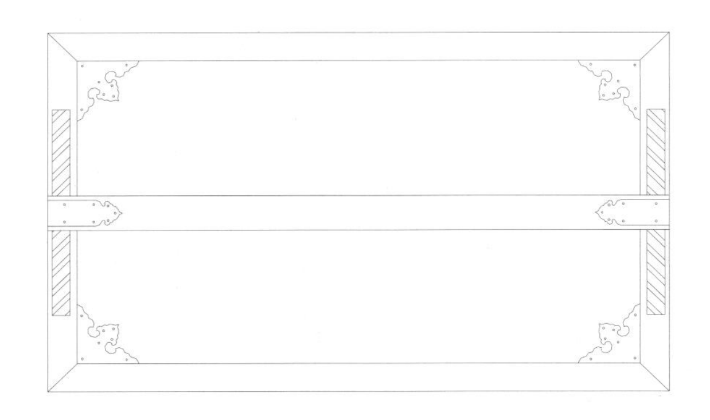

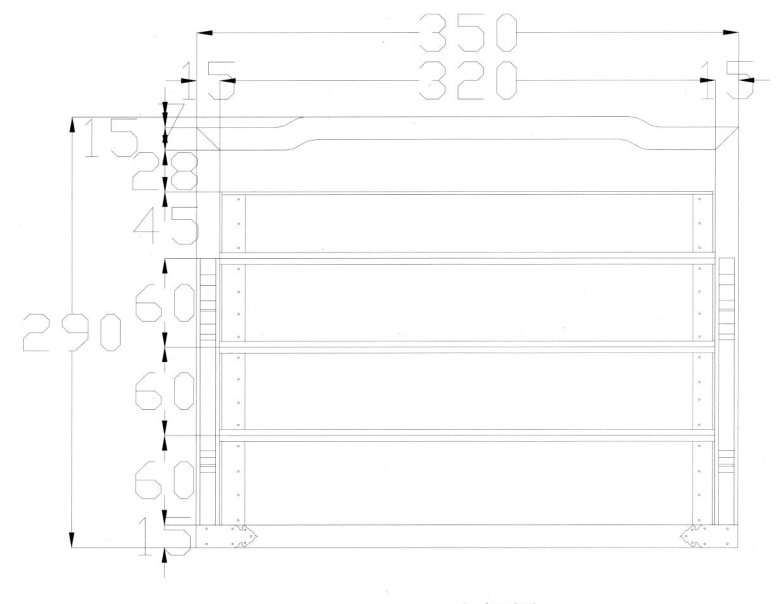

主视图

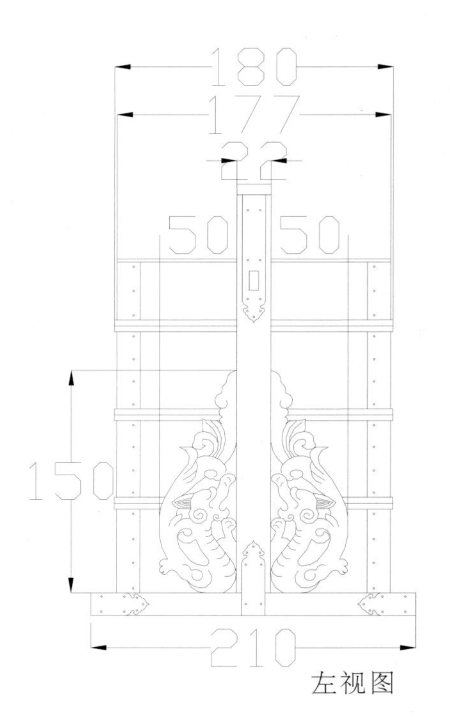

左视图

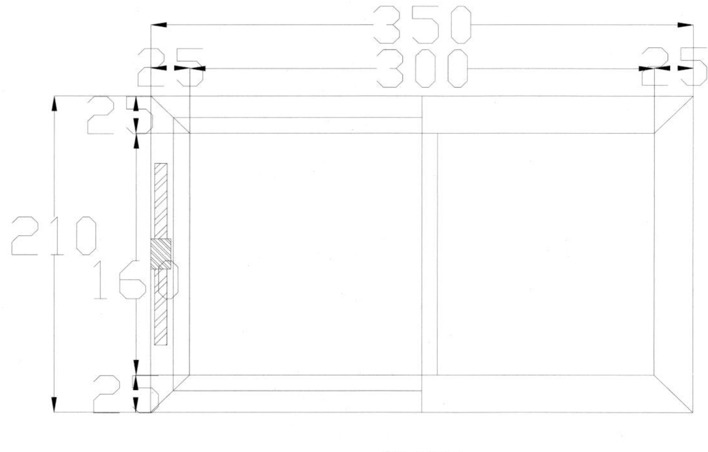

俯视图

首饰盒

雕刻图

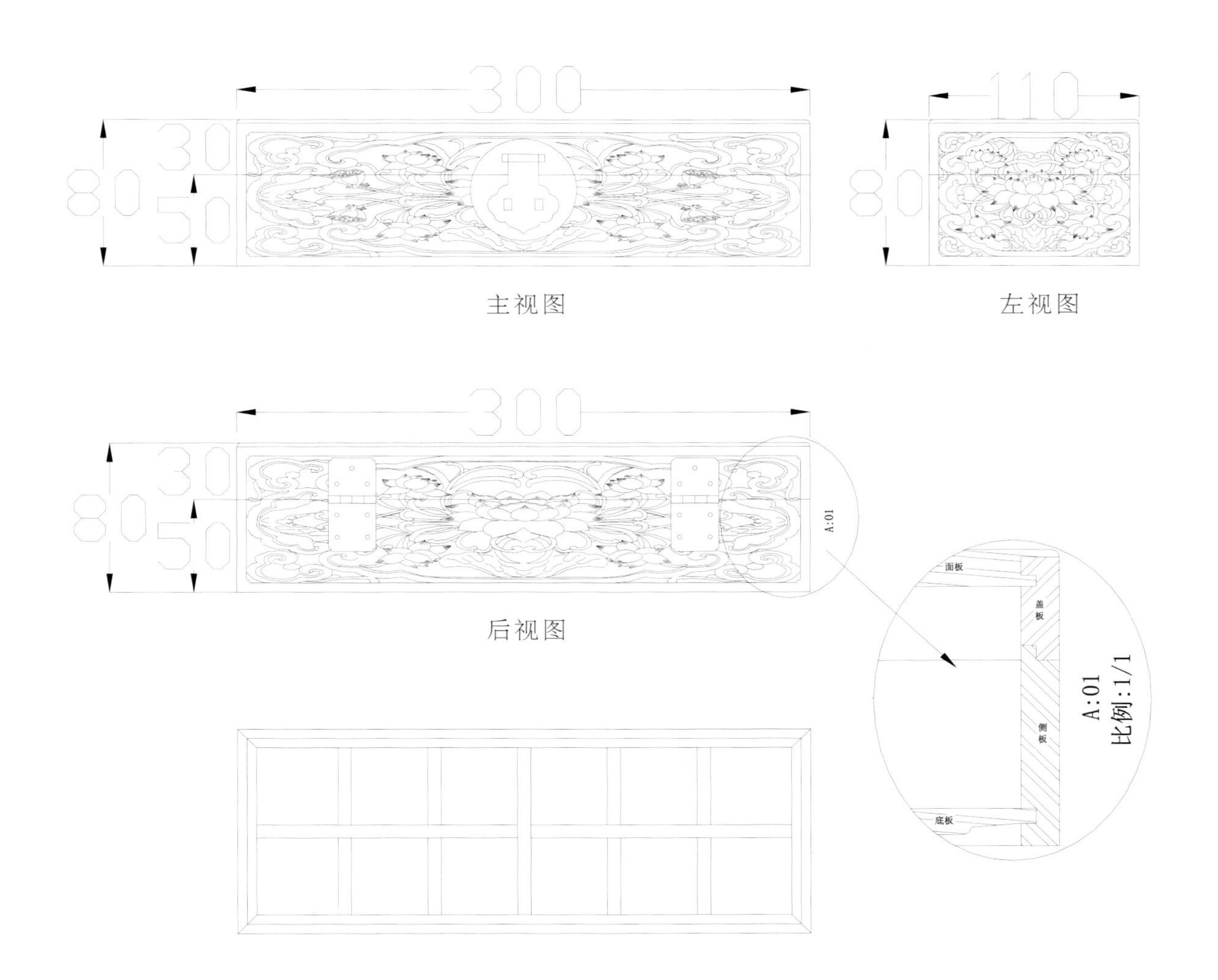

官皮箱

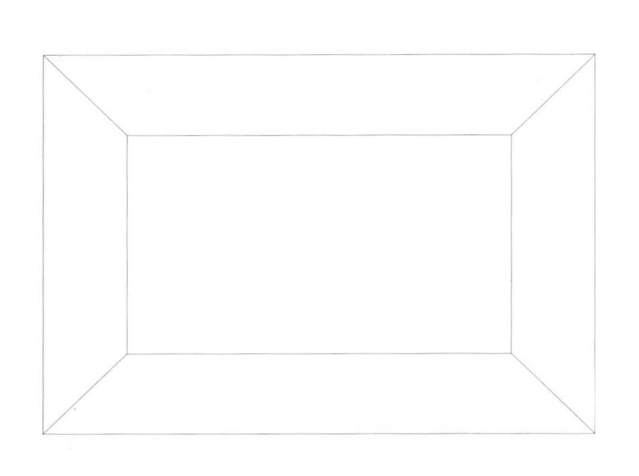

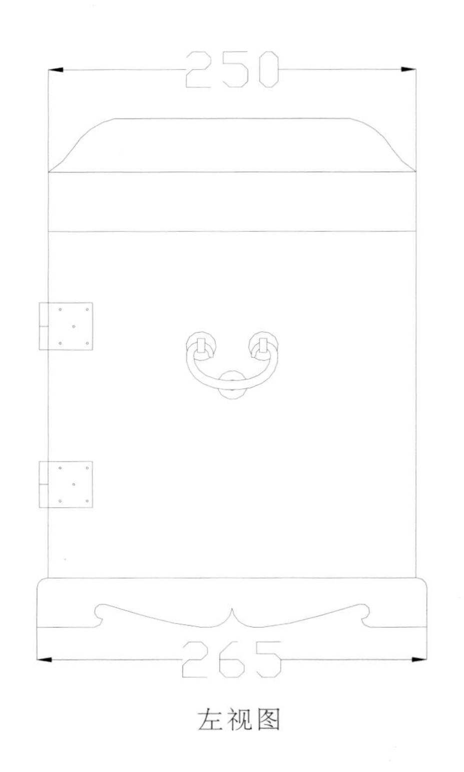

左视图

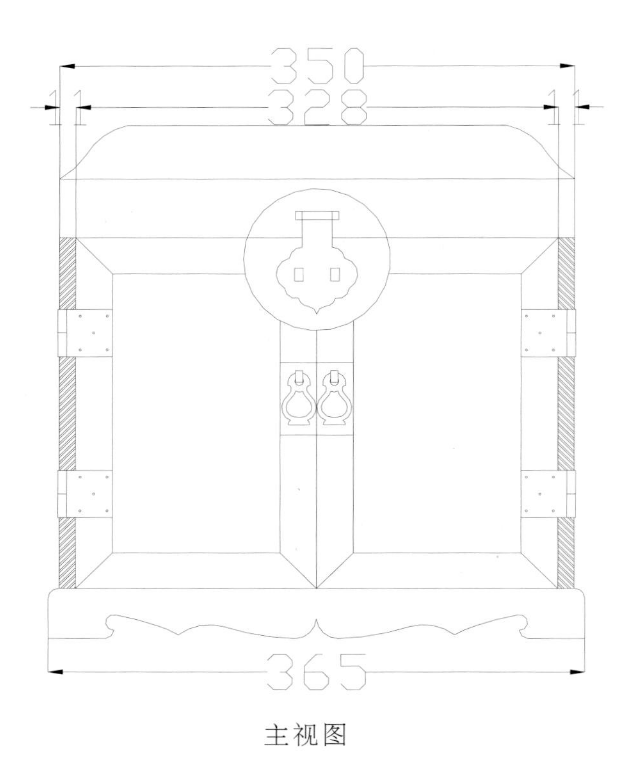

主视图

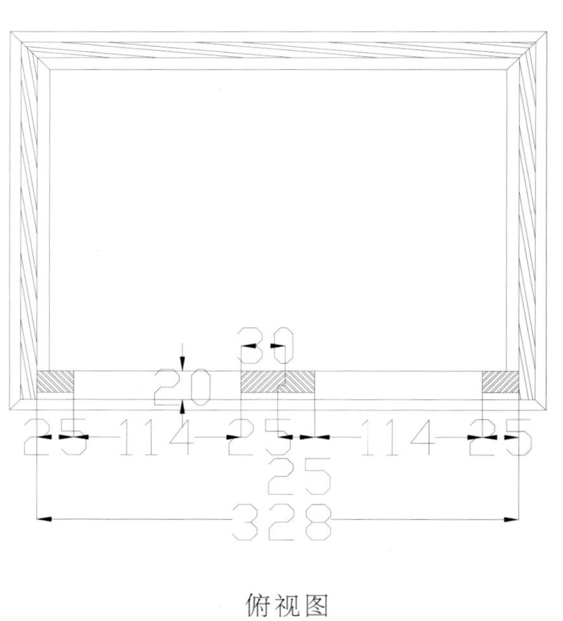

俯视图

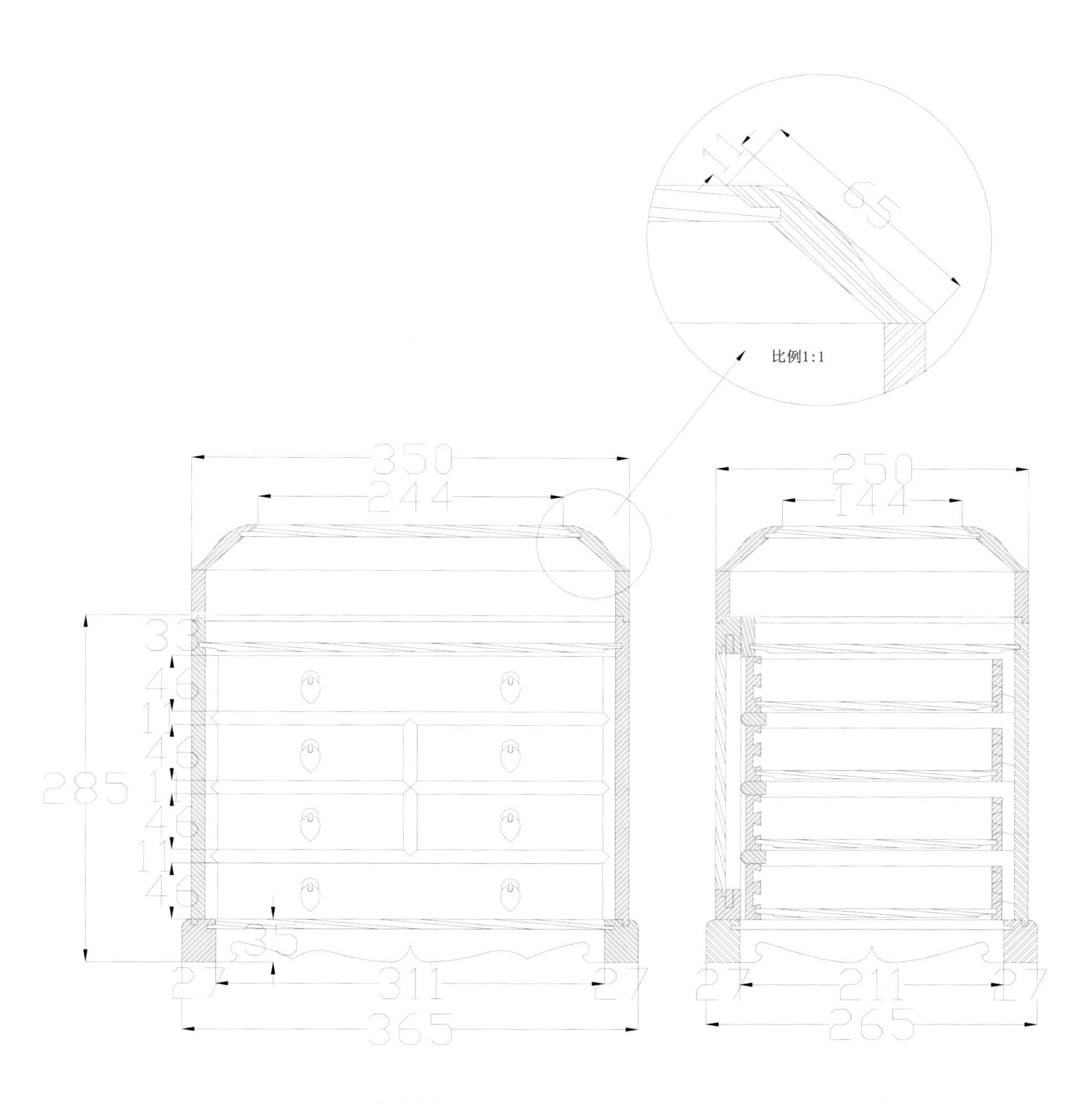
比例1:1
11
65
350
244
250
144
33
46
11
46
11
46
11
46
285
35
27
311
27
365
27
211
27
265
主视图
左视图

金蛙

主视图

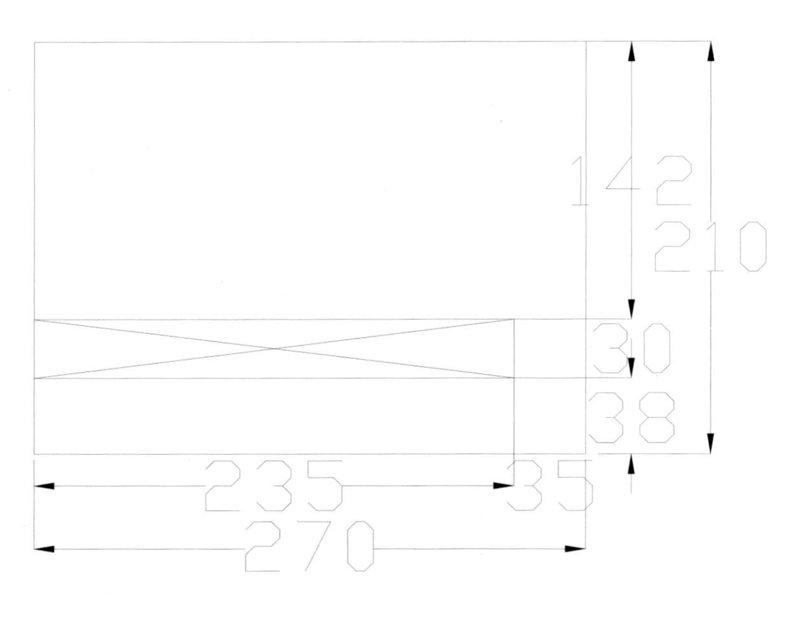

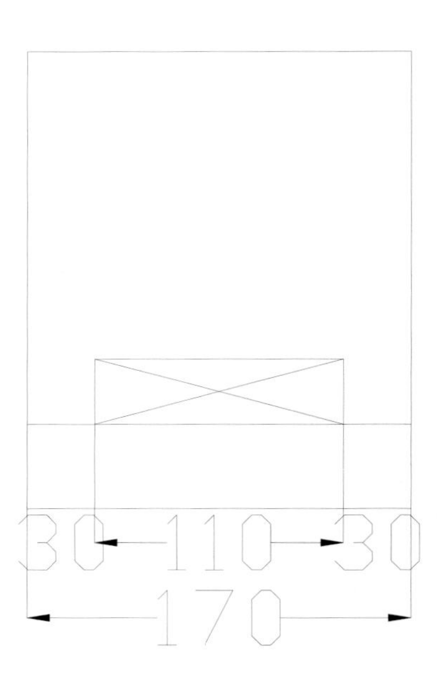

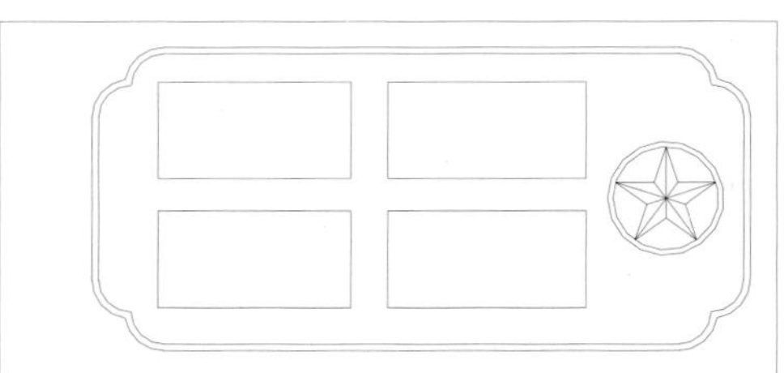

底座图